U0276318

INTERNATIONAL
国际竞标建筑年鉴 II

VOL.1
COMPETITIVE BIDDING

COMMERCIAL COMPLEX BUILDING AND PLANNING
CULTURAL BUILDING AND PLANNING
HOTEL BUILDING AND PLANNING

商业综合体建筑及规划　　文化建筑及规划　　酒店建筑及规划

（上册）

中国城市出版社
CHINA CITY PRESS

PREFACE
序言

西方哲学有云：建筑是凝固的音乐，建筑是一部石头史书。

建筑跟艺术、文学、音乐和电影一样，只有当它探索新领域、铸造新语言、想象新符号和新意义时才有价值。现如今的中国，建筑行业高速发展，在这波席卷全国的建设浪潮中，一些建筑师和建筑事务所脱颖而出，成为行业的佼佼者。

《国际竞标建筑年鉴》是深圳市博远空间文化发展有限公司继《中式风格大观》、《现代创意建筑》、《意构空间——国际居住》等图书出版后的又一力作。全书挑选了来自国内外知名建筑师和建筑设计机构的优秀竞标建筑，在当下具有很强的代表性和极高的水准。

《国际竞标建筑年鉴》分上、下两册。上册展现了 50 个独具特色的建筑项目，包括商业综合体建筑及规划、文化建筑及规划、酒店建筑及规划三大部分；下册则从办公建筑及规划、城市规划设计、物流产业园三方面精选了 44 个竞标建筑项目。这些精选的案例涵盖了商业、办公、酒店等建筑形态，是各种类型、各种形态、各种性能的竞标建筑的集成，它们是中国乃至世界一流建筑师和事务所别具匠心的高超建筑的艺术表达结晶，是国际建筑发展成就的代表。本套书在全面展示各地不同领域建筑类型的建筑样式、细部构造和设计特色的同时，也为读者做了一次较为完整的竞标建筑巡礼。

业内周知，现今的建筑图书策划大多千篇一律，大量重复、雷同的创意和平庸的案例已经让读者厌卷，使图书的阅读价值微乎其微。经过大量的调研，我们策划出版了此套图书，旨在为正在快速成长中的中国建筑业提供一个深入了解并感受世界各地最前沿建筑发展动向及成果的机会。

本着这一宗旨，我们收集了国内外最前沿、最具特色的竞标建筑作品，并从中选取最具代表性和风格的 90 多个进行集中呈现。在充分利用建筑事务所与建筑师提供的各

类图片、文字信息的同时，我们从不同角度诠释建筑的线条与设计理念，通过专业的编排和科学的分类，对每一个竞标作品进行全方位、多角度的图片与文字介绍，使案例既有纵览全局的全景大图，又有纤毫毕现的细节展示，更配有详细介绍的平面设计图样。不管是小型文化建筑的功用性，还是大型商业建筑的审美性，我们都从外到内、由点到面地阐述设计师的创作意图和设计理念，以期为业界同行和相关人士提供最新、最合适和最具代表性的设计参考。

当代建筑不只是空间，更是一门艺术，一种复杂的技术，一种包装城市、提升形象的手段，它是时尚精品的展示柜，更是带给众人全新体验的新场域。

《国际竞标建筑年鉴》是当下国际建筑创作的集中体现，它反映了当今建筑理念及设计上的变化，也是城市建设风貌的一个很好缩影。希望这些有灵魂的建筑，和那些筑梦的建筑师们，终成当代建筑的典范！

CONTENTS
目录

CULTURAL BUILDING AND PLANNING
文化建筑及规划

HOTEL BUILDING AND PLANNING
酒店建筑及规划

COMMERCIAL COMPLEX BUILDING AND PLANNING

商业综合体建筑及规划

THE MASTERPLAN FOR HONGHEPROJECT IN LONGGUANG DISTRICT, SHENZHEN

深圳大运南区 龙岗红荷项目规划

设计机构：AECOM 中国区建筑设计
设计团队：毛晓冰、王一旻
项目地点：中国深圳

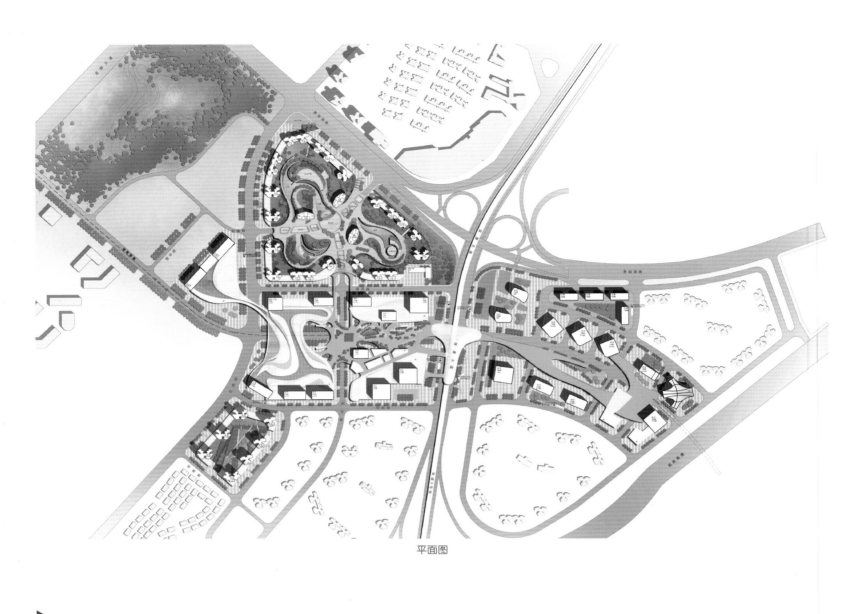

平面图

▶

受金海港集团委托，AECOM 领衔规划、建筑、经济、景观等多个专业团队和专家为龙岗大运南区红荷项目做了总体规划设计，以协助龙岗作为深圳发展新兴区域、实现城市的更新与升级。新区在发挥对深圳东部区域综合服务功能的同时，承担着拉动会展等新产业发展的引擎作用，并成为深圳辐射粤东地区发展的重要节点。

随着大运会的召开，龙岗片区在快速成长的同时也面临着许多为后续项目服务的问题，如未来产业发展向价值链高端的延伸、面向高新技术产业与先进制造业的科技研发和企业孵化等自主创新型产业，以及信息交流、商业贸易、咨询服务、技术交易、职业培训等现代服务业也成为未来片区的核心产业。

AECOM 利用全球化、多专业的技术知识资源，旨在将该区域打造成生态、环保、节能的绿色产业聚集区；该区规划有高星级酒店、办公、大型商业、会展及会展服务、高端居住区等业态，定能成为新的城市魅力中心和国际化科技金融城市的名片。

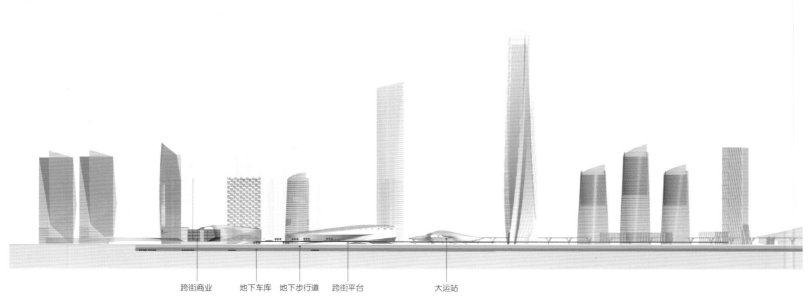

跨街商业　地下车库　地下步行道　跨街平台　　　　大运站

立面图

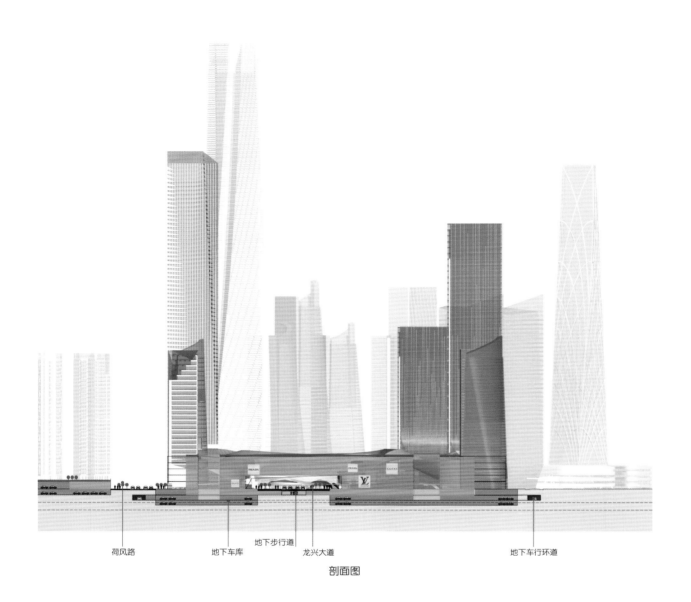

荷风路　　　　　　地下车库　　　　地下步行道　　　　　　　　　　　　地下车行环道
　　　　　　　　　　　　　　　　　龙兴大道

剖面图

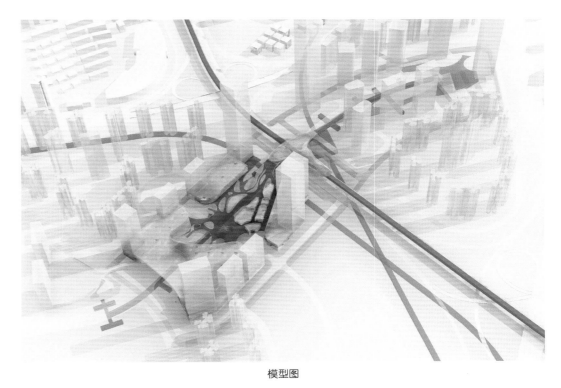

模型图

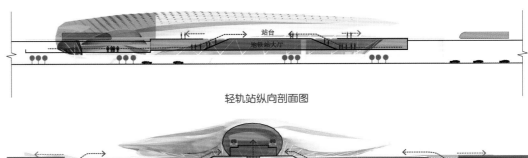

轻轨站纵向剖面图

轻轨站横向剖面图

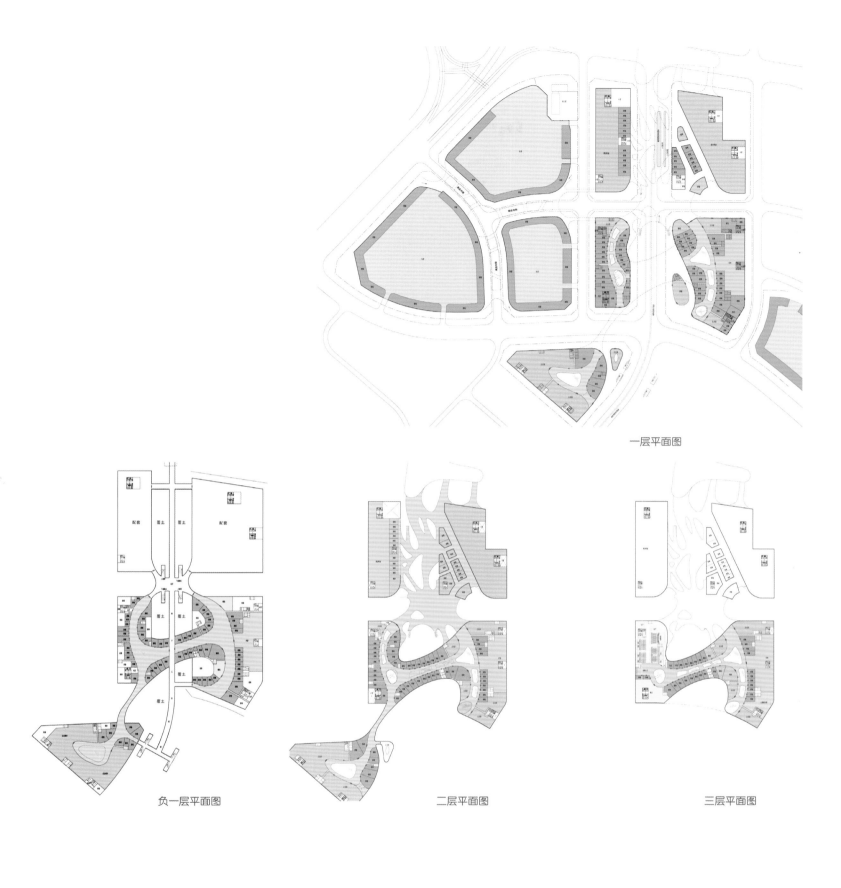

一层平面图

负一层平面图

二层平面图

三层平面图

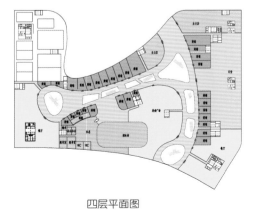

四层平面图

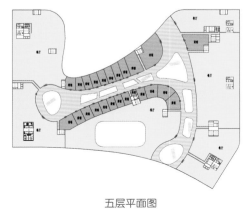

五层平面图

KUNMING DREAM CENTER PLANNING PROGRAM
昆明梦想中心规划方案

设计机构：孟建民建筑研究所建筑创作中心
项目地点：中国云南
总建筑面积：591 160 m²
用地面积：71 756 m²
容 积 率：6.0
覆 盖 率：35%
绿 地 率：37%

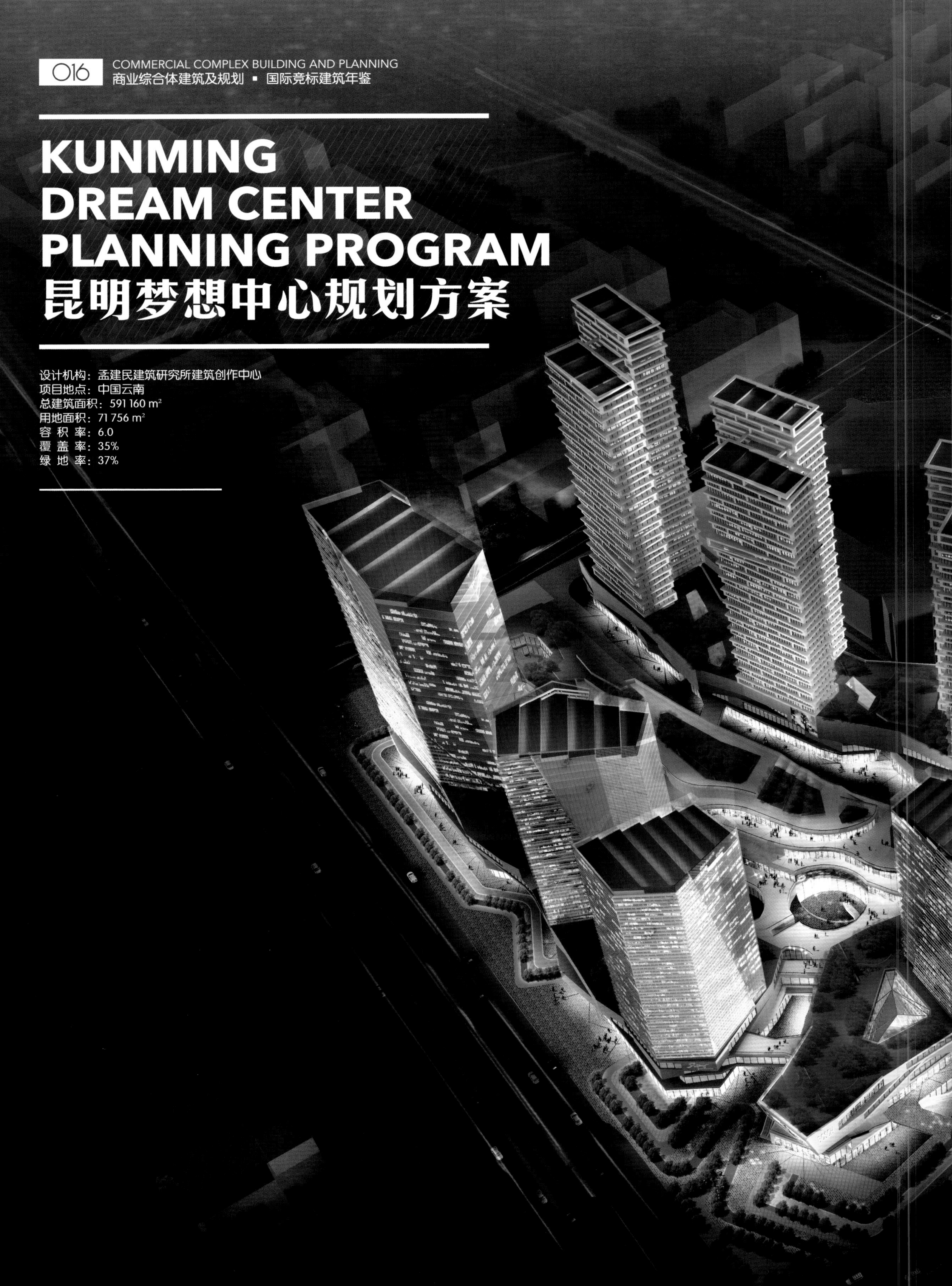

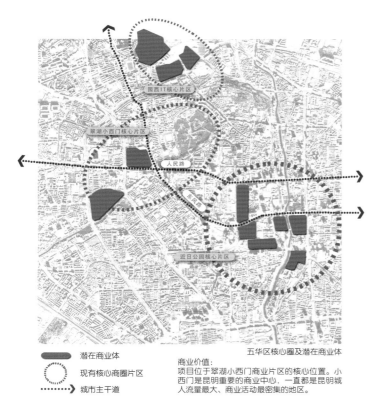

潜在商业体
现有核心商圈片区
城市主干道

五华区核心圈及潜在商业体

商业价值：
项目位于翠湖小西门商业片区的核心位置。小西门是昆明重要的商业中心，一直都是昆明城人流量最大、商业活动最密集的地区。

平面分析图

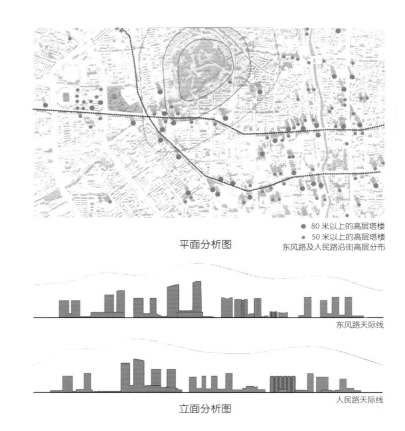

平面分析图

● 80米以上的高层塔楼
● 50米以上的高层塔楼
东风路及人民路沿街高层分布

东风路天际线

人民路天际线

立面分析图

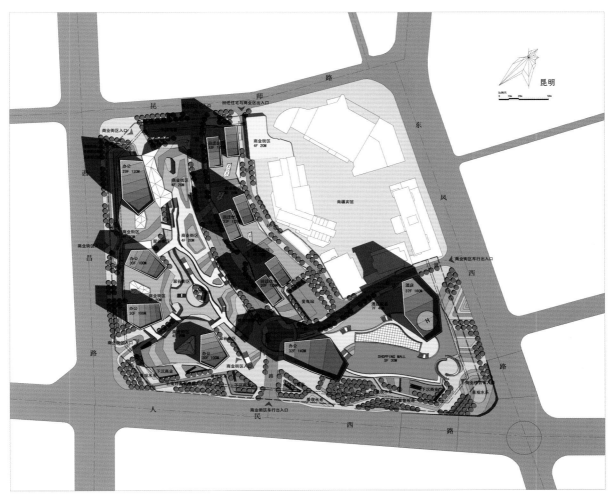

总平面图

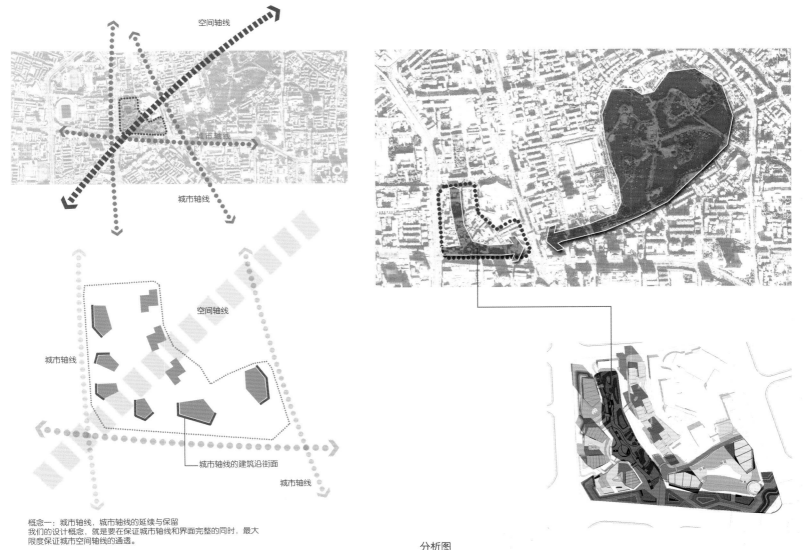

概念一：城市轴线，城市轴线的延续与保留
我们的设计概念，就是要在保证城市轴线和界面完整的同时，最大限度保证城市空间轴线的通透。

分析图

本案所在地小西门、五成路片区是昆明传统商业街区，它在老昆明人心中具有不可替代的地位。由于城市急速改造与更新，本案所在地与长春路、金碧路、景星街永远成为了"老昆明的城市记忆"。

城市空间的魅力在于历史文化的延续与创新，我们还原的不仅是历史，也是创新体验。本案试图通过本土来演绎空间，公园式购物街区、多元化业态复合，吸引人群聚集与流动，创新性再现小西门、五成路繁盛之象，传统与现代在此交错。

绿色春城——城市翠谷

昆明是个充满阳光的绿色春城，在全市绿化行动中，我们希望为春城增添一份绿色。本案城市翠谷的概念即通过层层退台峡谷状街区空间营造出春天的色彩；大面积屋顶绿化、垂直绿化的覆盖、体验式绿色公园购物空间，形成与"翠湖"遥相呼应的"翠谷"城市。城市空间与商业空间在此相互辉映。

商业引领——城市综合体

城市综合体通过自身整合与定位，建立关联性，形成一个功能复合、高效率的"城中之城"。昆明潘家湾大村城市综合体拥有50万平方米超大建筑空间，集酒店、办公、展览、商业、休闲、住宅、城市开放空间为一体，不但自身具有超强商业吸引力，更可引领周边商圈整合与形成，优势互补，以群体共赢取代"单打独斗"式的发展模式，共塑昆明商业未来。

民生关注——城市关怀

本案作为昆明城中村改造项目之一，在建设和谐昆明大背景之下，开发理念已由传统房地产商业开发提升为城市空间开发，由企业行为上升为政企联合发展行为，由单纯关注商业投资回报扩展为促进城市有机更新。促进区域经济发展，改善民生，让城市关怀彰显于世。

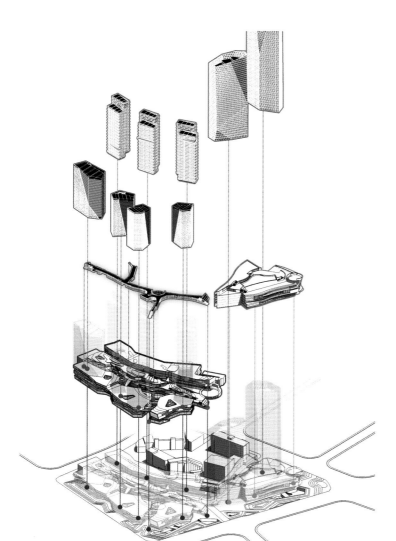

分析图

▶

规划理念：促进城市有机更新，承载历史文化，关注城市民生，体验城市翠谷，引领都市潮流。
规划目标：有效利用小西门潘家湾区位优势，明确分期开发战略，合理、高效组织人车交通，营造良好的商业氛围，创造愉悦的空间体验，引领高尚的生活品质。

空间组织与景观特色
分区合理，主题突出：本案由内部城市道路划分为四大功能空间，MALL+ 酒店 + 办公综合区、翠谷体验街区、回迁住宅区及城市河道景观区。
内退外导，整体统一：翠谷街区为峡谷状低矮街区空间，创造惬意购物尺度。外围多栋塔楼顺应空间走势，形成城市整体空间尺度。
接口多样，错落有致：通过退台、凹入、下沉形成多个入口空间，使城市空间自然切入街区并融为一体；形体前后、高低错动，使城市界面更加丰富。
立体景观，亦购亦游：本案引入峡谷退台式立体绿化景观，使人置身都市街巷、鸟语花香之中，亦购亦游。

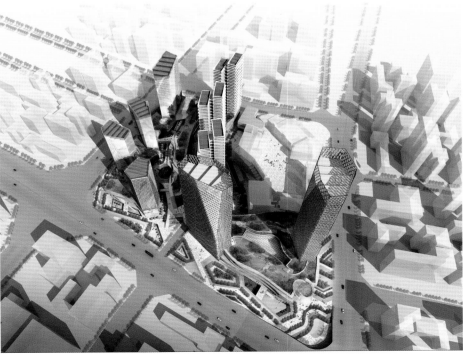

JINAN PULIMEN COMMERCIAL COMPLEX
济南普利门商业综合体

设计机构：Adrian Smith + Gordon Gill Architecture
项目地点：中国济南

济南城与水的关系源远流长，从城市名到点缀城市景观的泉水。水于城市文化与发展都是非常重要的。

裙楼中的零售空间包括三个节点。这些中庭空间不仅仅是吸引人的建筑细部，而且连接着垂直的流通要素。白天，整个中庭沐浴在自然光照之中；到了晚上，中庭变成了一个发光体，在周围的大楼上依然清晰可见。宽阔的零售大道从大楼的中心位置穿过，成为一条人行天桥，将热闹的顺德高架道路与静谧的景观公园联系起来。

在这个方案里，零售店铺合理地分布着，购物的人经由两条通道可到达地面的精品店。长长的曲线形中心地带与各个节点交叉，为使用者在这个独特的零售空间的购物体验创造了可探索的机缘。

建筑的内部通过设置高水准的娱乐设施——其中包括游泳池、健身房和多功能娱乐室来倡导一种现代活跃的生活方式。中庭底部灯光闪耀的广场可以通往所有的单元楼。住宅大楼的内部设计贯穿可持续发展理念，每个单元楼都可以接收到大面积的自然光照。强烈的光照通过外部金属网状的遮光屏过滤和分散后得以减轻。

外部的露天平台可以将光照反射到建筑内部。综合的"灵活投影"系统使每个单元和大楼业主能更好地控制遮荫。透过从天花板倾泻而下的玻璃窗，窗外的景色一览无余。简而言之，这些设计元素减轻了散热的负担，减少了能源日消耗量。单元楼的设计基于相对开放式的平面布局，融合了现代高端建筑材料。地板是石头或是木质的。磨光环节走欧式风格。浴室和厨房配有高端的欧式厨具和高效的电器，有助于节约水资源。

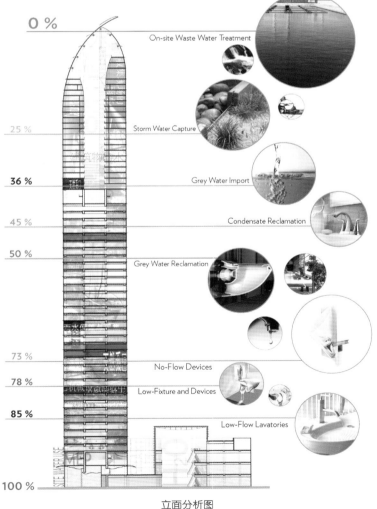

立面分析图

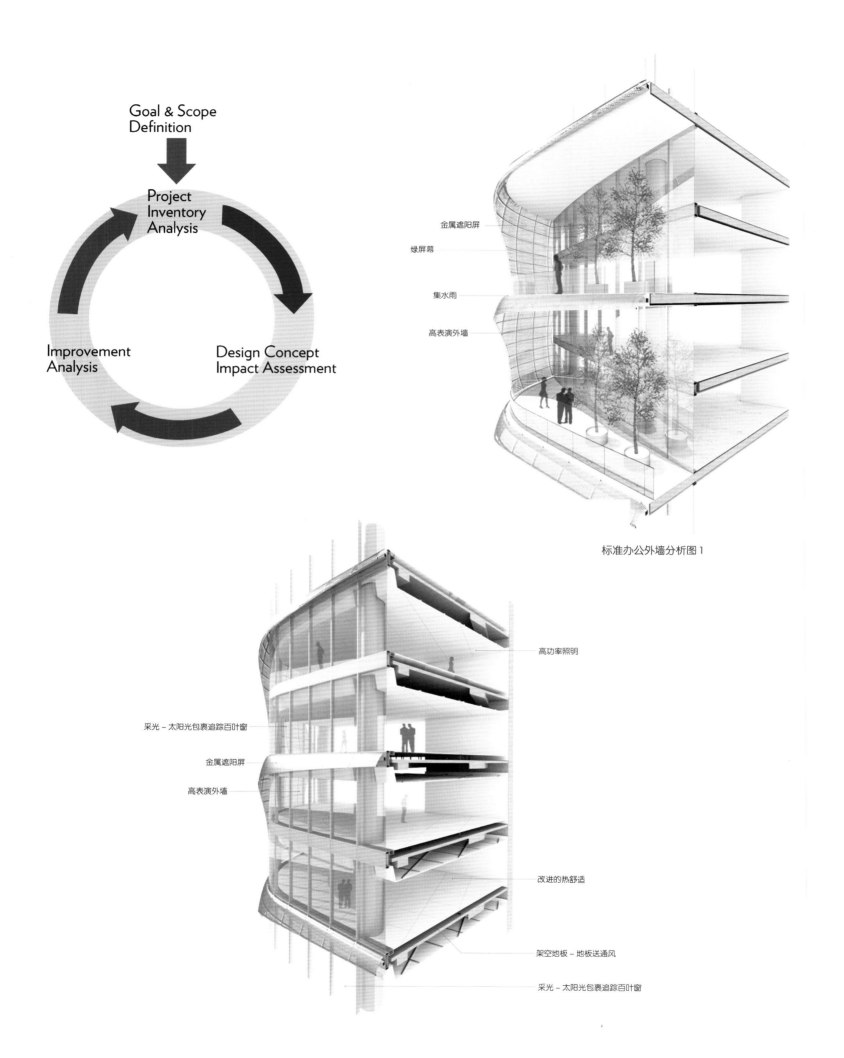

Goal & Scope
Definition

Project
Inventory
Analysis

Improvement
Analysis

Design Concept
Impact Assessment

金属遮阳屏

绿屏幕

集水雨

高表演外墙

标准办公外墙分析图 1

高功率照明

采光 – 太阳光包裹追踪百叶窗

金属遮阳屏

高表演外墙

改进的热舒适

架空地板 – 地板送通风

采光 – 太阳光包裹追踪百叶窗

标准办公外墙分析图 2

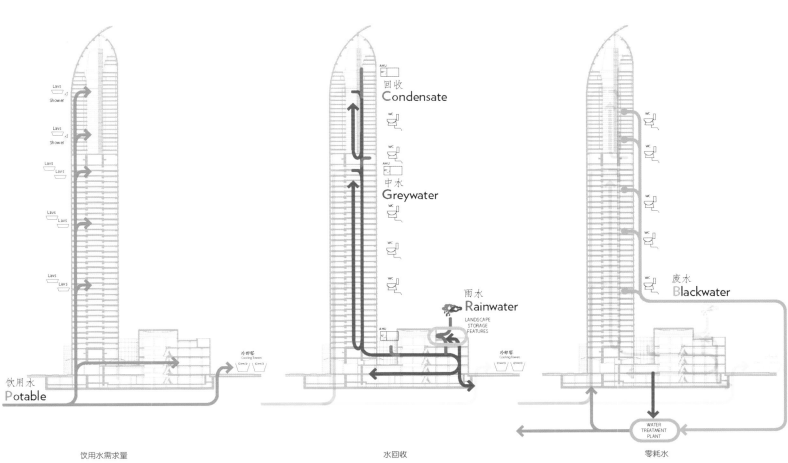

饮用水需求量   水回收   零耗水

立面图

立面图

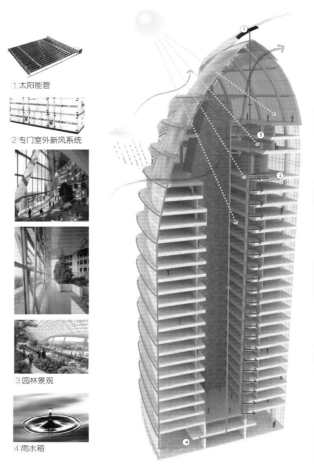

① 太阳能管

② 专门室外新风系统

③ 园林景观

④ 雨水箱

日照分析图

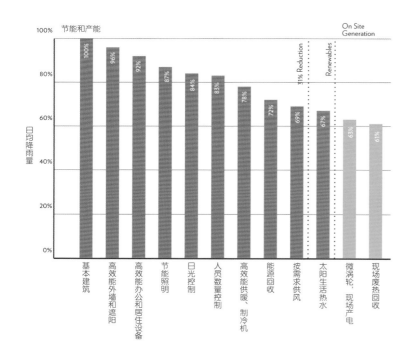

节能分析图1

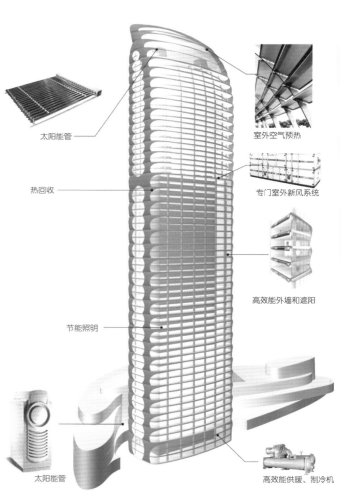

太阳能管

热回收

节能照明

太阳能管

室外空气预热

专门室外新风系统

高效能外墙和遮阳

高效能供暖、制冷机

节能分析图2

住宅平面图 1

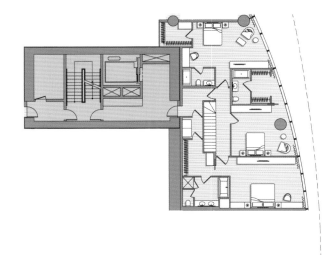

复式住宅平面图 1

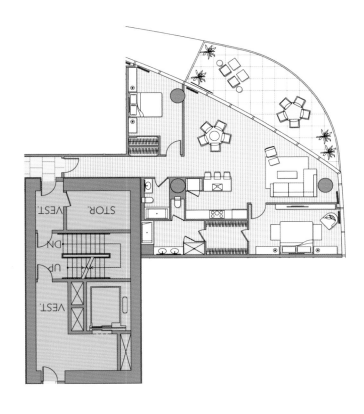

住宅平面图 2

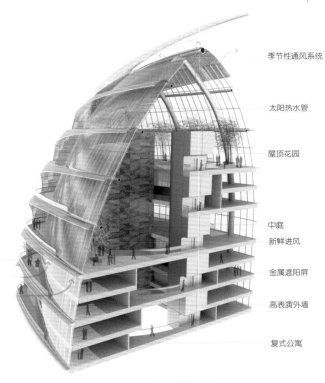

季节性通风系统

太阳热水管

屋顶花园

中庭
新鲜进风

金属遮阳屏

高表演外墙

复式公寓

顶部分析图

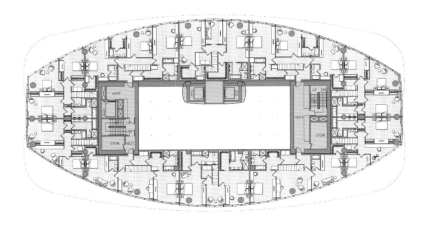

复式住宅平面图 2

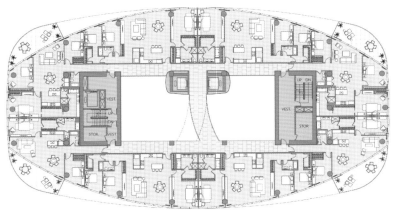

住宅平面图 3

GALAXY YABAO HI-TECH INNOVATION PARK

深圳星河雅宝高科创新园

设计机构：AECOM
项目地点：中国深圳
项目面积：1 066 136.08 m²

▶

　　星河雅宝项目紧临雅宝水库，水库水质清澈，周围绿树环绕；西北面紧靠民治水库；东南面临近雅宝水库和鸡公山，环境十分优美。项目包括后期服务中心及配套、住宅、公寓、城市公园等设施。

　　整体设计思路上沿五和大道塑造出城市化的景观界面，从东侧南坪看向社区是一片自然化的景观；用一景观轴将民治水库与雅宝水库、鸡公山串连起来，形成一个空间上由西到东逐渐提升的视觉走廊；通过北侧建筑的骑楼与社区公园结合的空间，形成一条从城市广场纵向看山的景观。

　　一个个独立的陆地岛屿屹立在水中，映出美丽的倒影，丰富了景观层次和广场空间。在考虑视线时，尽量使建筑与建筑之间互不遮挡，让其视线开阔，基本保证每栋楼都有良好的景观视线。双塔展示了城市的标志性，也和广场一起彰显着城市中心的特色。

　　步行系统上设置了两层交通系统，保证人车分流的同时，也让楼与楼之间的联系更加紧密。滨水景观步道与公园内道路结合，形成良好的公园步行系统。

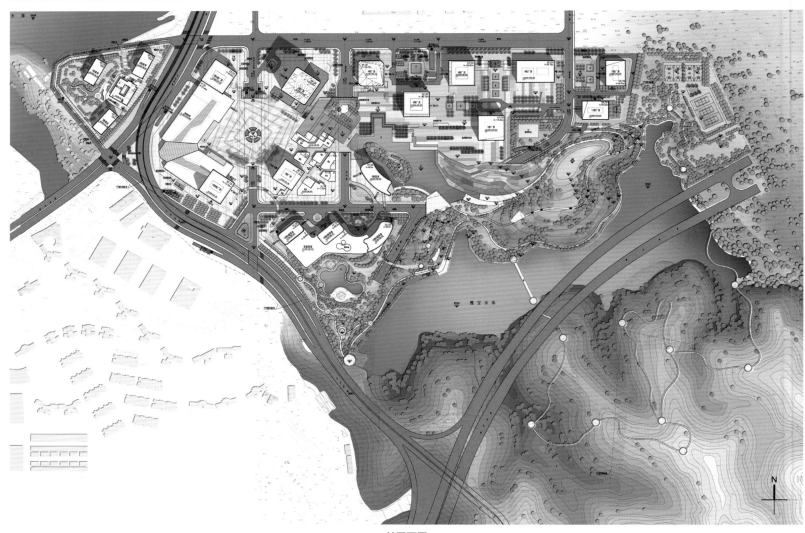

总平面图

THE FUZHOU TAIHE CITY
福州泰禾城市综合体

设计机构：上海新外建工程设计与顾问有限公司
项目地点：中国福州
项目面积：615 210 m²
设计时间：2011

基地位于福州晋安区化工路北侧、连江路东侧、鹤林新区九期南侧，总用地 151 078 平方米，用地性质为商业、商务办公、酒店用地和公共绿地。根据业态类型，基地由东至西可大致划分三个区：

Ⅰ区——交通条件最优，商业展示面最大，适合自持型物业——大型百货、综合楼、娱乐楼、商业内街、2 栋 SOHO 办公楼；

Ⅱ区——基地核心，与Ⅰ区商业结合设计销售型商业街区——零售店铺、次主力店、商业广场、3 栋 SOHO 办公楼；

Ⅲ区——基地西段，设计为相对独立的静谧区域，主要包括五星饭酒店与 5A 办公楼。

外观设计上通过对建筑的比例、色彩、材料和质感的综合运用，创造出推陈出新和美的形象，突出商业建筑的个性和商业气氛，吸引顾客。整体造型新颖、色彩缤纷，具有强烈的时代感和超前性，以简约、大气的风格体现出一个极具旗舰风范的国际商业建筑。

福州泰禾城市综合体经济指标

序 号	指标名称		指标值（计容/万㎡）	备 注
1	总用地		15.1078	
2	总建筑面积		61.521	地上建筑面积+地下商业面积
3	地上建筑面积		45.8	
	其中	商业面积	18.47	百货楼+综合楼 81500㎡，5层
				娱乐楼 23300㎡，4层
				室内步行街（持有）39490㎡，3层
				室外步行街（可出售）40420㎡，1~2层，局部3层
		酒店	5.44	首层屋高8M，2~4层屋高6M，标准层屋高3.8M，裙房4层，酒店塔楼28层，480间标房
		5A级办公	4.08	首层屋高8M，标准层屋高4.5M，层数21层
		SOHO面积	17.29	层高4.5M，层数21层
4	地下建筑面积		15.721	
	其中	酒店配套	0.42	地下一层
		商业面积	2.2	超市+商铺（地下一层）
		车库及设备用房	13.1	地下一层及地下二层
5	停车位		3700辆	
	其中	地上停车	300辆	详见分析图
		地下停车	3400辆	
7	容积率		3	符合规划要求容积率=3.0
8	覆盖率		40%	规划要求覆盖率为35%，建议覆盖率值40%
9	绿地率		>20%	

总平面图

沿化工路立面图

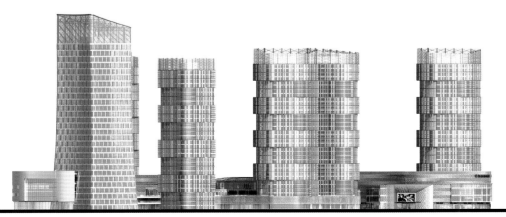

沿塔头路立面图

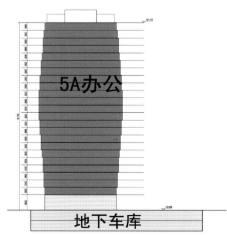

5A办公

地下车库

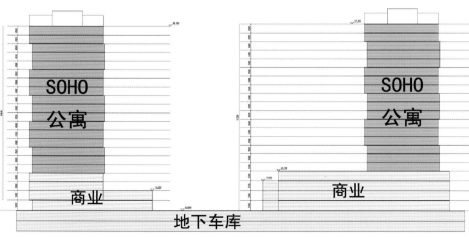

SOHO
公寓

商业

SOHO
公寓

商业

地下车库

分析图

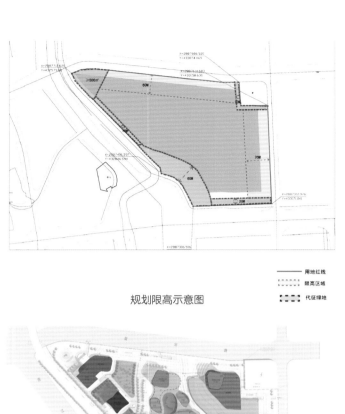

规划限高示意图

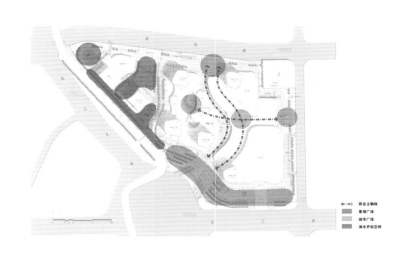

公共空间结构分析图

功能分区分析图

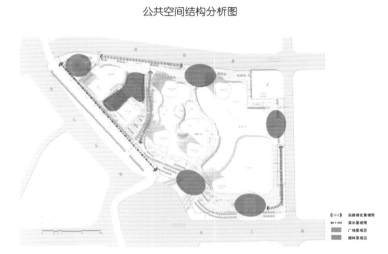

景观结构分析图

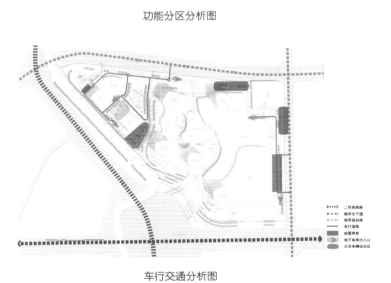

车行交通分析图

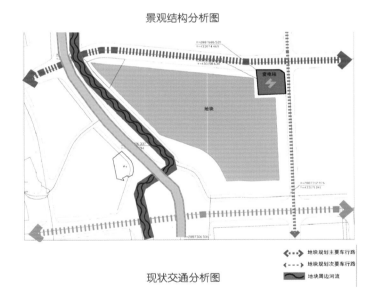

现状交通分析图

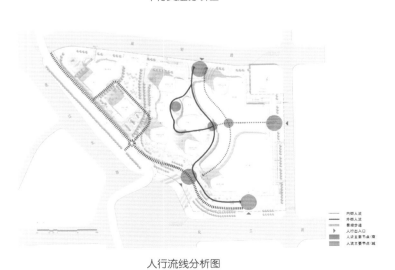

人行流线分析图

人行流线分析图

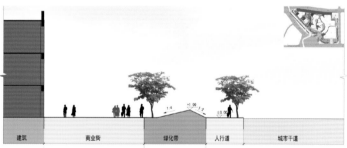

建筑　商业街　绿化带　人行道　城市干道

商业街剖面示意一

建筑　商业街　绿化带　人行道　车行道　绿地

商业街剖面示意二

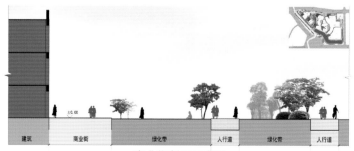

建筑　商业街　绿化带　人行道　绿化带　人行道

商业街剖面示意三

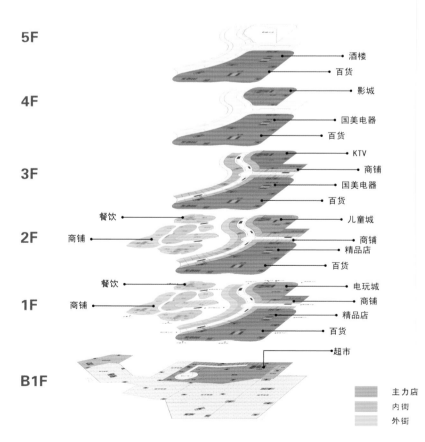

5F　　　　　　酒楼
　　　　　　　百货

4F　　　　　　影城
　　　　　　　国美电器
　　　　　　　百货

3F　　　　　　KTV
　　　　　　　商铺
　　　　　　　国美电器
　　　　　　　百货

2F　餐饮　　　儿童城
　　商铺　　　商铺
　　　　　　　精品店
　　　　　　　百货

1F　餐饮　　　电玩城
　　商铺　　　商铺
　　　　　　　精品店
　　　　　　　百货

B1F　　　　　超市

主力店
内街
外街

商业业态的竖向布局图

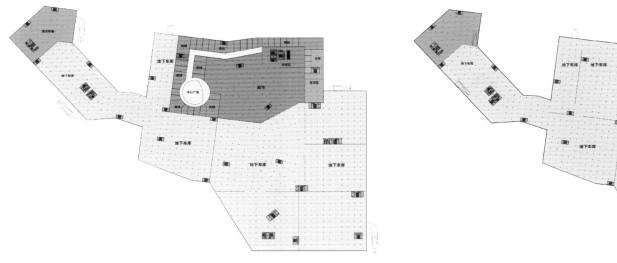

商业地下一层平面图

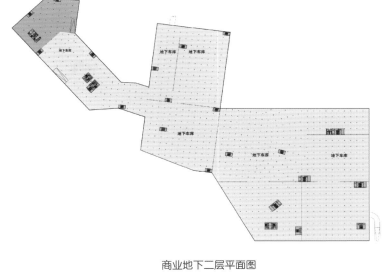

商业地下二层平面图

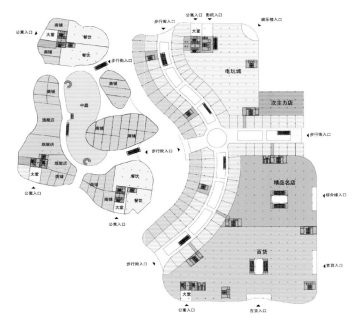

商业一层平面图

商业二层平面图

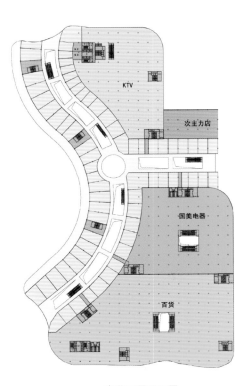

商业三层平面图

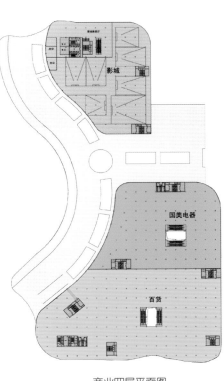

商业四层平面图

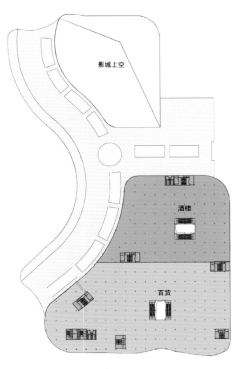

商业五层平面图

夜景鸟瞰图

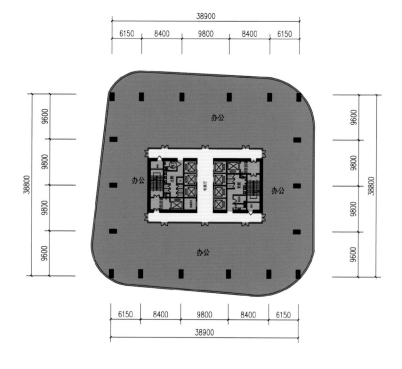

5A 写字楼平面图

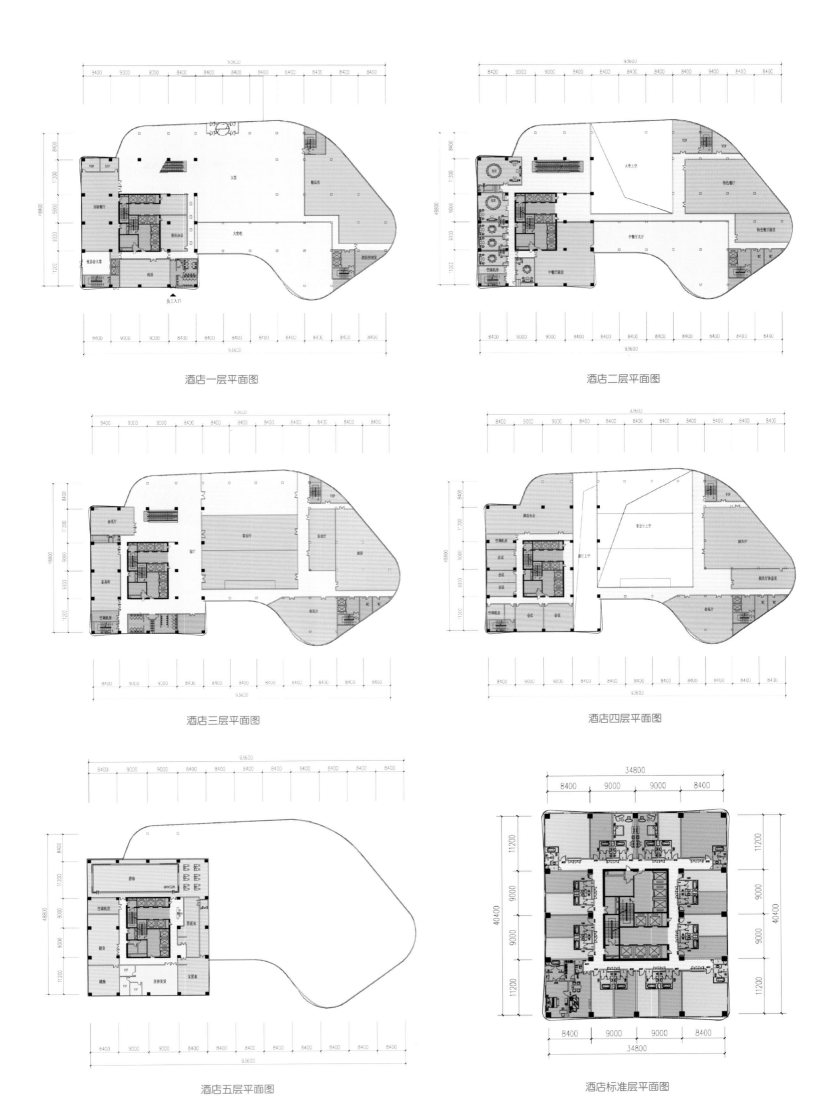

酒店一层平面图

酒店二层平面图

酒店三层平面图

酒店四层平面图

酒店五层平面图

酒店标准层平面图

LANZHOU INTERNATIONAL TRADE CENTER
兰州国际商贸中心

设计机构：深圳市建筑设计研究总院有限公司
主创设计师：李 旭
设计团队：侯 铁、任磊磊、黎良望等
项目地点：中国兰州
项目面积：610 000 m²
占地面积：73 856.20 m²
开 发 商：兰州东方友谊商贸中心有限公司
容 积 率：5.9
绿 化 率：13%

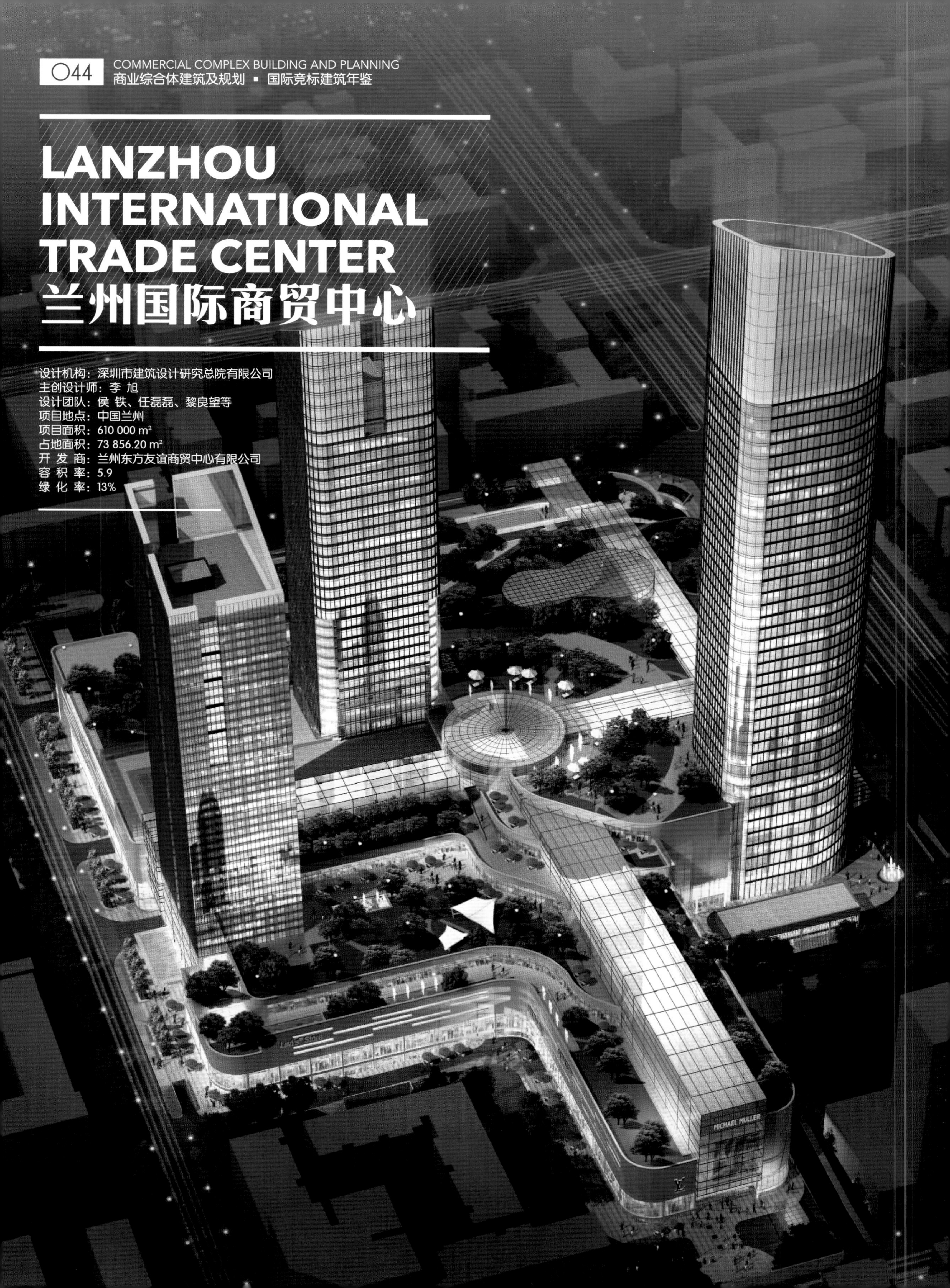

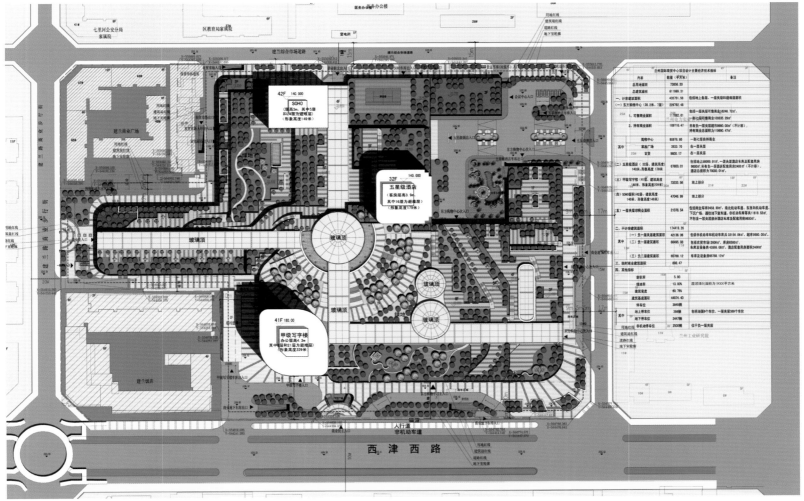

总平面图

平面图

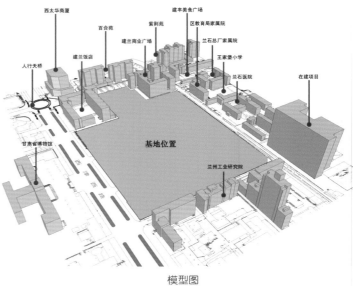

模型图

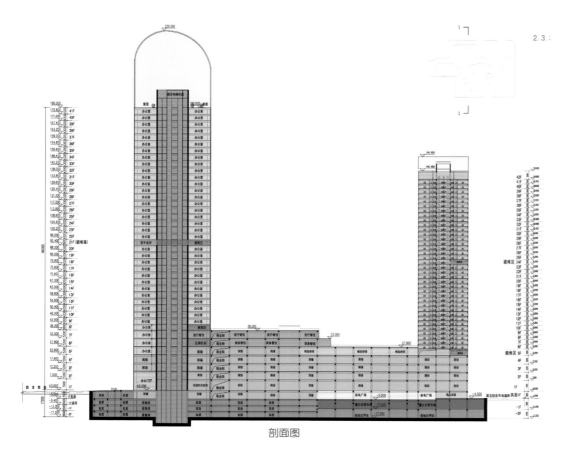

剖面图

兰州国际商贸中心位于兰州市七里河区西站商圈内，在兰州友谊饭店和建兰农贸市场区域内，占地面积约7 385 620平方米（11 167亩）。项目由购物中心、超高层写字楼、五星级酒店、SOHO等部分构成，总建筑面积约610 000平方米。拟建的兰州国际商贸中心将是兰州市规模最大、档次最高、业态最全、生态环境最优、功能配套最全的复合型商业地产项目，是集零售、餐饮、酒店、娱乐、金融、商务、办公、文化休闲等元素为一体式的城市综合体。基地南临西津西路，对面是甘肃博物馆；西面与建兰路商业步行街衔接；东面和北面都是规划中的商业街。周边有黄金大厦西太华商厦、建兰饭店、建兰商业广场等商贸综合体，地处商贸中心，交通便捷。

高密度——环境品质的恶化与居住办公旺盛的需要。

城市噪声——主干道交通的噪声与城市生活的矛盾。

多功能社区与商业同生——规划目标是如何创造对外展现具有爆发力的商业形象，对内则将商业空间"隐入"社区生态环境中，实现社区与商业空间的共生。

标志性——建筑形态应尽量避免与背景建筑群的重叠，强调建筑造型的独特性，使之从周边环境中脱颖而出。

东立面图

西立面图

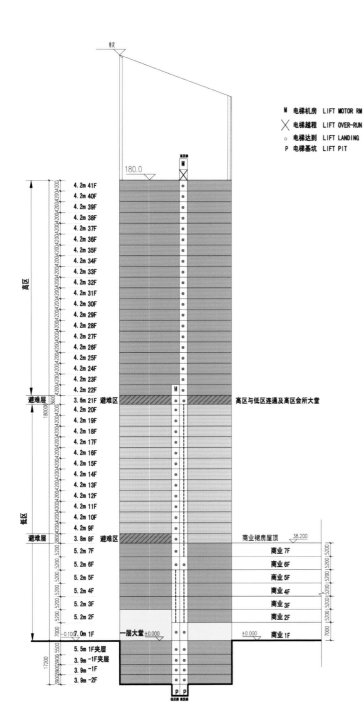

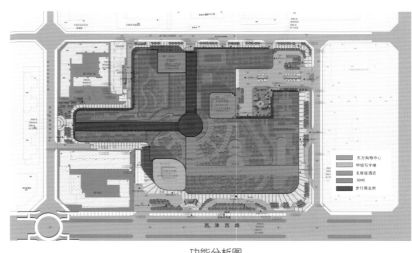

功能分析图

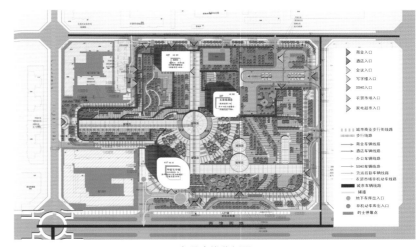

交通流线分析图

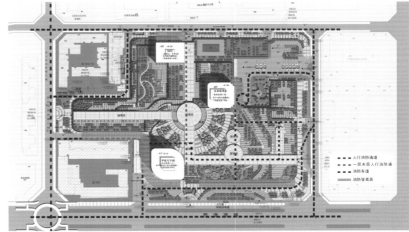

消防分析图

写字楼垂直电梯交通示意图

南立面图

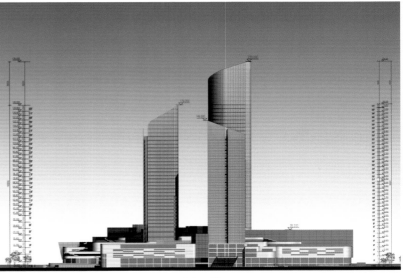

北立面图

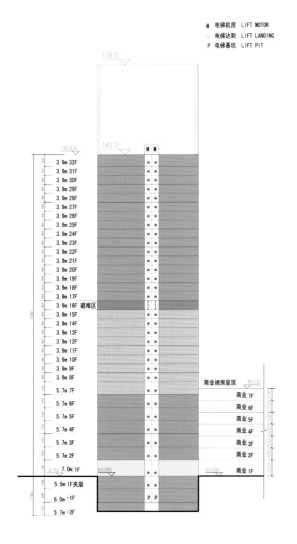

酒店垂直电梯交通示意图

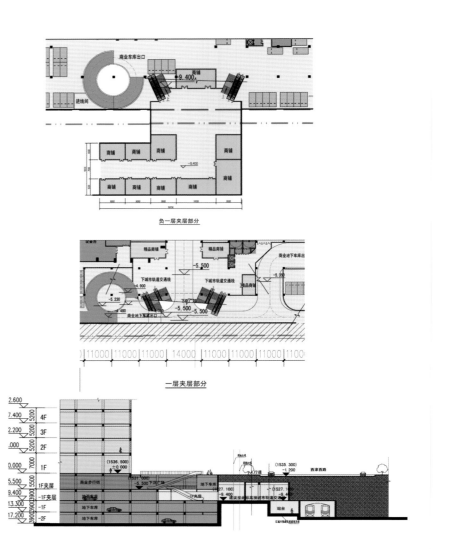

地铁接驳示意分析图

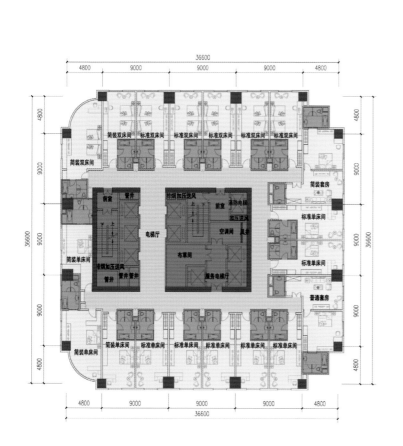

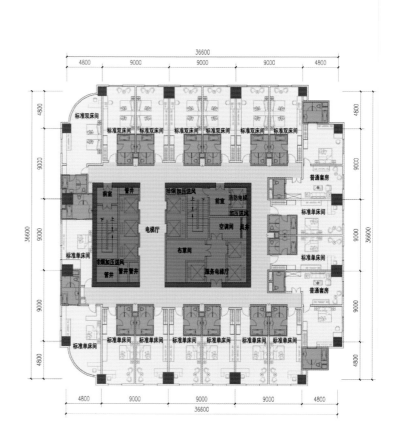

五星级酒店平面图

我们将四十一层的超高层写字楼独立设置，布置在地块的西南角；三十二层的五星级酒店也独立设置，布置在地块的东面。另一座四十二层的SOHO办公楼布置在地块的西北角，与七层退台式商业区域形成高低错落的空间形态，在城市的各个角落形成美丽的风景线。地块南面商场退让25米，东面商业退让19米，商业在西、北侧分别退让红线25米和10米。

·商业功能分区

商业一层主要分布国际品牌店、化妆品、名表及快速流行服饰；二层为国际时尚男女服饰、皮鞋皮包、甜品、咖啡馆；三层为国内女装、美容纤体、美发、内衣；四层为国内男装、运用服饰、休闲及礼品；五层为儿童世界、时尚家居用品、床品及电器；六层为KTV、特色餐饮、商务餐饮；七层为影视中心、电玩、数码及流行餐饮。一层夹层为家电广场、超市及部分商铺；地下一层部分为建兰农贸市场及车库，其中建兰农贸市场设置在地下一层的北面。

·酒店功能分区

在地块的东面，首层为酒店大堂、会议接待中心及西餐厅，二层为中餐厅及风味餐厅，三、四、五层为会议中心，设有1000人的会议厅和600人的会议厅各一个，600人会议厅可以兼作宴会厅使用。其他为大小不一的60人左右的会议厅。六、七层为康乐部分，设有室内游泳池、健身中心、桑拿中心、文娱中心。酒店十三到二十七层为标准客房，二十八到三十一层为商务套房；其中二十八层设有行政酒廊。酒店三十二层为总统套房。酒店共设有312个标准房、26个普通套房、38个商务套间、2个总统套房，地下一、二层设有酒店后勤服务用房、员工餐厅、洗衣房、设备用房及部分仓库。

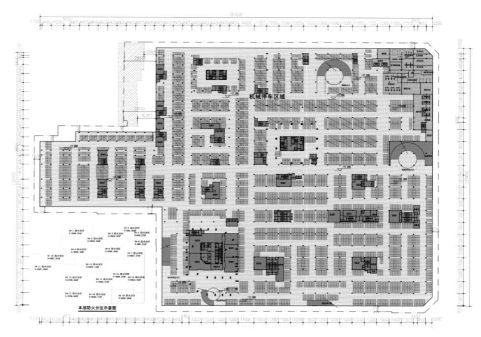

机械停车区域

本层防火分区示意图

负二层平面图

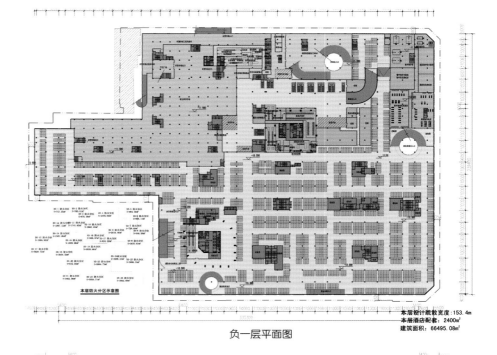

本层防火分区示意图

本层设计疏散宽度：153.4m
本层酒店配套：2400m²
建筑面积：66495.08m²

负一层平面图

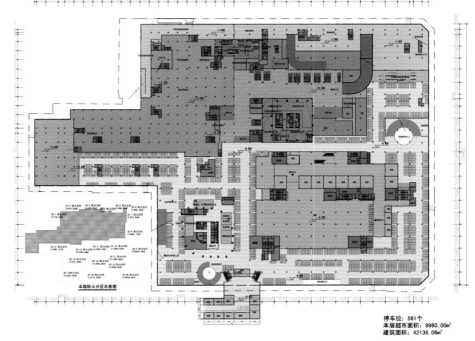

本层防火分区示意图

停车位：561个
本层超市面积：9980.00m²
建筑面积：42136.06m²

负一层夹层平面图

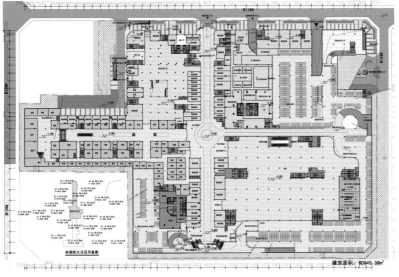

一层夹层平面图

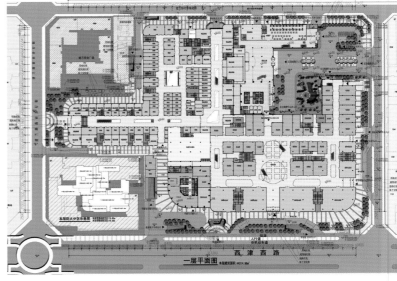

一层平面图

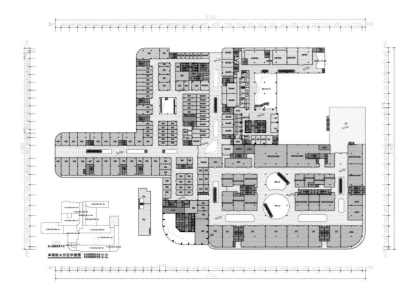

二层平面图

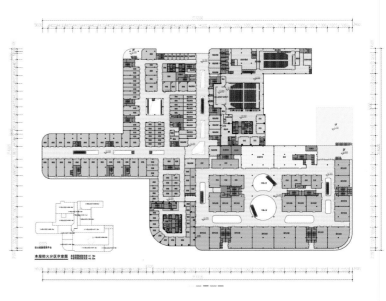

三层平面图

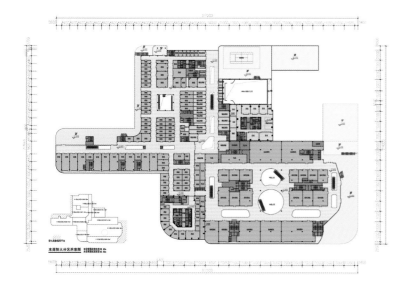

四层平面图

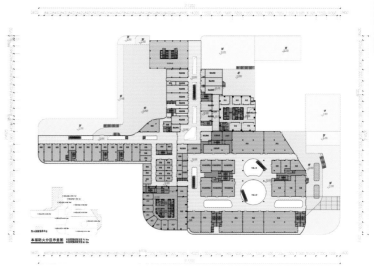

五层平面图

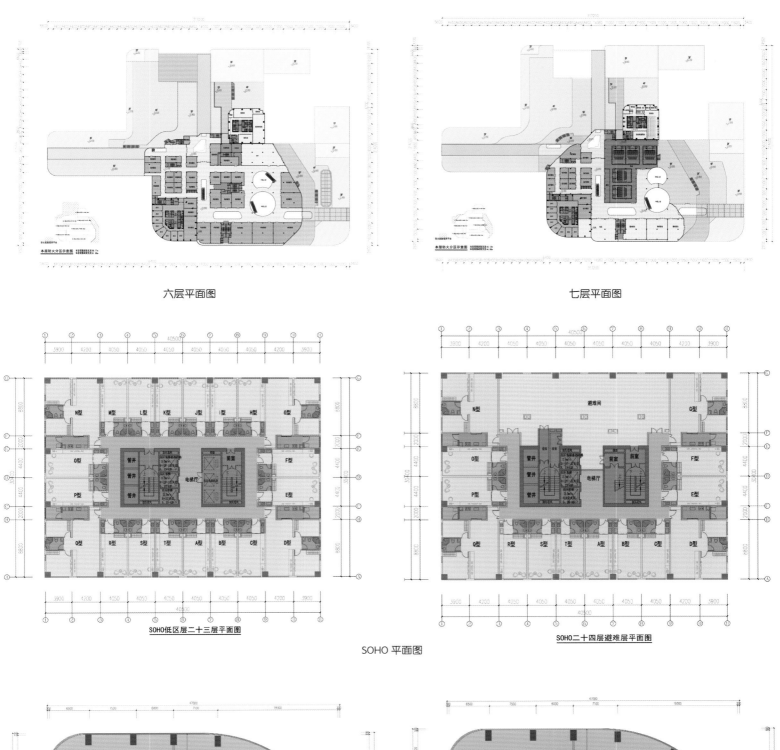

六层平面图

七层平面图

SOHO低区层二十三层平面图

SOHO二十四层避难层平面图

SOHO 平面图

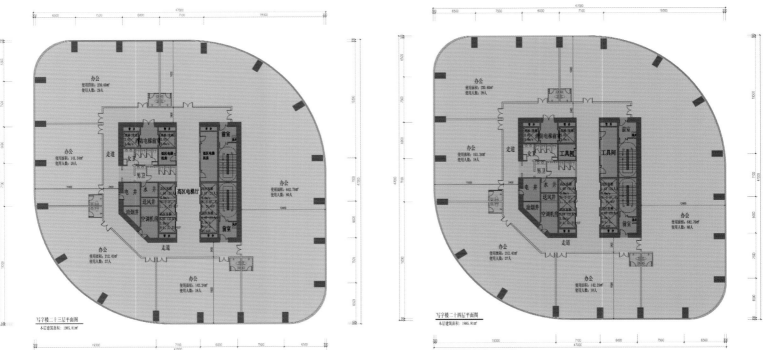

写字楼二十三层平面图

写字楼二十四层平面图

写字楼平面图

CCCC FOURTH HARBOR SOUTHERN HEADQUARTERS BASE
中交四航南方总部基地

主创设计师：陈江华
创作团队：石海波、陈江华、王颖、黄宇、陈亚宁、余亮
项目地点：中国广州
项目面积：517 200 m²
占地面积：85 512.9 m²
容积率：4.03
绿化率：30.7%

该团队多年来致力于研发生产型园区、总部办公基地及物流仓储等类型的泛工业地产研究及建筑创作，获实施项目总建筑面积逾百万平方米。项目团队成员石海波、陈江华两人目前就职于深圳同济人建筑设计有限公司，但该项目是他们在深圳奥意建筑设计有限公司时的作品，特此声明。

透视图/PERSPECTIVE

透视图/PERSPECTIVE

▶

本项目位于广州市海珠区规划的 AHl01821、AHl01822、AHl01823、AHl01924、AHl01926 五个地块范围内。总用地面积167259 平方米，其中可建设用地面积 88 684 平方米，代征收道路用地面积 13 362 平方米，代征城市绿地面积 65 213 平方米。市政公用设施 AHl01822 地块不属于本项目设计范围内，因此本项目实际规划范围仅 AHl OI 821、AHl 01 924 两个地块，即可用面积为 85 512 平方米，总部大楼限高 200 米。

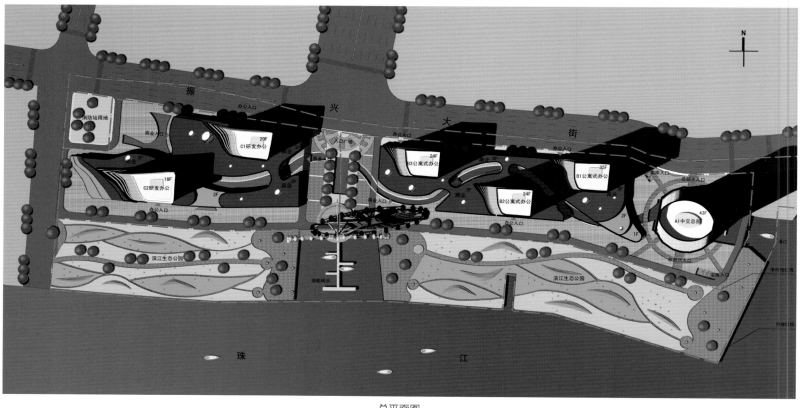

总平面图

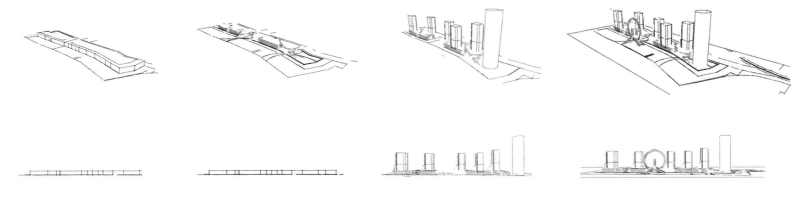

| 1 底层商业 | 2 水与码头 | 3 形态生成 | 4 景观融合 |

分析图

▶

设计理念：岭南、珠江、中交四航

第16届亚运会在广州开幕，记者采访国家奥委会名誉主席何振梁先生，他说："开幕式是得花钱，但还是要以简约为方针，着重创新，突出自己的民族特色，融入地方的文化特征，同时还必须跟体育相结合。听说广州亚运开幕式以珠江为舞台，这很有特色，体现了岭南文化的独有之处。"

何老对广州亚运会开幕式的理解正如我们对该项目任务的解读——简约、务实、创新、有岭南风韵，同时建筑特色应与中交四航企业相结合。而珠江作为基地环境的第一要素，也将成为我们设计的舞台。

功能布局：因地制宜，合理分区

用地东西向沿江长约1000米，南北宽约120米，由东至西依次分为A、B、C三区。A区东临珠江，与洛溪岛相望，为地块内最佳位置，在此布置总部大楼。B区布置三栋高层公寓式办公楼，C区布置两栋高层研发楼；B、C两区底部均设三层商业裙房，中部与北面规划道路十目接部位布置公共广场。

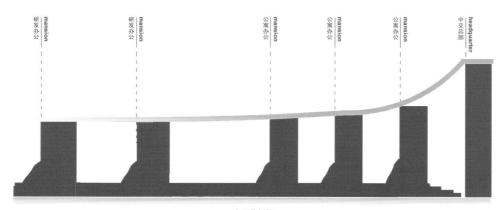

研发办公 mansion | 研发办公 mansion | 公寓办公 mansion | 公寓办公 mansion | 公寓办公 mansion | 中交总部 headquarter

立面分析图

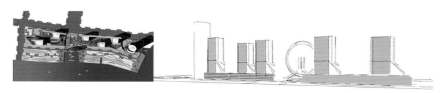

立面：沿江沿街界面完整统一，突出整体性

裙房：灵活多变的商业内街

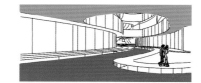

视线：减少对江景的遮挡，满足城市对沿江建筑通透性诉求

立面、裙房、视线分析图

▶

概念融合：港口码头

项目用地与江面由 80 米宽沿江绿带分隔。为增强中交总部基地水文化主题，我们设想将江水引入基地并贯穿建筑底层，犹如威尼斯水城一般。而此时中交及四航局的行业特性给我们的设计注入了新的灵感——港口码头——这个既久远又即兴的名词对多数人来说充满了期待与畅想。而旧时的船厂、码头搬迁后就有新的港口码头作延续，这会给四航人留下一些美好的回忆。因此，我们在总部大楼底层引入水道与珠江相接，使游艇码头延伸至大楼门厅。因此，这栋总部大楼就彻底打上了中交四航的烙印。

空间形态：舰队

基地内各栋建筑沿江展开，建筑平面均按南北向板楼设计，既适应岭南气候的南北通透，又能提供较大景观面。各栋高层错落摆放，减少板式高楼对江景的遮挡，满足城市对沿江建筑的通透性诉求。裙房上部的 5 栋塔楼高度由研发楼向总部大楼方向逐渐升高，形成统一而富有韵律的沿江天际线，使建筑群组的整体性得以加强。整组建筑如同一个舰队，在指挥舰的引领下，乘风破浪，扬帆远航。

景观设计：企业文化客厅

B、C 区中部广场是城市公共空间的重要节点，是公众欣赏江景的窗口。我们设想在节点位置建设一个游船码头，适当保留现有船厂、塔吊等设施，并引入摩天轮等现代商业元素，提升该地段的文化和商业氛围。我们希望将该区域打造为一个极具中交四航文化的主题生态公园，使其如同一个开放的客厅，让企业与城市对话。

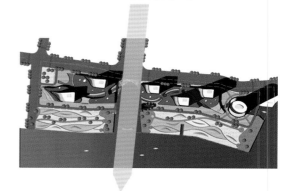

景观视线

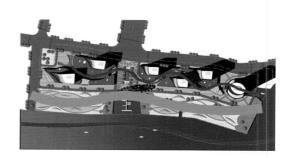

两个水系景观 + 绿色绿化带

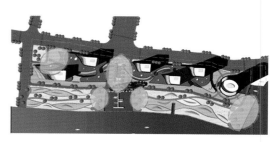

景观节点

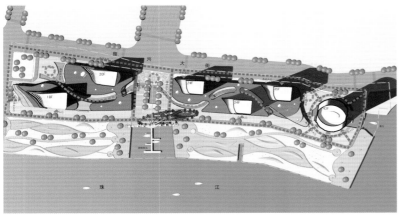

交通分析图   消防分析图

⊙ 商业人流聚集点
商业人行流线
▶ 主要办公入口
车行流线
▶ 地下车库入口

消防环道
消防登高面

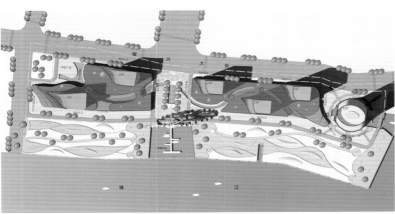

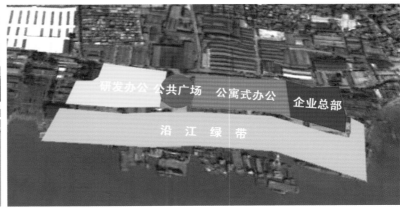

分期开发图   功能分析图

一期建设部分
二期建设部分

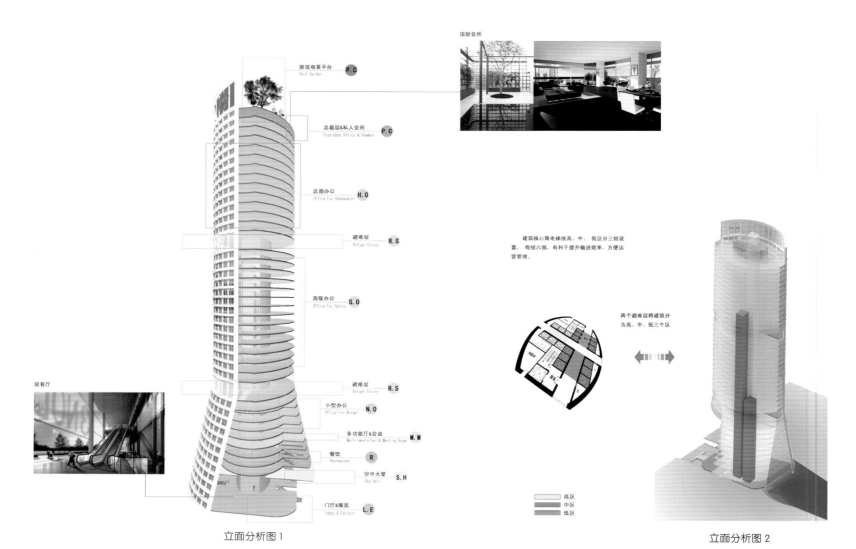

顶层会所

屋顶观景平台　P.C
Roof Garden

总裁层&私人会所　P.C
President Office & Chamber

总部办公　H.O
Office For Headquater

避难层　R.S
Refuge Storey

高级办公　S.O
Office For Senior

避难层　R.S
Refuge Storey

小型办公　N.O
Office For Normal

多功能厅&会议　M.M
Multi-media Hall & Meeting Room

餐饮　R
Restaurant

空中大堂　S.H
Sky Hall

门厅&展览　L.E
Lobby & Exhibit

层客厅

立面分析图 1

建筑核心筒电梯按高、中、低区分三组设置，每组六部，有利于提升输送效率，方便运营管理。

两个避难层将建筑分为高、中、低三个区

高区
中区
低区

立面分析图 2

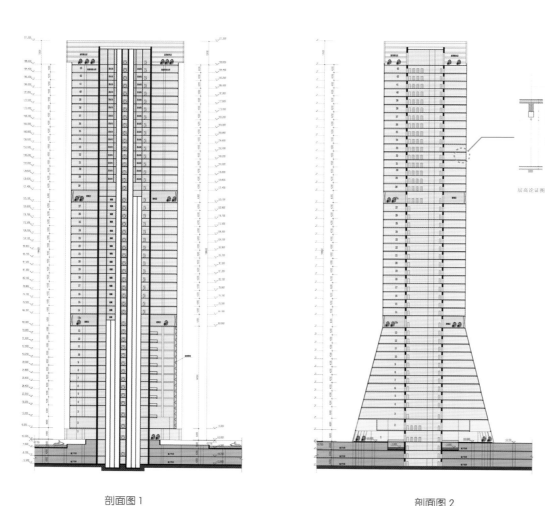

150mm架空楼板
600mm梁板
400mm空调管道
200mm结构管道
2850mm净空

层高论证图

剖面图 1

剖面图 2

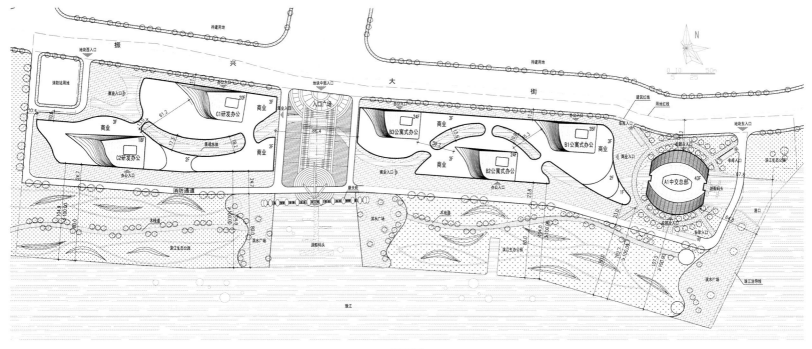

平面图

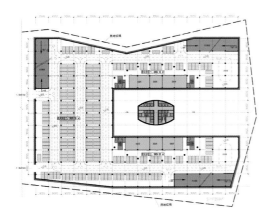

地下一层平面图

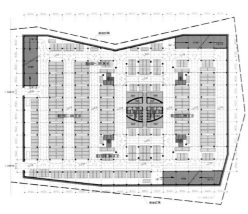

地下二层平面图

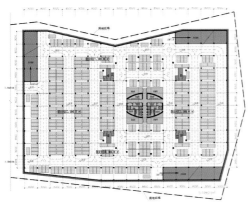

地下三层平面图

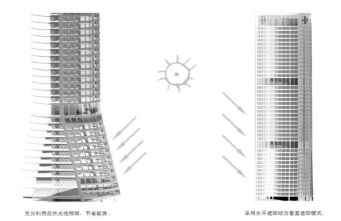

充分利用自然光线照明，节省能源。

采用水平遮阳结合垂直遮阳模式。

弧形平面能有效降低高空风压。

本案全程结合绿色、生态理念来进行设计，从采光、日照、通风等各个角度综合考虑，不仅有效改善内部使用人员的舒适度，还力求做到低碳环保、为企业节约能源，实现可持续发展。

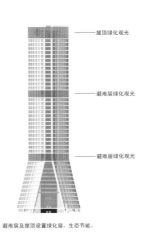

避难层及屋顶设置绿化层，生态节能。

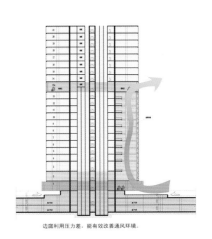

边庭利用压力差，能有效改善通风环境。

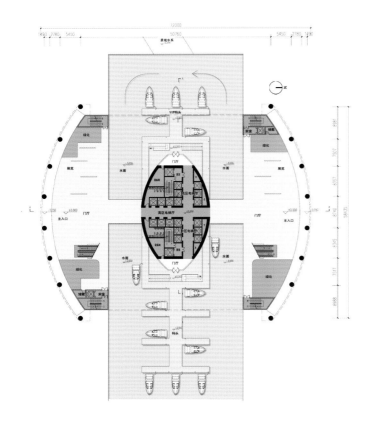

A区一层平面图/Zone A-First floor plan

A区二层平面图/Zone A-Second floor plan

A区三层平面图/Zone A-Third floor plan

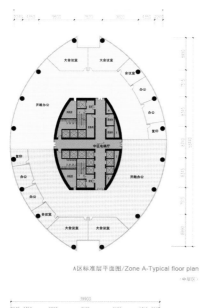

A区标准层平面图/Zone A-Typical floor plan
（中层区）

A区标准层平面图/Zone A-Typical floor plan
（高层区）

A区标准层结构布置图/Zone A- Structure arrangement of typical floor plan

钢-混凝土组合梁

平面图 1

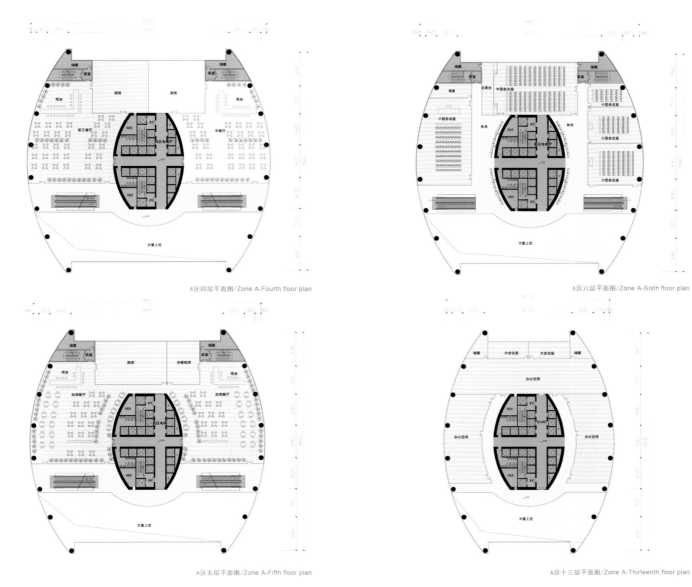

A区四层平面图/Zone A-Fourth floor plan

A区六层平面图/Zone A-Sixth floor plan

A区五层平面图/Zone A-Fifth floor plan

A区十三层平面图/Zone A-Thirteenth floor plan

平面图 2

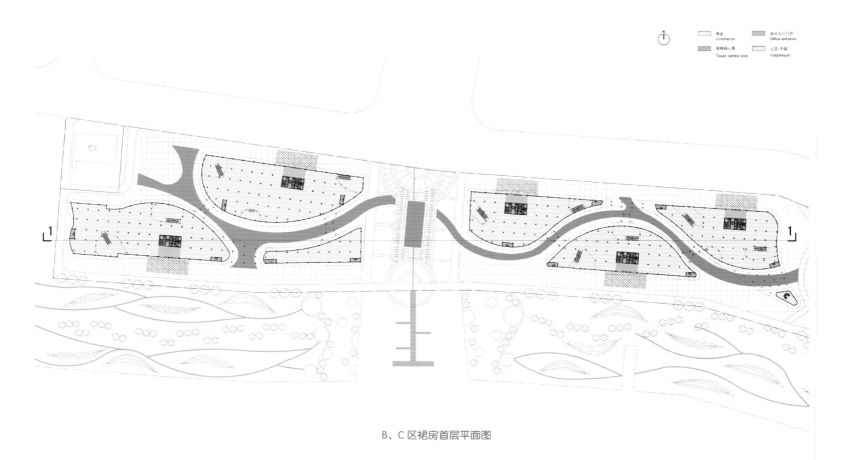

商业
Commerce

塔楼核心筒
Tower central core

办公入口门厅
Office entrance

上空/中庭
Voids/Atrium

B、C 区裙房首层平面图

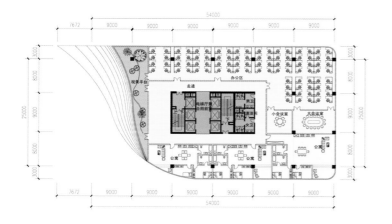

B 区塔楼标准层平面图

B 区塔楼四层平面图

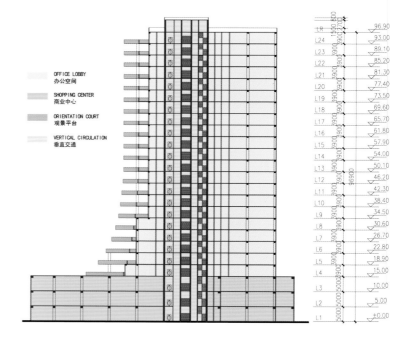

OFFICE LOBBY
办公空间

SHOPPING CENTER
商业中心

ORIENTATION COURT
观景平台

VERTICAL CIRCULATION
垂直交通

B 区剖面图

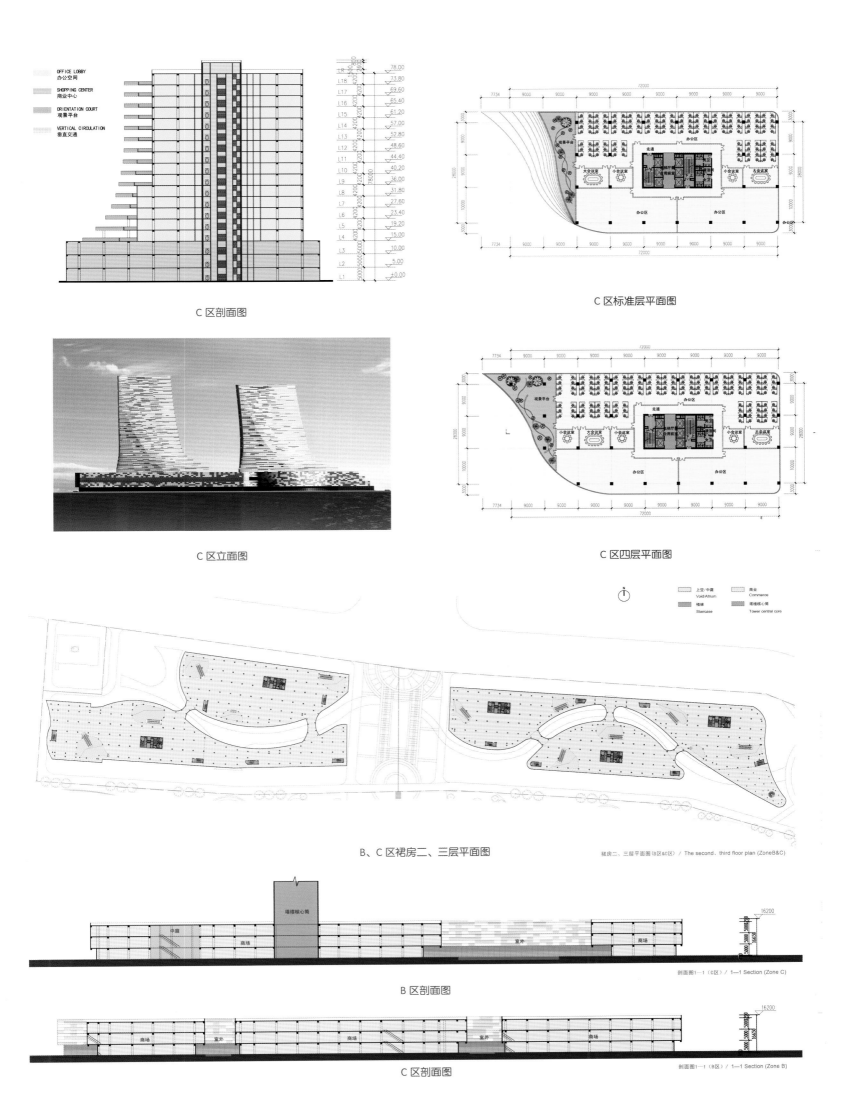

OFFICE LOBBY
办公空间

SHOPPING CENTER
商业中心

ORIENTATION COURT
观景平台

VERTICAL CIRCULATION
垂直交通

C 区剖面图

C 区标准层平面图

C 区立面图

C 区四层平面图

上空/中庭 Void/Atrium
楼梯 Staircase
商业 Commerce
塔楼核心筒 Tower central core

B、C 区裙房二、三层平面图

裙房二、三层平面图(B区&C区) / The second、third floor plan (ZoneB&C)

B 区剖面图

剖面图1—1(C区) / 1—1 Section (Zone C)

C 区剖面图

剖面图1—1(B区) / 1—1 Section (Zone B)

FOSHAN DONGPING NEW CITY MASS TRANSIT CENTER
佛山市东平新城

设计机构：Amphibian Arc
项目地点：中国佛山
项目面积：600 000 m²

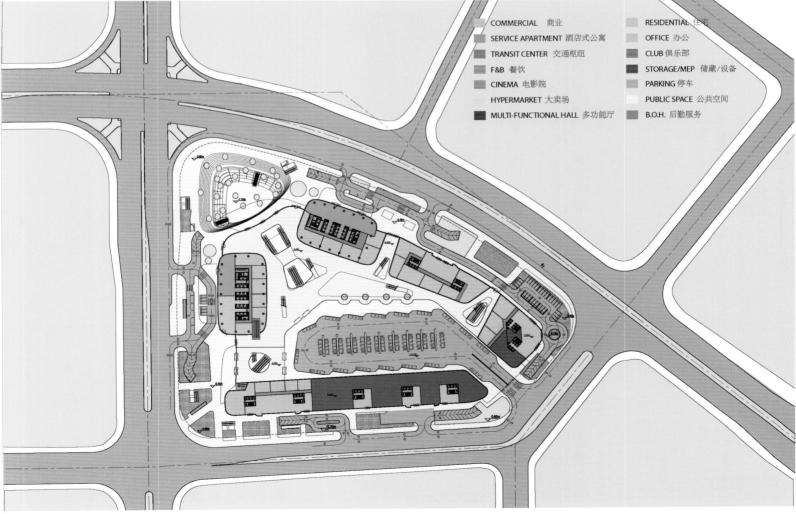

	COMMERCIAL 商业		RESIDENTIAL 住宅
	SERVICE APARTMENT 酒店式公寓		OFFICE 办公
	TRANSIT CENTER 交通枢纽		CLUB 俱乐部
	F&B 餐饮		STORAGE/MEP 储藏/设备
	CINEMA 电影院		PARKING 停车
	HYPERMARKET 大卖场		PUBLIC SPACE 公共空间
	MULTI-FUNCTIONAL HALL 多功能厅		B.O.H. 后勤服务

总平面图

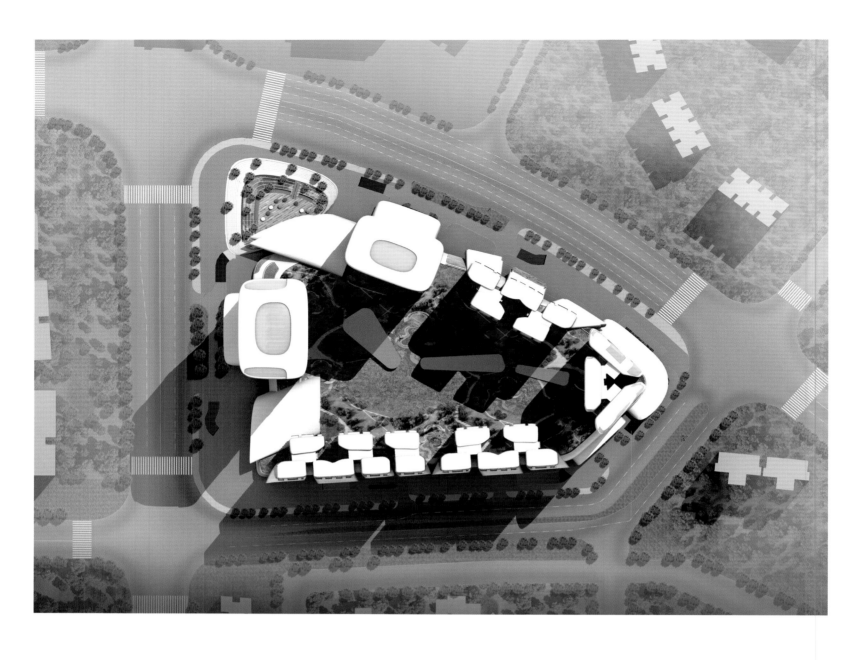

▶

东平新城坐落在佛山市的南部边缘，它的目标是成为广州都市经济区的主要成员。新城市运输中心是促进新城镇发展最重要的基础设施。它将包含多种运输功能，完工后包括一个地铁站、一个火车站、机场服务单元和一个本地总线终端；它也可容纳 80 000 平方米的商业和娱乐空间，170 000 平方米的酒店式服务公寓，240 000 平方米的住宅和 35 000 平方米的办公区域。

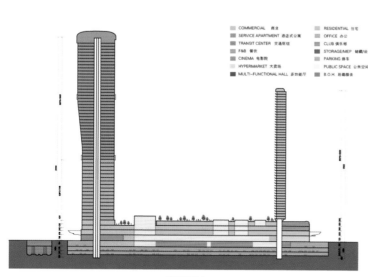

剖面图 1

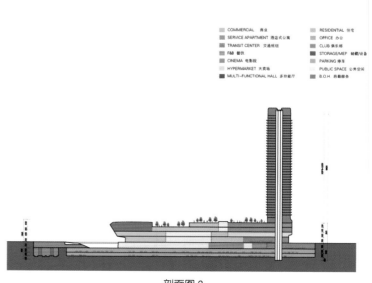

剖面图 2

☐ COMMERCIAL 商业		☐ RESIDENTIAL 住宅	
☐ SERVICE APARTMENT 酒店式公寓		☐ OFFICE 办公	
☐ TRANSIT CENTER 交通枢纽		☐ CLUB 俱乐部	
☐ F&B 餐饮		☐ STORAGE/MEP 储藏/设备	
☐ CINEMA 电影院		☐ PARKING 停车	
☐ HYPERMARKET 大卖场		☐ PUBLIC SPACE 公共空间	
■ MULTI-FUNCTIONAL HALL 多功能厅		☐ B.O.H. 后勤服务	

剖面图 3

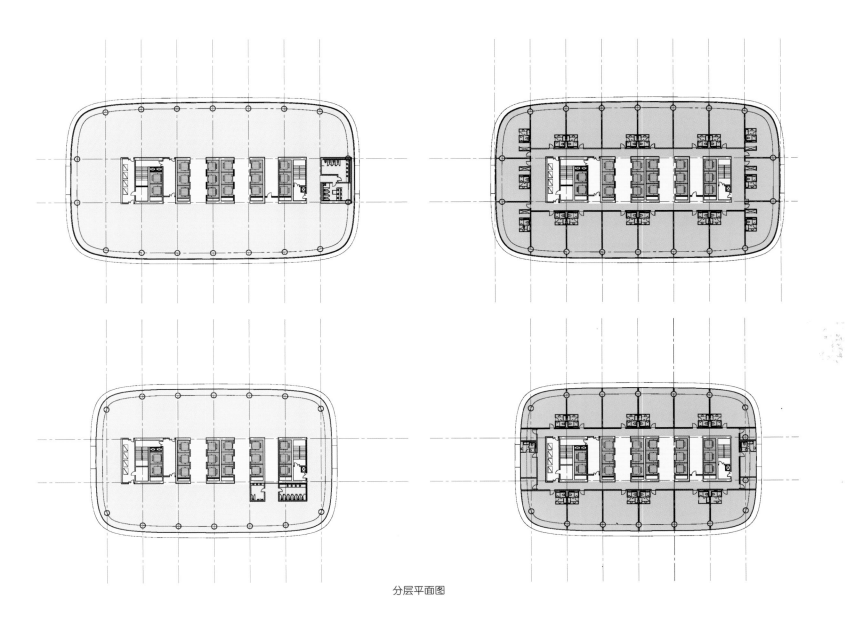

分层平面图

JUREN INTERNATIONAL 2.5 INDUSTRY DEMONSTRATION PARK

聚仁国际 2.5 产业示范园

设计机构：深圳市建筑设计研究总院有限公司
设计团队：张 朴、王丁贤
项目地点：中国江西
总建筑面积：565 300 m²
用地面积：91 193.33 m²
容 积 率：4.85
绿 地 率：21%

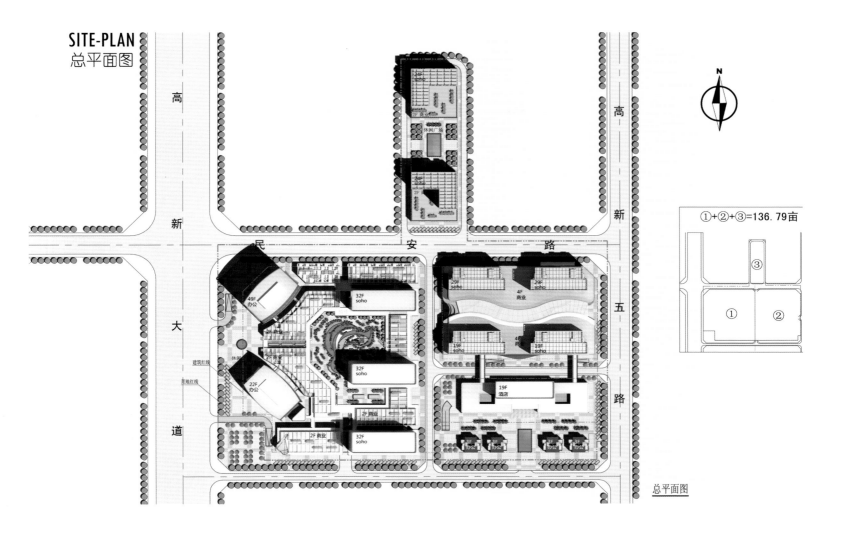

SITE-PLAN
总平面图

总平面图

▶ 聚仁国际 2.5 产业示范园位于江西省南昌市高新区高新大道 699 号（即江西聚仁堂药业有限公司现厂址）。项目净用地面积 91 193.33 平方米（约 136.79 亩），其中 62.2 亩土地（地块一）用地性质变更为商业服务设施用地，其余土地约 74.59 亩地（地块二和三），保持原用地性质。该项目是一个包含百货、超市、电影院、餐饮、纤体店、高档酒店及写字楼的大型商业综合体。建成的聚仁国际 2.5 产业示范园将是南昌市规模最大、档次最高、业态最全、生态环境优、功能配套全的复合型的商业地产项目，是集零售、餐饮、酒店、娱乐、金融、商务、住宅、文化休闲等元素为一体的城市综合体。

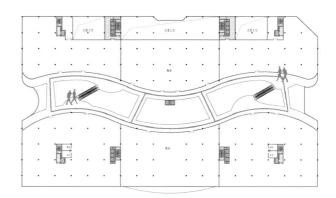

室内人行流线 ——— 室外人行流线 ▨ 垂直交通体

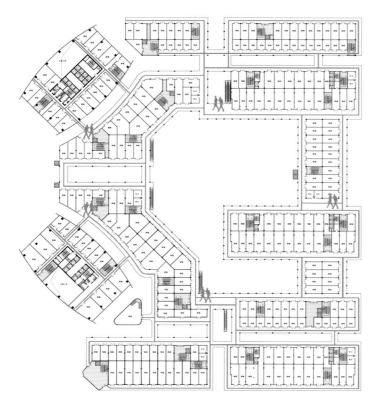

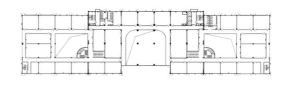

商业流线分析图

　　项目规划建设总部经济园、创意创新园、现代商贸园、综合服务园四大特色园区及大型地下停车场，总建筑面积 565 300 平方米，其中地上建筑面积 442 000 平方米，地下建筑面积 123 300 平方米。商业用地地块拟规划总部办公楼宇 100 000 平方米，SOHO 办公楼 98 800 平方米，商业裙楼 29 000 平方米。地块二为集中商业，裙房四层，四栋塔楼为现代商贸办公；裙房为 4S 汽车店、餐饮、休闲娱乐、影院、星级酒店（现有 19 层建筑）、超市、百货等组成的配套综合服务设施。地块三为两栋 SOHO 办公楼，裙房二层。地下由两层组成，首层为停车和地下商业，地下二层为停车和设备用房。项目将提高起点规划建设，体现现代、时尚、大气与经济、实用、可行原则；建设机动车停车位不低于 3 600 个泊位。

LANDSCAPE ANALYSIS
景观分析

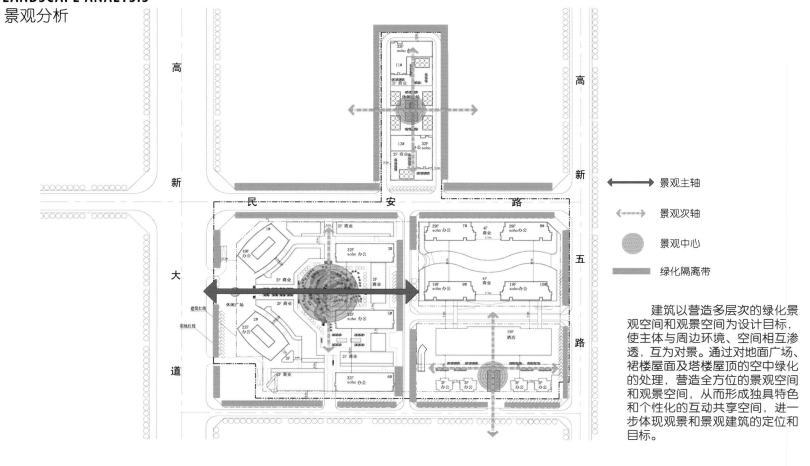

→ 景观主轴

⇢ 景观次轴

◎ 景观中心

▬ 绿化隔离带

建筑以营造多层次的绿化景观空间和观景空间为设计目标，使主体与周边环境、空间相互渗透，互为对景。通过对地面广场、裙楼屋面及塔楼屋顶的空中绿化的处理，营造全方位的景观空间和观景空间，从而形成独具特色和个性化的互动共享空间，进一步体现观景和景观建筑的定位和目标。

▶

项目以立足江西、面向全国的高起点进行规划设计，力求建成现代、时尚、国际化航母级总部经济体，成为一次性设计建设成型的高度信息化、智能化、情景化、人文化、节能环保、突出 2.5 产业示范园区特色、引领产业发展方向的 2.5 产业体；成为江西乃至全国富有时代性、时尚感、国际化的顶级城市经济体，使其为城市增添亮点，为南昌这一花园城市打造新的名片。

项目整体体现生态、绿色、健康的园区文化，各园区相对独立、相互关联、有机地结合着。

城市高端产业、潮流商业、高档宜居社区的完美组合，实现宜居住宅业与行政中心、商业中心广场的嫁接复合，打造未来城市综合的核心商务区之一。

行政办公区定位：现代化行政中心

SHOPPING MALL 定位：商业地块为街坊式布局，地块二、三为集中式布局；商业综合体融合了购物、商务、旅游、餐饮、娱乐、休闲、健身功能，并着手成为突出商务、娱乐、休闲功能的新型复合消费场所。

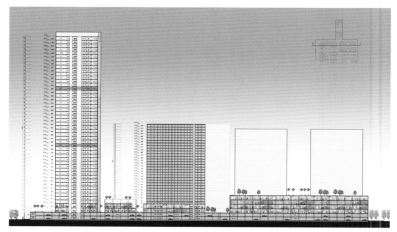

剖面图

▶

在总体布局上，我们在地块一沿高新大道面布置两栋高档写字楼，一栋为 220 米高，一栋为 100 米高；一高一低相呼应，形成内八字的布局，构成一个大的城市广场，也突出了此地块的城市形象和创新性。里面布置 3 栋 100 米高的 SOHO 办公楼，与两栋写字楼形成街坊式商业区，用"Block"街区的概念把商业人流通过商业街道引入中央水上乐园，形成商业的中心集散地，使其成为一个真正的城市会客厅。商业空间基地东西北都毗邻城市商业街，人流可以从四面八方抵达商贸中心。

地块二北面为 4 层的商业 Mall 与 4 栋 100 米的高 SOHO 办公楼，南面为原来设计的 19 层酒店；沿酒店面，我们还按甲方要求布置 4 栋独栋的办公楼。

地块三为两栋 L 形 SOHO 办公楼，中间设计了一个商业广场，营造城市商业气氛。

把商业人流通过商业街道引入中央商业广场，形成商业中心集散地和城市会客厅。

ZHUOYUE HUANGGANG
卓越皇岗评优

设计机构：中建国际
项目地点：中国深圳
总建筑面积：434 360.82 m²
用地面积：30 163.01 m²
容 积 率：11.003

福 华 三 路

会展中心　金田路

海田路　辛城花园

福 华 四 路

平面图

▶

　　基地由东西两块基地构成，按照其东、西边缘的服务入口还可以进一步被分成四块或四个部分，即：地盘的西北角为1区、西南角为2区、东南角为3区、东北角为4区。这四个区将决定地盘上四座高层塔楼的定位。设计指引确立本地盘上将开发集办公、商业、住宅、酒店以及相关配套空间（包括装货区、泊车区、中庭景观广场）为"四合院式"一体化的综合性楼宇。中庭的下沉式广场将东西区块连接，并作为地上、地下竖向交通枢纽。

　　此外，相互贯通、交叠的商业裙楼设计在经济价值上排在第一位的占据西北角的4区，其次是占据东南角的3区，占据南边的2区和3区再次之，排在最后的是1区和2区的西边。在四座塔楼之间，错落的商业裙楼构成内部绿化庭院或者广场，与超高层大厦形成对比平衡。1区和2区超高层机动车辆交通流向的设计主要集中在与金田路相连的地块西面。各区有独立地下车库出入口。中庭及东区主要是行人区，而贯穿于裙楼的立体绿化、绿色屋顶和景观连廊则为行人们遮挡深圳的骄阳。

▶

　　1 号塔楼总高 249.9 米，女儿墙顶高 280 米，共 58 层。其中 17 层、33 层、49 层为设备层兼避难层；1~3 层主要为大堂空间，4 层及以上为办公空间；地上总建筑面积约 111 600 平方米。 其菱形的造型要求包围 2 000 平方米的楼层面积的外墙数量减到最小。 由于其单一用途，为办公所用，大厦的核心部分被集中，令塔楼平均空间使用效率为 84%（按单一承租人楼层）。塔楼共设 2 部防烟疏散楼梯、2 部消防电梯和 20 部客梯，其中 5 部客梯服务于 15 层及 15 层以下，5 部服务于 16 层至 31 层，5 部服务于 32~47 层，5 部到 48~58 层。每部疏散梯宽度 ≥ 1.2 米，消防电梯按自然层停站。

　　2 号塔楼总高 238 米，女儿墙顶高 260 米，共 54 层。其中 14 层、25 层、39 层为设备层兼避难层，1~4 层主要为大堂空间，5~24 层为办公空间，26~38 层为酒店，40~52 层为公寓，53、54 为云顶餐厅。办公总计 40 000 平方米，酒店总计 25 000 平方米，公寓总计 25 000 方米，总建筑面积约 90 000 平方米。由于本大厦功能为复合型多用途，分成办公楼、酒店及公寓，塔楼的楼形体设计通过改变形状来适应多种用途。再者，大厦核心设计在中央，令塔楼平均空间使用效率为 78%（按办公室层数为单一承租人使用或和酒店及住宅为众多承租人使用）。塔楼共设 2 部防烟疏散楼梯、2 部消防电梯和 20 部客梯。其中 2 部连接大堂与地下车库，停靠 –3~1 层；8 部客梯供办公使用：4 部停靠 13 层及 13 层以下，4 部停靠 15~24 层；4 部客梯供酒店使用，停靠 26~38 层；4 部供公寓使用，停靠 40~55 层；另 2 部供塔楼主要空中大堂提升使用，停靠 5、26、40、53、54 层。每部疏散楼梯宽度 ≥ 1.2 米，消防电梯按自然层停站。

3 号塔楼为酒店式公寓和 SOHO 公寓，呈"L"形平面布置，由两塔楼连接而成。南北向布置，户型分布合理，方正舒适。总高度 129.5 米，女儿墙顶高 150 米，共 34 层。其中 18 层为设备兼避难层。塔楼共设三部防烟疏散楼梯、1 部消防电梯和 6 部客梯；其中 3 部客梯服务于酒店式公寓，共 34 层；另外 3 部服务于商务公寓，共 33 层。每部疏散楼梯宽度 ≥ 1.2 米，消防电梯按自然层停站。

　　4 号塔楼为 SOHO 办公楼，南北向布置，进深小于 11.5 米的方正平面，保证了良好的办公空间品质和良好的采光，体现了 SOHO 空间的灵活布置。开敞通透的候梯厅将成为良好空间品质的写字楼典范。总高度 165.5 米，女儿墙高顶高 185.5 米，共 38 层。其中 15 层、31 层为设备兼避难层，1~4 层为大堂及商业空间，5 层以上为办公空间。塔楼共设 2 部防烟疏散楼梯、1 部消防电梯和 8 部客梯，其中 4 部客梯服务于 21 层及 21 层以下，另 4 部服务于 22 层至 37 层，每部疏散楼梯宽度 ≥ 1.2 米，消防电梯按自然层停站。

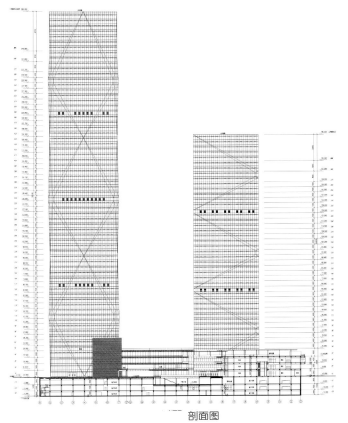

剖面图

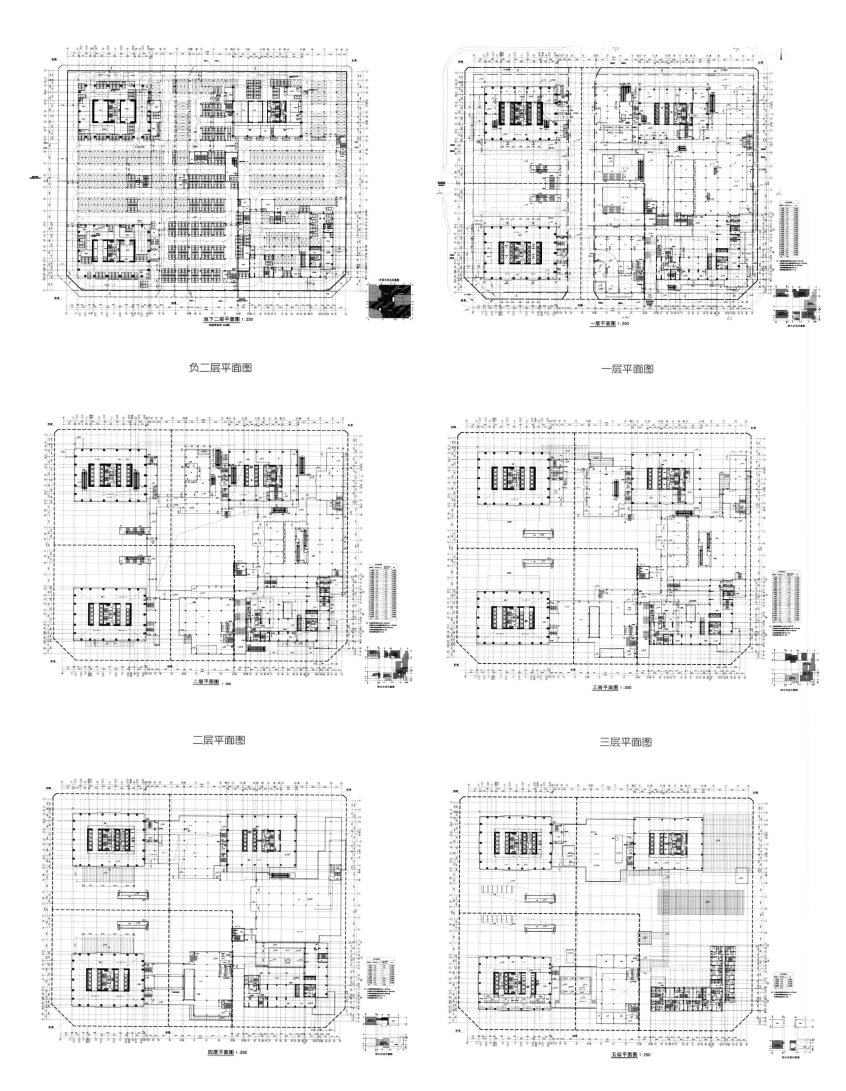

负二层平面图

一层平面图

二层平面图

三层平面图

四层平面图

五层平面图

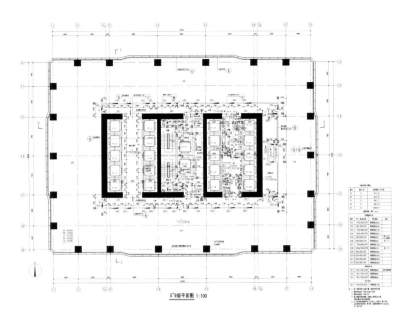

五至九层平面图　　　　　　　　　　　　　　六至十二层平面图

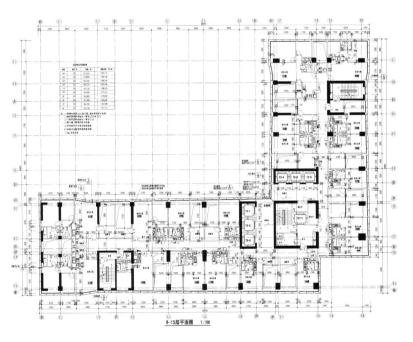

六至十五层平面图　　　　　　　　　　　　　　五至十四层平面图

商业空间及广场设计：根据商业价值的地块分析所得，商业的零售店铺主要安排在基地的北侧，主力店安排在基地的东侧。我们将商业界面尽可能沿福华三路展开，在中心七路路口扩出足够的步行界面，将人流引入内广场。在海田路与福华三路交界处退让一定的广场，设置主力店入口。利用二层连廊系统将人流向上层提升，带动二层商业，形成双首层的概念。下沉广场及商业户外平台的设置形成错落有致且丰富多变的平台广场空间，给商铺创造有趣的景观面，最大化地激活内商业氛围，提升商业价值。

结合交通和商业的整体布局，我们将基地内的广场空间进行了细分，使其有各自的主题性和不同的性格，形成有序的空间序列。沿金田路的为主礼仪广场，为两座主塔楼营造气势宏厚的入口空间。沿海天路口为商业主入口广场，中心为多平台休闲广场。建筑设计配合符合商务建筑气质的景观，简约、精致、舒适及人性化，为工作和生活在这里的人们提供了一个容易被接近的休闲场所，人们可以漫步在有草坪、木头、雕塑、硬质铺地和绿树的环境下。

中心区建设已颇具规模，CBD内高楼林立、商厦云集。限于总体规划及城市发展综合水平，已建成的超高层几乎一色的直板塔楼及灰蓝色井字格玻璃幕墙。城市界面达到空前统一的同时，建筑个性却被不经意地遗忘。城市需要一些不同寻常的元素来激发活力，需要扣人心弦的产生话题，如同一个万众期待的"大事件"被广为关注和一个"经济加速器"的产生，成为商务活动的喷射点。借鉴了钻石削切工艺，通过对塔楼四个角部进行削切处理，勾勒出优雅的楼身比例，用不同角度的切面相互拼叠制造戏剧性的肌理效果，整体效果如同钻石般璀璨夺目。别致的立面肌理，为整个建筑群赋以独具一格的个性，优雅而稳重的风格从周围建筑的沉闷中脱颖而出。

ZA'ABEEL ENERGY CITY MASTER PLAN

Za'abeel 能源城市总体规划

设计机构：Adrian Smith + Gordon Gill Architecture
设计团队：Adrian Smith, Gordon Gill
项目地点：阿拉伯联合酋长国迪拜

► 能源城市总体规划项目被定位为与众不同的商业、住宅开发中心，它是迪拜现代化及可持续生存、工作和娱乐的象征。

从这儿乘坐地铁可方便地到达 Jumeira 花园，此项目毗邻迪拜塔和市区，将是个充满活力的综合区域。其设计理念是打造一个贯穿可持续发展精髓并令人流连忘返的胜地。

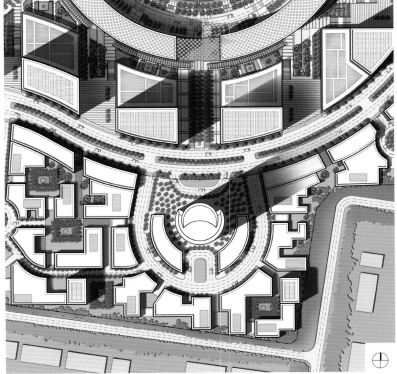

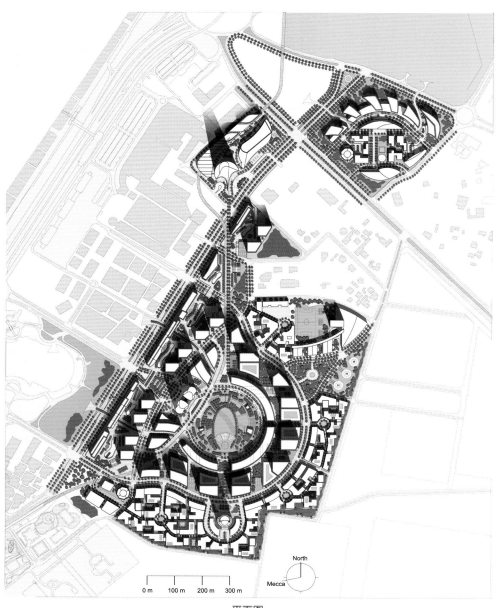

平面图

总体规划致力于建设出一个全新市民共享的公园空间。所有居民和工作者都可以通过林荫人行道、多形式的交通便道进入此地。由于靠近交通枢纽，总体规划足以成为一个自给自足的综合开发区。这是迪拜社区设计中第一个通过绿色白金评级的项目。

办公和酒店设施沿街分布，贯穿整个开发区，为此地带来了丰厚的收益，同时有效地增强了这个新的商业中心的实力，更好地发挥其会议和服务业的作用。豪华的私人住宅定义了项目的范围，提供独一无二的平和生活空间。除了打造令人流连的城市空间，总体规划充分利用伊斯兰模式与设计传统习俗，重新解读现代化生活方式，在建筑物和景观设计上突出了多变性和独特性。伊斯兰纺织、建筑装饰、传统的小镇模式为此项目在结构和规模上开拓了新的发展方式。

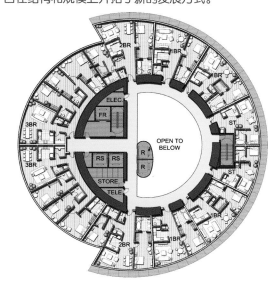

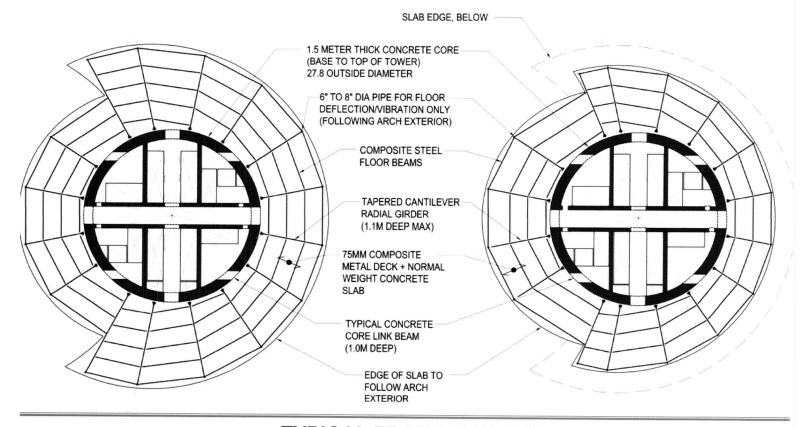

SLAB EDGE, BELOW

1.5 METER THICK CONCRETE CORE
(BASE TO TOP OF TOWER)
27.8 OUTSIDE DIAMETER

6" TO 8" DIA PIPE FOR FLOOR
DEFLECTION/VIBRATION ONLY
(FOLLOWING ARCH EXTERIOR)

COMPOSITE STEEL
FLOOR BEAMS

TAPERED CANTILEVER
RADIAL GIRDER
(1.1M DEEP MAX)

75MM COMPOSITE
METAL DECK + NORMAL
WEIGHT CONCRETE
SLAB

TYPICAL CONCRETE
CORE LINK BEAM
(1.0M DEEP)

EDGE OF SLAB TO
FOLLOW ARCH
EXTERIOR

TYPICAL FRAMING PLANS

典型框架计划分析图

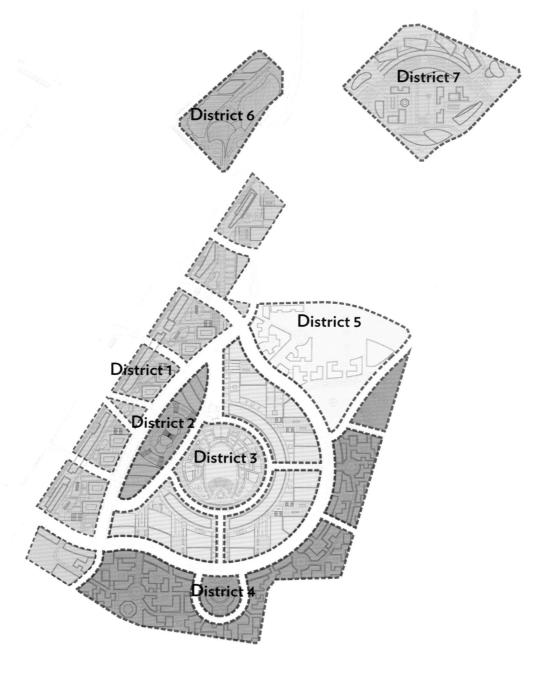

District 6

District 7

District 5

District 1

District 2

District 3

District 4

North

Mecca

0 m   100 m   200 m   300 m

平面分析图

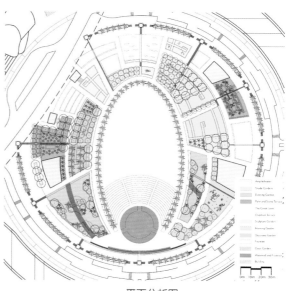

平面分析图

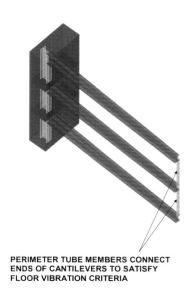

PERIMETER TUBE MEMBERS CONNECT
ENDS OF CANTILEVERS TO SATISFY
FLOOR VIBRATION CRITERIA

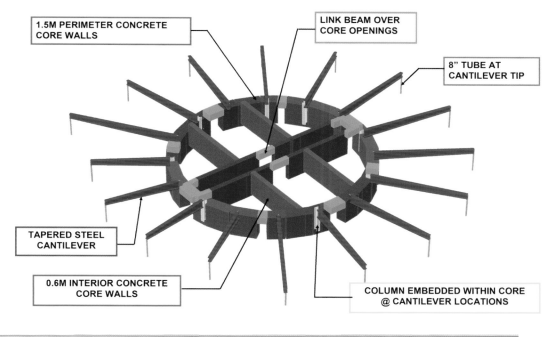

1.5M PERIMETER CONCRETE
CORE WALLS

LINK BEAM OVER
CORE OPENINGS

8" TUBE AT
CANTILEVER TIP

TAPERED STEEL
CANTILEVER

0.6M INTERIOR CONCRETE
CORE WALLS

COLUMN EMBEDDED WITHIN CORE
@ CANTILEVER LOCATIONS

CANTILEVER BEHAVIOR

3D ANALYSIS MODEL: TYPICAL FLOOR

分析图1

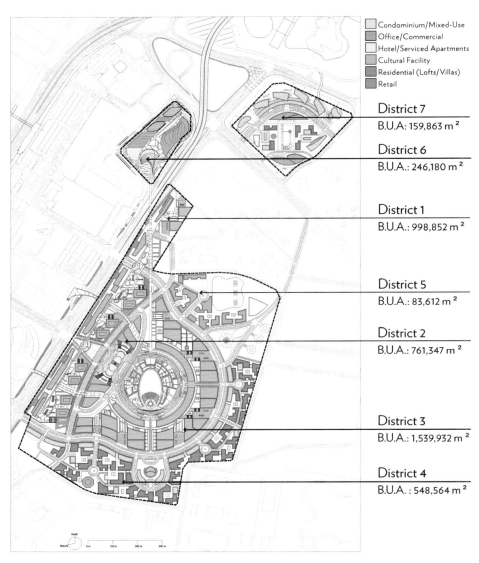

☐	Condominium/Mixed-Use
☐	Office/Commercial
☐	Hotel/Serviced Apartments
☐	Cultural Facility
☐	Residential (Lofts/Villas)
☐	Retail

District 7
B.U.A: 159,863 m²

District 6
B.U.A.: 246,180 m²

District 1
B.U.A.: 998,852 m²

District 5
B.U.A.: 83,612 m²

District 2
B.U.A.: 761,347 m²

District 3
B.U.A.: 1,539,932 m²

District 4
B.U.A. : 548,564 m²

平面分析图

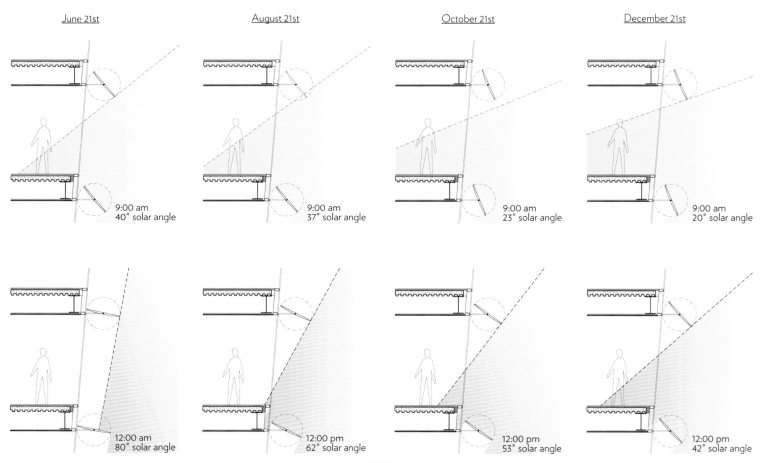

June 21st	August 21st	October 21st	December 21st
9:00 am 40° solar angle	9:00 am 37° solar angle	9:00 am 23° solar angle	9:00 am 20° solar angle
12:00 am 80° solar angle	12:00 pm 62° solar angle	12:00 pm 53° solar angle	12:00 pm 42° solar angle

分析图 2

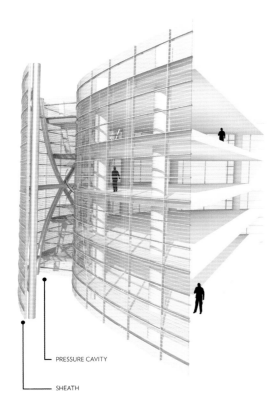

PHOTOVOLTAIC FIN

The east facade culminates in a glass and integrated photovoltaic fin that screens the large balcony at the tip of the building from wind and sun. The balcony is made of a steel structure which supports the fin against wind loads.

PRESSURE CAVITY

SHEATH

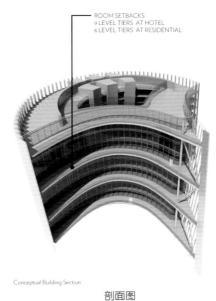

ROOM SETBACKS
9 LEVEL TIERS AT HOTEL
6 LEVEL TIERS AT RESIDENTIAL

Conceptual Building Section

剖面图

View of Photovoltaic Fin

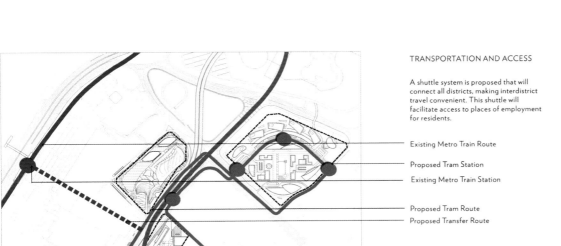

TRANSPORTATION AND ACCESS

A shuttle system is proposed that will connect all districts, making interdistrict travel convenient. This shuttle will facilitate access to places of employment for residents.

Existing Metro Train Route

Proposed Tram Station

Existing Metro Train Station

Proposed Tram Route
Proposed Transfer Route

Transit Hub/Transfer Station

● Proposed Subway Station

● Existing Red Line Station

● Shuttle Stop - Route #1

● Shuttle Stop- Route #2

● Shuttle Stop - Route #3

── Shuttle Route #1

── Shuttle Route #2

── Shuttle Route #3

── Existing Red Line Route

── Proposed Subway Route

┅ Proposed Transfer Route

ADRIAN SMITH + GORDON GILL

Sustainable Concepts: Transportation and Access
交通和入口分析图

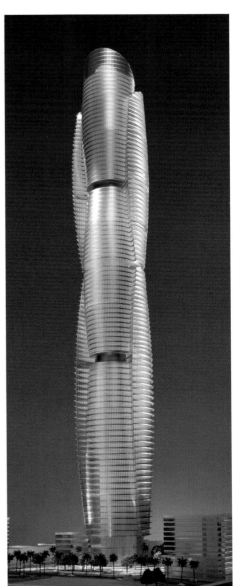

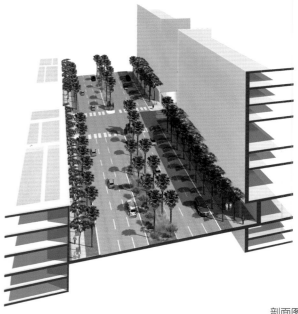

剖面图

ENERGY & ATMOSPHERE

Innovative, efficient strategies will decrease energy use and reduce carbon emissions.

WATER

Water will be protected as a valuable resource through intensive conservation and reuse cycles on-site.

LANDSCAPE & OUTDOOR ENVIRONMENT

Beautiful parks and streetscapes will reduce the urban heat island effect and create comfortable outdoor microclimates.

ACCESS & TRANSPORTATION

Efficient transportation infrastructure will enable low-carbon and zero-carbon movement throughout the site and encourage pedestrian activity.

INDOOR ENVIRONMENT

Building occupants will experience healthy, high quality indoor environments that will increase occupant satisfaction and productivity.

CONSTRUCTION PROCESS & MATERIALS

Sustainable material choices and construction practices will reduce the environmental impact of the development on a local and global scale.

FUTURE OPERATIONS

Continued monitoring and assessment will ensure the ongoing sustainable operation of the buildings and infrastructure within the development.

BENCHMARKING & IMPLEMENTATION

Benchmarking with LEED will ensure that the project exceeds current sustainable design standards.

景观分析图

TOWER G
G 塔

设计机构：Y Design Office
设计团队：Tony Yam, Howard Kim, Yin Guo Dong
项目地点：中国成都
项目面积：1 289 096 ㎡
建筑高度：421 m
容 积 率：2.3
绿 化 率：70%

podium design process

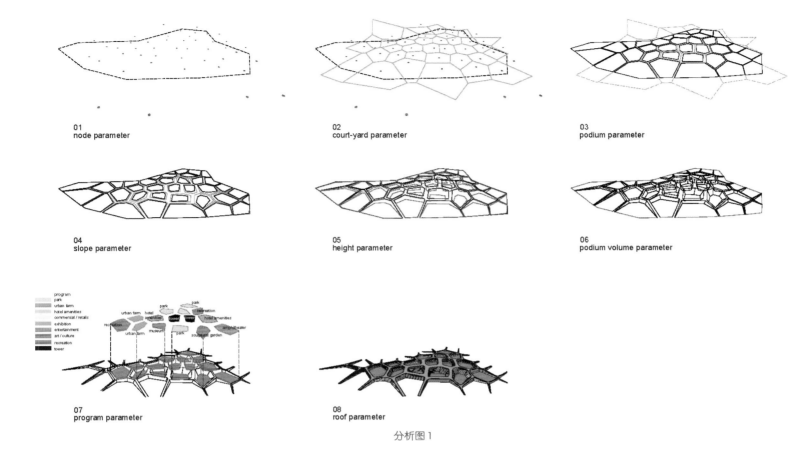

01
node parameter

02
court-yard parameter

03
podium parameter

04
slope parameter

05
height parameter

06
podium volume parameter

07
program parameter

08
roof parameter

分析图1

▶

　　G塔是一个新的城市图标

　　成都是个世界级的现代花园城市，她不仅是大自然美的化身，而且是城市与郊区生活方式完美的平衡体。山、水、田园、森林与城市融于一体，这种人与自然的和谐是她特有的品质。此外，一个广阔的（五百米宽）天然绿带坐落在她四环的位置。这条绿带是成都这个花园城市的一大特征。坐落在其中的新型摩天大楼——G塔就成了一个标志性大门，而整个城市则与周边连成一体。

　　成都是个花园城市

　　G塔的设计理念在很大程度上受益于成都丰富的城市地貌和历史环境。将G塔作为总方案发展和成都市的城市大门，是设计师实现一个标志性陈述的清晰的愿景。该项目的建筑理念、结构布置和外立面的设计充分地展现了对花园城市生活方式的尊重与包容。每个绿色层面的设计是由回转的绿色阳台呈现出来的，既保证了开放和隐私，又保证了空间的灵活性。其建筑细节和功能则在设计过程中考虑了高效的能源使用以及寻求自然植被和建筑之间的和谐。这样一来，不但人们的生活质量提高了，可持续性发展也得到了实现。

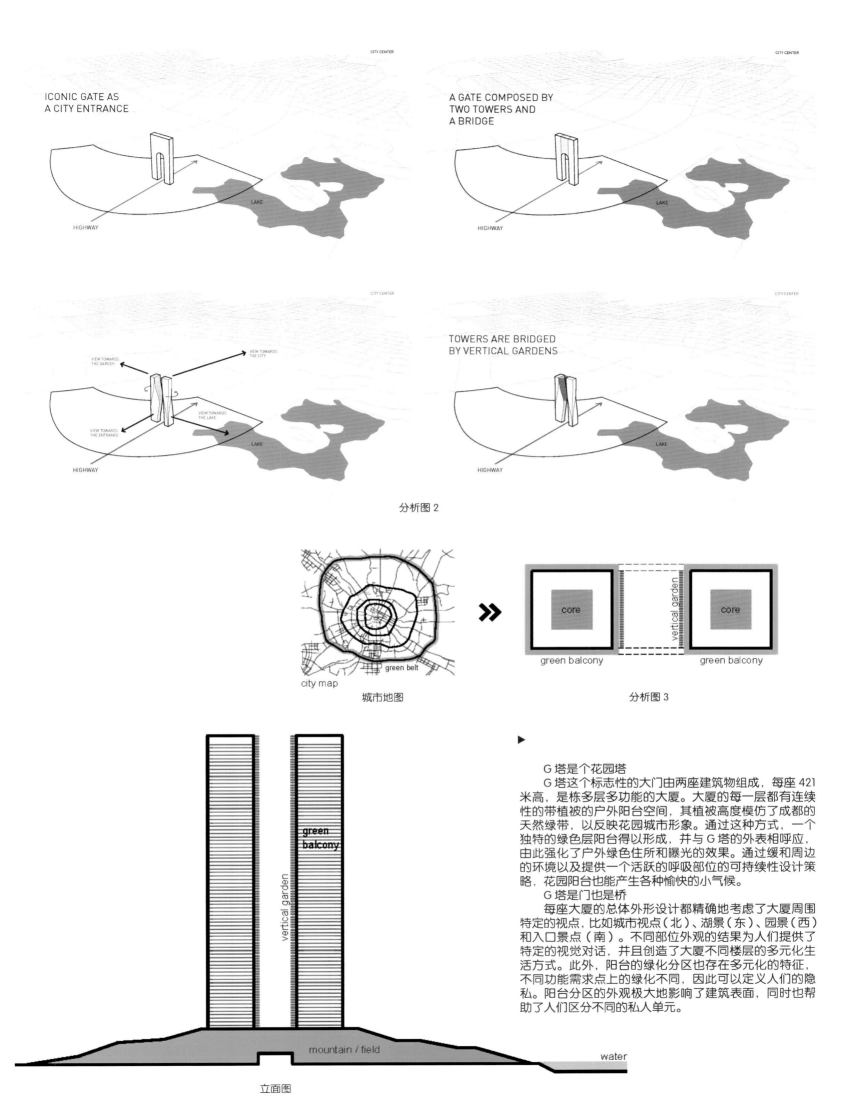

ICONIC GATE AS
A CITY ENTRANCE

A GATE COMPOSED BY
TWO TOWERS AND
A BRIDGE

TOWERS ARE BRIDGED
BY VERTICAL GARDENS

分析图 2

城市地图

分析图 3

G 塔是个花园塔

G 塔这个标志性的大门由两座建筑物组成，每座 421 米高，是栋多层多功能的大厦。大厦的每一层都有连续性的带植被的户外阳台空间，其植被高度模仿了成都的天然绿带，以反映花园城市形象。通过这种方式，一个独特的绿色层阳台得以形成，并与 G 塔的外表相呼应，由此强化了户外绿色住所和曝光的效果。通过缓和周边的环境以及提供一个活跃的呼吸部位的可持续性设计策略，花园阳台也能产生各种愉快的小气候。

G 塔是门也是桥

每座大厦的总体外形设计都精确地考虑了大厦周围特定的视点，比如城市视点（北）、湖景（东）、园景（西）和入口景点（南）。不同部位外观的结果为人们提供了特定的视觉对话，并且创造了大厦不同楼层的多元化生活方式。此外，阳台的绿化分区也存在多元化的特征，不同功能需求点上的绿化不同，因此可以定义人们的隐私。阳台分区的外观极大地影响了建筑表面，同时也帮助了人们区分不同的私人单元。

立面图

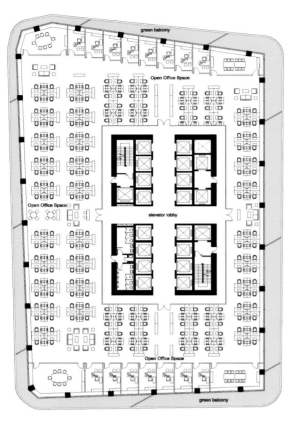

15 层规划图

桥与垂直花园

　　构成 G 塔的双子塔是由垂直的花园相连的。天空桥梁的连接不仅仅创造了物理上和视觉上的外观效果，赋予"门"的概念生命，而且还创造了独有的空间体验和更多的享受大厦空中小气候的机会。桥与垂直花园带来的体验将远远超出任何以往有关如何将野生植物与塔的设计相结合以履行可持续发展的设计或想象。

G 塔的墩座是座山

　　这个墩座的设计是与本案所在的广大片区相适应的。整个墩座是由不同的初始决定因素：节点、坡度和高度来限定的。每个因素都控制着墩座的庭院空间、屋顶坡度、建筑容积、几何构造以及划分不同庭院空间的清晰的延续性内部空间。每个区（庭院）都有自己的项目，比如城市农场或娱乐区，以尊重周围的建筑功能。为加强行人从内到外的动态和强化墩座和庭院之间的视觉关系，墩座的外部设有连续性带植被的户外阳台空间。此外，墩座顶部在该区边缘处向下倾斜，以形成临近社区的欢迎入口，并与周边的景观相融。

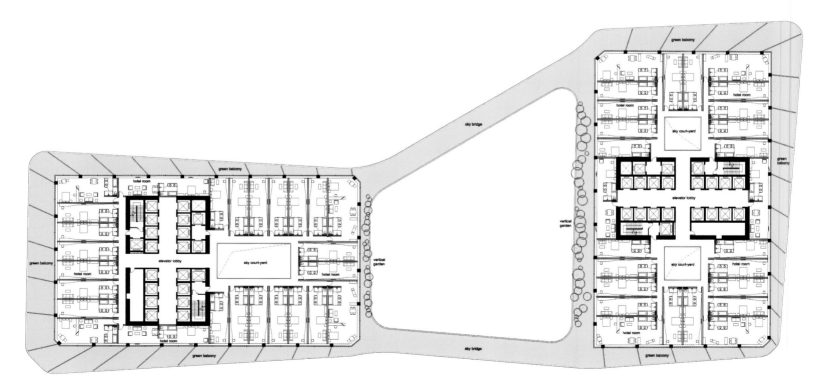

80 层规划图

ZHONGTIAN GROUP DONGGUAN ZHONGXU PLAZA URBAN COMPLEX PROGRAMS

中天集团东莞中旭广场 城市综合体方案

设计机构：深圳大学建筑设计研究院
设计团队：钟 中、钟波涛、曾单单、熊 强、岑 敏
项目地点：广东省东莞市东城区东城中路西侧
总建筑面积：194 572 m²
占地面积：28 600 m²
容 积 率：4.96
覆 盖 率：32%
绿 地 率：37%

全景鸟瞰效果图

东城中路效果图

　　项目地处东莞最繁华的东城世博商圈，周边片区成熟、环境多样，城市商业与商务发展迅速，城市面貌呈现比较无序。基地平坦，位于城市主干道东城中路西侧，南北两侧是城市次干道，周边道路车流量大，城市化空间较缺乏。

　　项目所处的城市空间节点片区已经完成了城市设计，会贯彻统一的城市设计思想：基地东北角的十字路口将建设完整统一的环形二层步行系统，并嵌以景观标志——"彩贝"大厅——以连接路口四角建筑，形成二层人行体系，辐射周边片区；在沿城中路的东南角还规划有东莞地铁站出口和城市公交枢纽。

　　基地周边的建筑环境和业态布局存在诸多问题：1. 功能配置不全、业态分布不均，无法相互激发、互为补充；2. 地下空间开发率低、建筑空间协调性差、空间利用率不高；3. 环形二层步行空间与建筑联系差，缺乏完整的地面、地下、空中一体化的立体交通体系；4. 缺乏城市公共空间、类型单一、城市与建筑在空间上缺乏联系。由此，城市与建筑联系的松散，需要在功能组织、交通衔接、空间塑造等层面上转型成为达到城市与建筑一体化的环境品质层次。这是环境对本项目设计的客观要求。

草图阶段（1）

草图阶段（2）

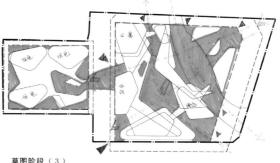

草图阶段（3）

城市公馆透视图

退台花园透视图

　　基地总面积 28 600 平方米，规划总建筑面积 194 572 平方米，分美新、景怡两块地。本设计坚持"完整规划、相互联系、统一风格"的原则：东部的美新地块较大、商业价值较高，规划了自地下一层直至四层裙房的大面积商业与公共设施，塔楼方面较高较大的办公、公寓居于北侧，较小的酒店位于南侧；西部的景怡地块较小、商业价值降低，规划仅局部设置沿街商业，地上为高层公寓、住宅及其围合的中心绿地花园。二地块地下两层皆为停车及设备用房。

　　根据所处城市节点的区位特征和城市设计思想，本设计规划布局提出"通过城市化空间的营造促进城市与建筑一体化"的思想：美新地块紧临东城大道，商业采用"满铺"方式使商业价值最大化；景怡地块位于基地西侧而商业价值不高，底层布置沿街商业，二层通过天桥与美新地块相连以引入人流，提高地块商业价值；在东、西两条城市道路上空，两者都与二层步行系统衔接；在建筑内部建立多层次交通体系，实现地面、地下、空中多方位与城市交通体系衔接，营造城市综合体应当具备的丰富多样的城市化空间。

引入"水晶"的晶莹剔透的设计概念，高层建筑群总体采用自由"雕琢"和"切割"的手法来塑造不规则体形，结合通体反射型玻璃幕墙，造成与周边建筑群所不同的标志性形象；多层裙房则采取不规则层层退台和内向型露天庭院，在消解体量的同时提供丰富的近人尺度立面与趣味化的空间体验；西侧的公寓与住宅具有凹凸多变的居住型立面，采用"包裹"方法加以整合，达到和整体风格的统一。

东城东路噪声干扰巨大，而地块南侧仅一街之隔的君豪商业中心体量巨大，高度将近100米，对本项目地块南侧压迫感强大；综合体设计采取与周围建筑合理协调的策略，整体建筑群向西后退避让，酒店也适当北移，以此来协调中间的尺度层次和建筑关系。

建筑设计紧密围绕城市二层步行系统展开，将综合体的城市化空间直接面对城市：南北穿越基地中部的城市道路在一层保留，建筑二层平面设置了连接东西两部分以及城市步行环廊的二层步行天桥体系，市民可以方便穿越通行，这样就把城市交通体系延续至建筑体内部。

在东北角路口的城市化空间中，围绕下沉式广场布置了大小不一的不规则商业体量，让多种选择产生竞争，以此提升商业效益；在入口广场、平台花园等集聚空间，通过空间退让、场所营造和树木、绿化、雕塑等小品设置，营造出多层次的景观体系，增强综合体建筑的吸引力，也扩大宜人尺度。

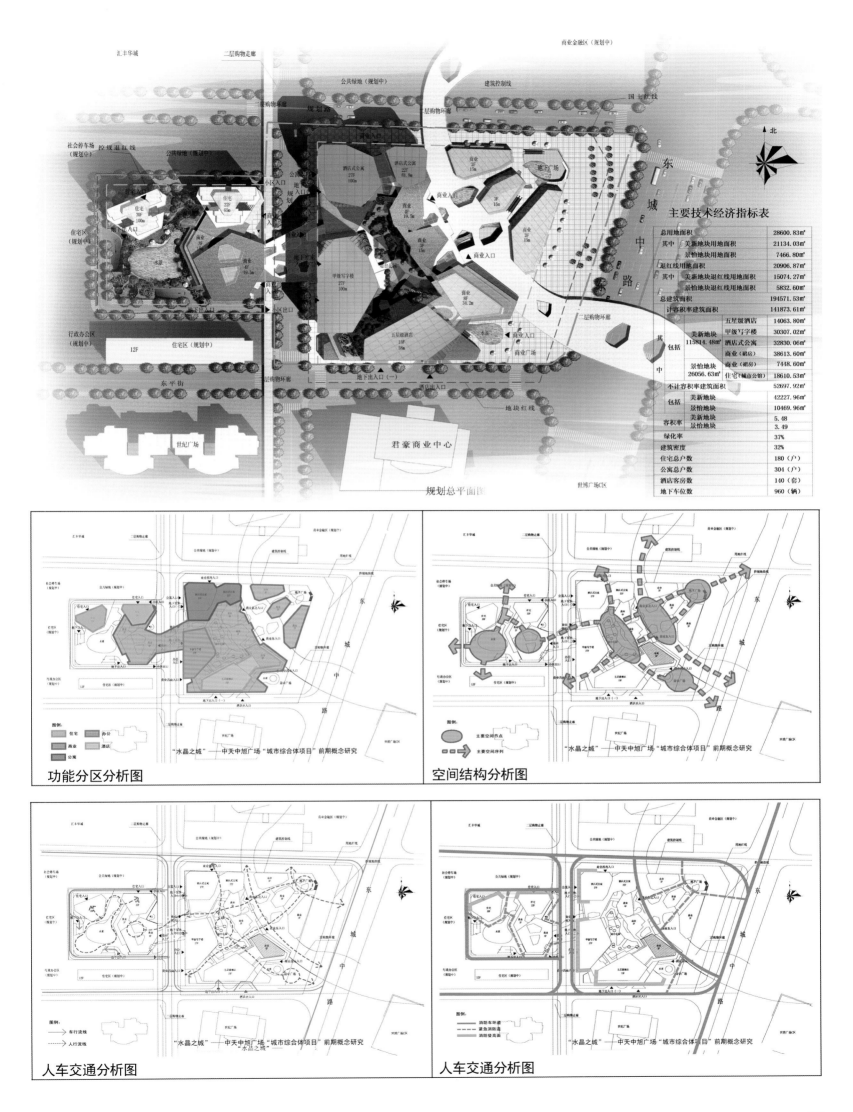

主要技术经济指标表

总用地面积			28600.83m²
其中	美新地块用地面积		21134.03m²
	景怡地块用地面积		7466.80m²
退红线用地面积			20906.87m²
其中	美新地块退红线用地面积		15074.27m²
	景怡地块退红线用地面积		5832.60m²
总建筑面积			194571.53m²
计容积率建筑面积			141873.61m²
其中	美新地块 115814.48m²	五星级酒店	14063.80m²
		甲级写字楼	30307.02m²
		酒店式公寓	32830.06m²
		商业(裙房)	38613.60m²
	景怡地块 26056.63m²	商业(裙房)	7448.60m²
		住宅(城市公馆)	18610.50m²
不计容积率建筑面积			52697.92m²
包括	美新地块		42227.96m²
	景怡地块		10469.96m²
容积率	美新地块		5.48
	景怡地块		3.49
绿化率			37%
建筑密度			32%
住宅总户数			180（户）
公寓总户数			304（户）
酒店客房数			140（套）
地下车位数			960（辆）

规划总平面图

功能分区分析图

空间结构分析图

人车交通分析图

人车交通分析图

东南入口效果图

本项目通过城市化空间的参与和介入，重点改善城市空间体系、融入城市空间结构，力求营造的城市化空间能够补充城市空间节点对公共空间的需求，使城市综合体成为城市空间节点的重要组成部分。

"点"——接口空间设计

本项目首层商业人流量巨大，布置了众多入口广场与城市衔接处；商业的其他出入口均考虑直接面对城市主要人流方向，城市接口的空间与城市步行系统衔接可以引导人流；考虑未来地铁口建设，设计还预留了城市广场及其隧道等可能与之接驳；空中与城市步行系统的衔接主要围绕城市二层步行天桥，建筑二层也有多个入口引入人流以此提升建筑的商业价值。

"线"——链接空间设计

四条上下贯通的多层商业内街与城市步行系统衔接，构成"网"状人行交通结构。其中两条与城市二层天桥连结，借助建筑的"过街楼"使商业动线延伸至景怡地块；建筑二层设置连通基地南、北的天桥，形成完整的空中步行体系，让穿越建筑的城市人流为综合体增加巨大商机；地面、地下、空中三个层面通过各种线性链接空间（水平＋垂直）相互连结、彼此补充，形成立体化城市建筑内部公共人行交通体系。

二层步廊透视图

　　建筑内部的链接空间重点引入"水"的元素，商业动线结合水景，形成鲜明特色——丰富的水景伴随空间变化，既丰富了景观层次，也引导了商业动线。
"面"——集聚空间设计
　　建筑首层出入口都设置了入口开放空间，综合体裙房内部的商业动线节点位置还设置了多处形式各异的开放中庭空间。东北角下沉广场可视为地下商业动线的起点，它直接与地面城市广场联系，可集聚大量的外来城市人流；两条地下商业内街设置了休息等候的开放空间，并通过采光天井与地面商业动线交流、互动，提供不同纬度的开放空间；裙房屋顶设置了形态丰富、层次分明的退台式屋顶花园，既缓解了建筑大体量的影响，又能通过穿越建筑内部的公共步行通道完全向市民开放，实现在空间层面"建筑与城市一体化"的运作。

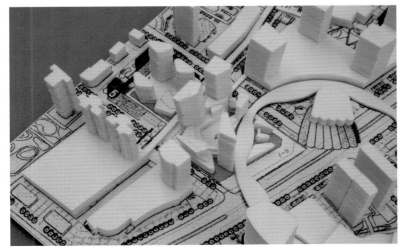

模型图1

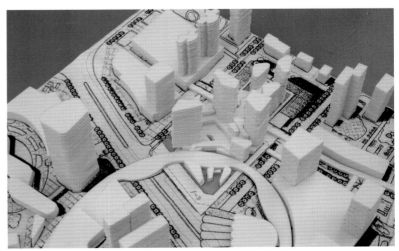

模型图2

LUDAN BUILDING
鹿丹大厦

设计机构：深圳市梁黄顾艺恒建筑设计有限公司
设计团队：姜 涛、庞 亮、张 建、黄建明、彭 黎、曹一啸、曾 莉
项目地点：中国深圳
总建筑面积：48 264 m²
占地面积：2 912.2 m²
开 发 商：深圳市城市建设投资发展有限公司
项目董事：何 晓
项目负责人：姜 涛
建筑高度：150 m
容 积 率：12.91
覆 盖 率：65%

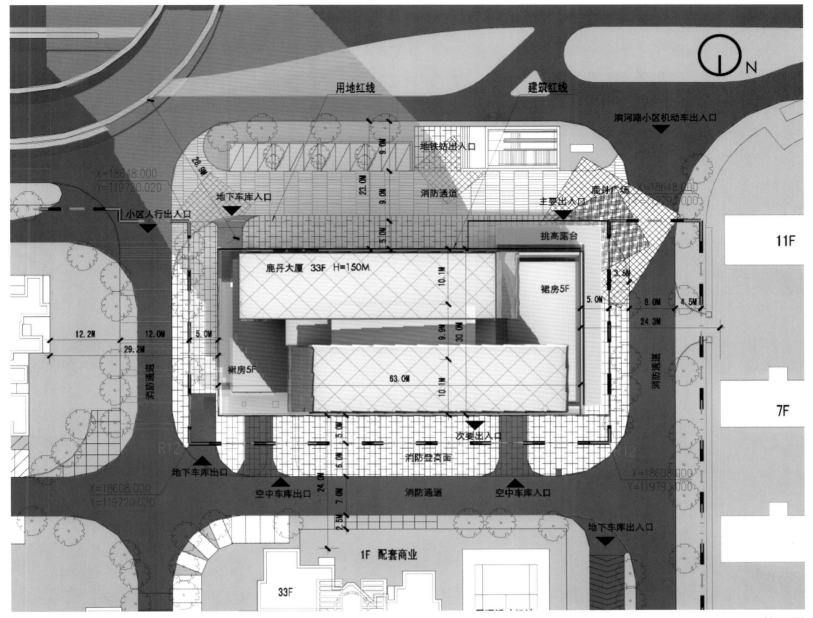

用地红线　　　　建筑红线
滨河路小区机动车出入口
地铁站出入口
鹿丹广场
地下车库入口　　　消防通道
小区人行出入口　　　　　　　　　　　　　　　主要出入口
挑高露台
11F
鹿丹大厦33F H=150M
裙房5F
裙房5F
63.0M
7F
次要出入口
消防通道
消防登高面
地下车库出口
空中车库出口　　消防通道　　空中车库入口
地下车库出入口
1F 配套商业
33F

总平面图

▶

　　一线城市如何解决高建筑密度和高容积率下的停车和内部交通问题，已经成为每个综合体必须要攻克的难题，本案借鉴香港的成功经验，植入空中车库和空中大堂的理念，将底层商业及配套功能、空中大堂、空中停车有序结合，平滑地解决了城市和开发商双方面的需求。

　　本案位于深圳市罗湖区鹿丹村片区，北面紧邻滨河大道，南面为拟规划改造的鹿丹村住宅小区，场地东北角为规划中的地铁9号线鹿丹村站。本项目用地面积2 912.2平方米，容积率12.91，覆盖率65%，建筑高度150米，总建筑面积48 264平方米，办公建筑面积30 732平方米，地下室建筑面积7 229平方米，配建150个停车位和共计6 955平方米的商业、净菜市场、物业服务用房、社区警务室及邮政所等配套功能。针对此特殊的用地情况与规划要求，如何解决停车问题、如何处理诸多功能及其流线的问题是设计的难点，同时场地南面和西面都是100米的高层住宅，视线遮挡严重。对此我们提出"空中停车""空中大堂"和"空中花园"的设计理念，综合解决内部交通流线与停车的问题。同时根据项目所处的不同场景环境与城市诉求，我们将建筑拆分为两种面向的不同体块，并在空中交错和拓展，创造出空中花园和更多优质的办公空间，提升办公品质；建筑形体也因此变得俊秀、律动。再加上菱形玻璃幕墙设计与建筑形体完美契合，整个建筑显得更加优雅动人。

城市鸟瞰

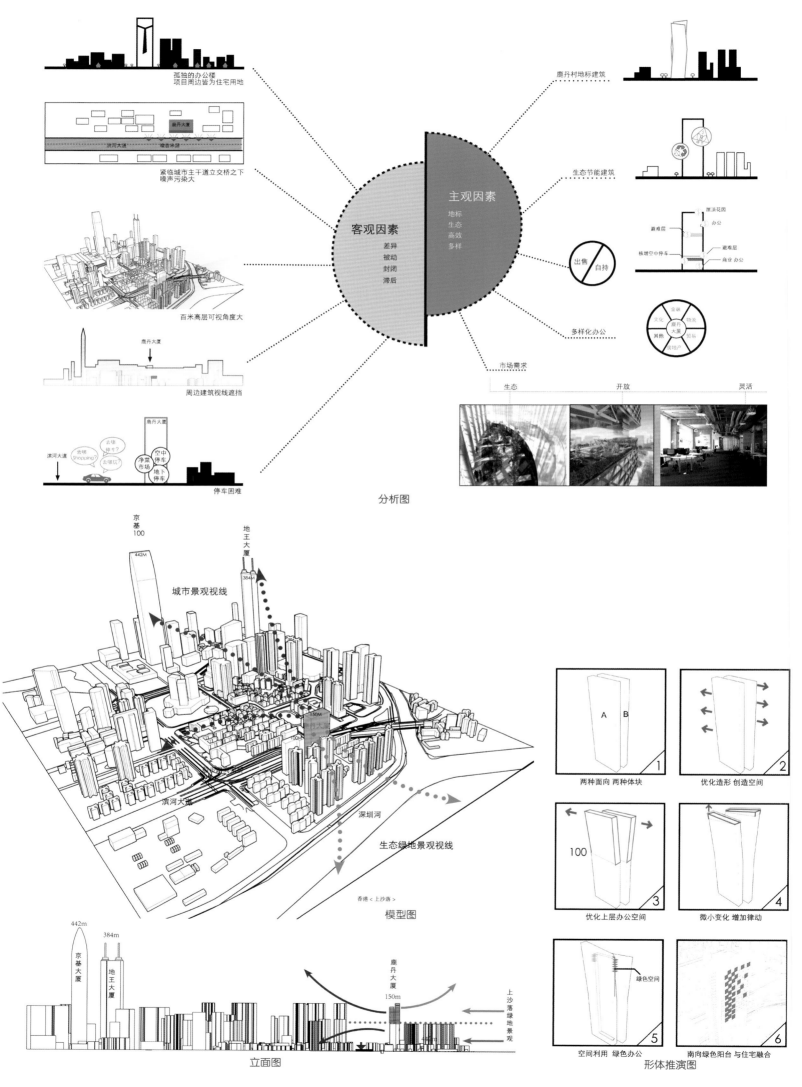

孤独的办公楼
项目周边皆为住宅用地

紧临城市主干道立交桥之下
噪声污染大

百米高层可视角度大

周边建筑视线遮挡

停车困难

客观因素
差异
被动
封闭
滞后

主观因素
地标
生态
高效
多样

鹿丹村地标建筑

生态节能建筑

出售 自持

多样化办公

市场需求

生态   开放   灵活

分析图

京基100
442M

地王大厦
384M

城市景观视线

滨河大道

深圳河

生态绿地景观视线

香港 < 上沙落 >

模型图

442m
京基大厦

384m
地王大厦

鹿丹大厦
150m

上沙落绿地景观

上沙落绿地景观

立面图

两种面向 两种体块 ①

优化造形 创造空间 ②

100

优化上层办公空间 ③

微小变化 增加律动 ④

绿色空间

空间利用 绿色办公 ⑤

南向绿色阳台 与住宅融合 ⑥

形体推演图

110

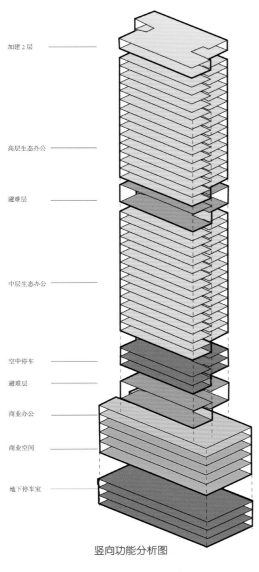

加建 2 层

高层生态办公

避难层

中层生态办公

空中停车

避难层

商业办公

商业空间

地下停车室

竖向功能分析图

实体模型

南向日景

北向夜景

菱形玻璃幕墙设计

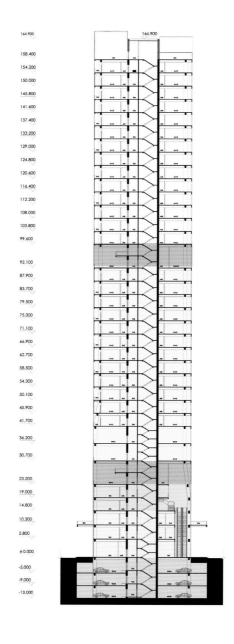

164.900	164.900	158.400
158.400		35F 154.200
154.200		34F 150.000
150.000		33F 145.800
145.800		32F 141.600
141.600		31F 137.400
137.400		30F 133.200
133.200		29F 129.000
129.000		28F 124.800
124.800		27F 120.600
120.600		26F 116.400
116.400		25F 112.200
112.200		24F 108.000
108.000		23F 103.800
103.800		22F 99.600
99.600		21F 92.100
92.100		20F 87.900
87.900		19F 83.700
83.700		18F 79.500
79.500		17F 75.300
75.300		16F 71.100
71.100		15F 66.900
66.900		14F 62.700
62.700		13F 58.500
58.500		12F 54.300
54.300		11F 50.100
50.100		10F 45.900
45.900		9F 41.700
41.700		8F 36.200
36.200		7F 30.700
30.700		6F 23.200
23.200		5F 19.000
19.000		4F 14.800
14.800		3F 10.300
10.300		2F 5.800
5.800		1F ±0.000
±0.000		-1F -5.000
-5.000		-2F -9.000
-9.000		-3F -13.000
-13.000		

高区办公
避难层
低区办公
空中车库
商业办公
商业
地下车库

剖面图

空中办公大堂效果图

室内视界

112

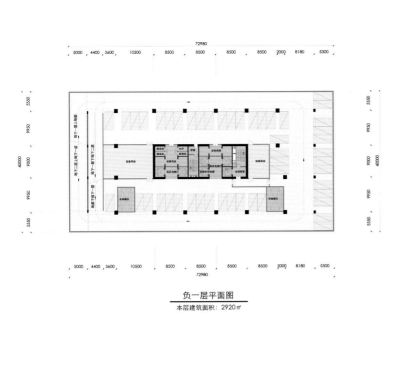

负一层平面图
本层建筑面积：2920㎡

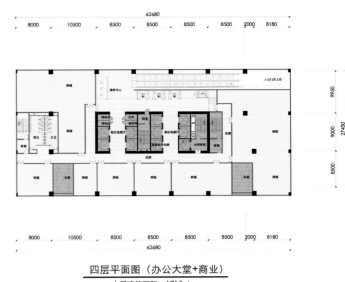

四层平面图（办公大堂+商业）
本层建筑面积：1715㎡

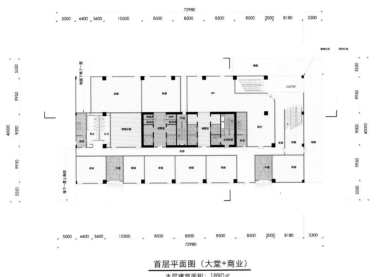

首层平面图（大堂+商业）
本层建筑面积：1890㎡

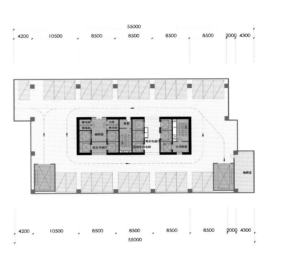

七-八层平面图（空中车库）
本层建筑面积：1457㎡

中区标准层平面图（办公）
本层建筑面积：1299㎡

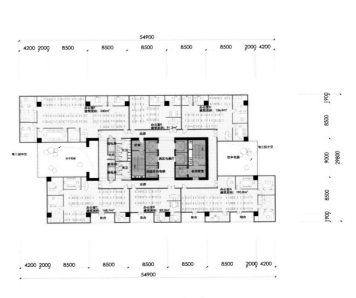

高区标准层平面图（办公）
本层建筑面积：1269㎡

SUN CITY
太阳城

设计机构：湖南天一示范区开发建设有限公司
项目地点：中国株洲
项目面积：（一期）363 316 m²
　　　　　（二期）162 768 m²

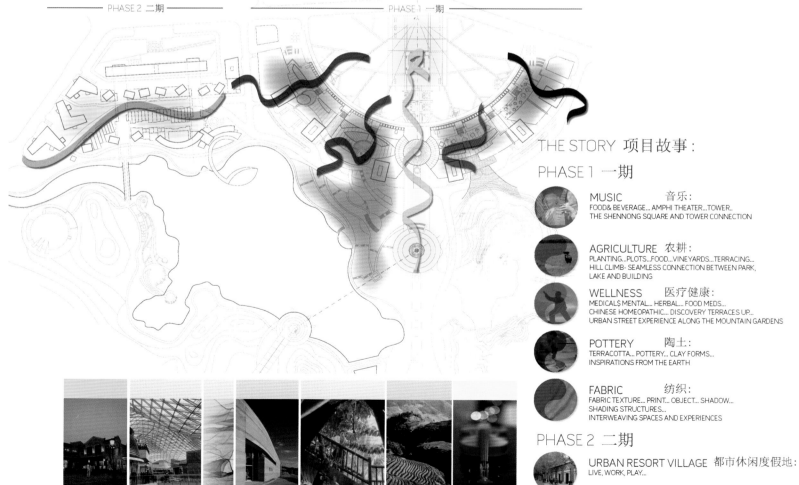

PHASE 2 二期　　　　　　　PHASE 1 一期

THE STORY 项目故事：

PHASE 1 一期

MUSIC　　　音乐：
FOOD& BEVERAGE... AMPHI THEATER...TOWER..
THE SHENNONG SQUARE AND TOWER CONNECTION

AGRICULTURE　农耕：
PLANTING...PLOTS...FOOD...VINEYARDS...TERRACING...
HILL CLIMB- SEAMLESS CONNECTION BETWEEN PARK,
LAKE AND BUILDING

WELLNESS　　医疗健康：
MEDICAL$ MENTAL... HERBAL... FOOD MEDS...
CHINESE HOMEOPATHIC... DISCOVERY TERRACES UP...
URBAN STREET EXPERIENCE ALONG THE MOUNTAIN GARDENS

POTTERY　　陶土：
TERRACOTTA... POTTERY... CLAY FORMS...
INSPIRATIONS FROM THE EARTH

FABRIC　　　纺织：
FABRIC TEXTURE... PRINT... OBJECT... SHADOW...
SHADING STRUCTURES...
INTERWEAVING SPACES AND EXPERIENCES

PHASE 2 二期

URBAN RESORT VILLAGE 都市休闲度假地：
LIVE, WORK, PLAY...

分析图1

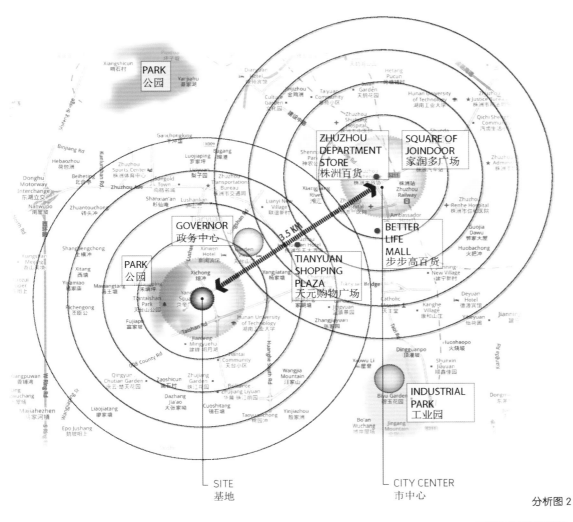

PARK
公园

PARK
公园

GOVERNOR
政务中心

ZHUZHOU
DEPARTMENT
STORE
株洲百货

SQUARE OF
JOINDOOR
家润多广场

3.5 KM

TIANYUAN
SHOPPING
PLAZA
天元购物广场

BETTER
LIFE
MALL
步步高百货

INDUSTRIAL
PARK
工业园

SITE
基地

CITY CENTER
市中心

分析图2

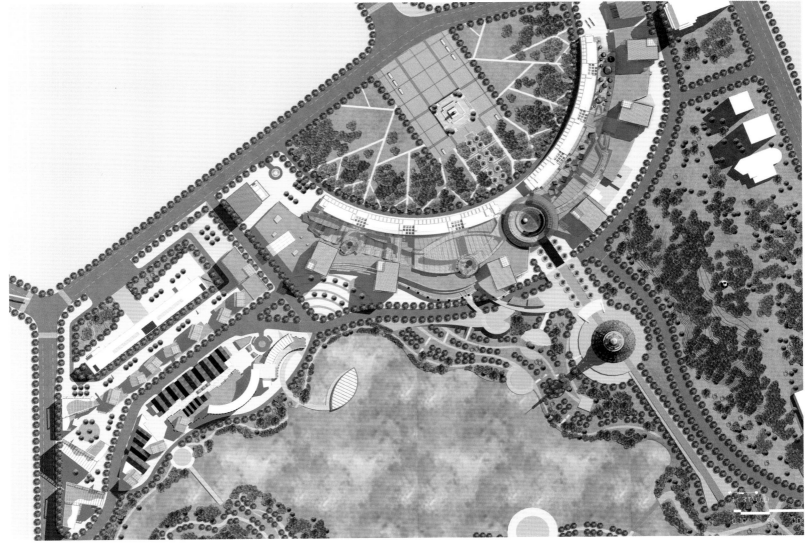

立面图 1

立面图 2

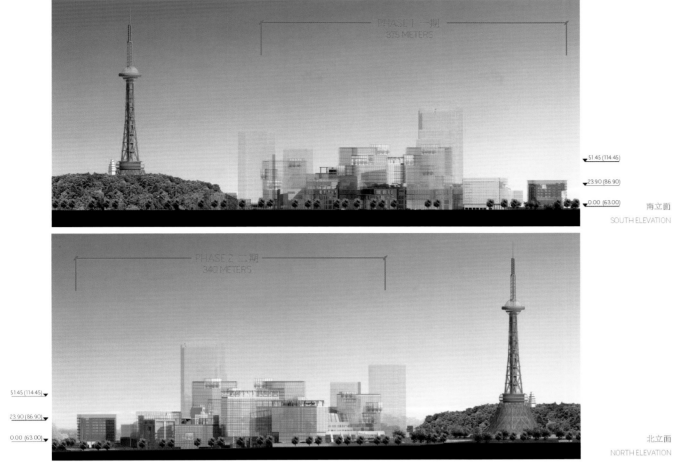

PHASE 1 一期
375 METERS

51.45 (114.45)
23.90 (86.90)
0.00 (63.00)

南立面
SOUTH ELEVATION

PHASE 2 二期
340 METERS

51.45 (114.45)
23.90 (86.90)
0.00 (63.00)

北立面
NORTH ELEVATION

立面图 3

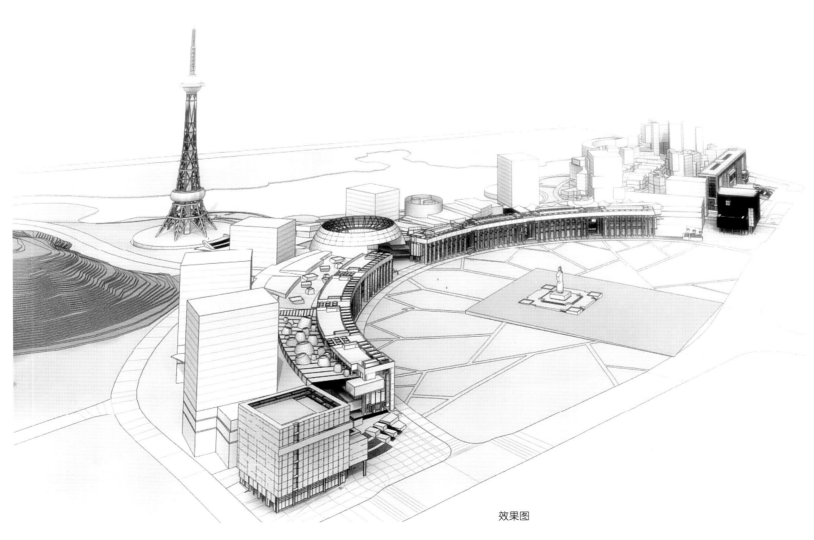

效果图

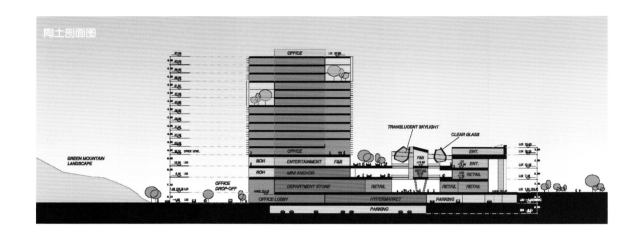

陶土剖面图

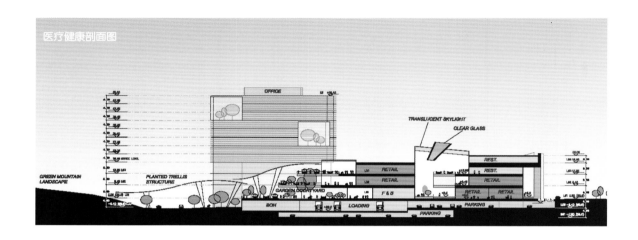

医疗健康剖面图

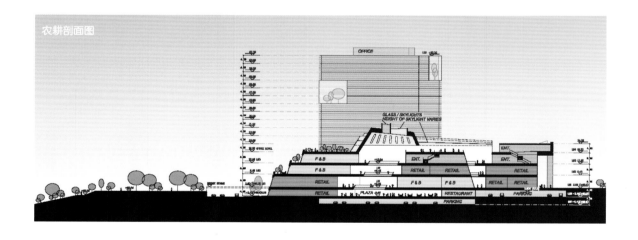

农耕剖面图

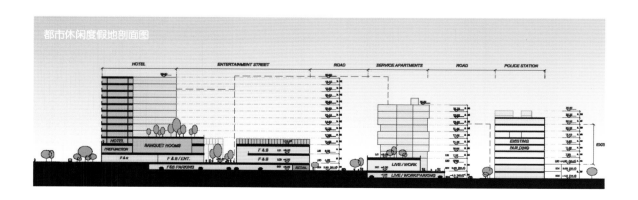

都市休闲度假地剖面图

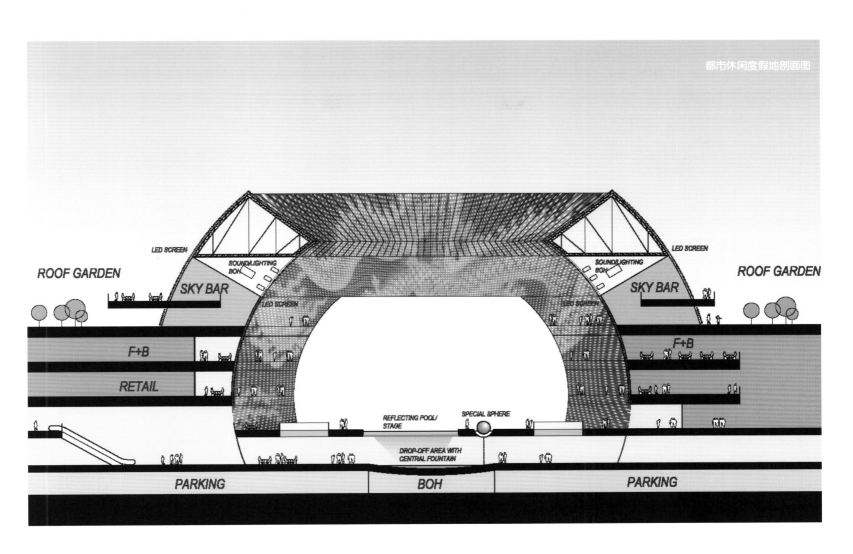

ROOF GARDEN

SKY BAR

LED SCREEN

SOUND/LIGHTING BOH

LED SCREEN

ROOF GARDEN

SKY BAR

SOUND/LIGHTING BOH

LED SCREEN

都市休闲度假地剖面图

F+B

RETAIL

F+B

REFLECTING POOL/ STAGE

SPECIAL SPHERE

DROP-OFF AREA WITH CENTRAL FOUNTAIN

PARKING

BOH

PARKING

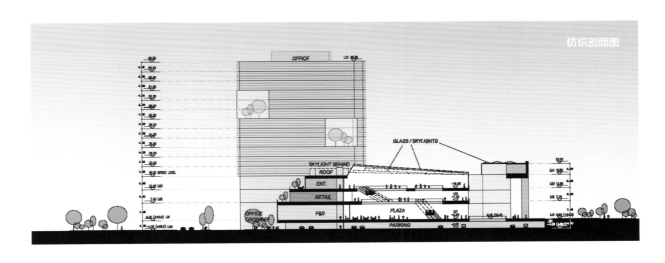

纺织剖面图

OFFICE

GLASS / SKYLIGHTS

SKYLIGHT BEHIND

ROOF.

ENT.

RETAIL

F&B

PLAZA

OFFICE DROP-OFF

PARKING

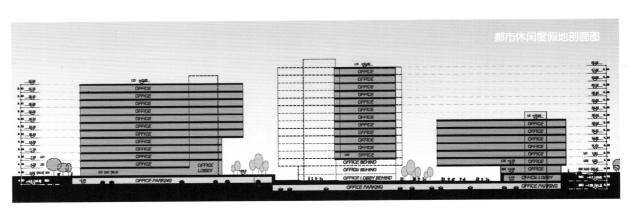

都市休闲度假地剖面图

OFFICE

OFFICE
OFFICE
OFFICE
OFFICE
OFFICE
OFFICE
OFFICE
OFFICE
OFFICE

OFFICE
OFFICE
OFFICE
OFFICE

OFFICE
OFFICE
OFFICE
OFFICE
OFFICE
OFFICE
OFFICE

OFFICE LOBBY

OFFICE BEHIND
OFFICE BEHIND

OFFICE PARKING

OFFICE PARKING

OFFICE LOBBY

OFFICE PARKING

SHENNONG PROJECT PRELIM DEVELOPMENT SUMMARY
农城项目初步面积指标

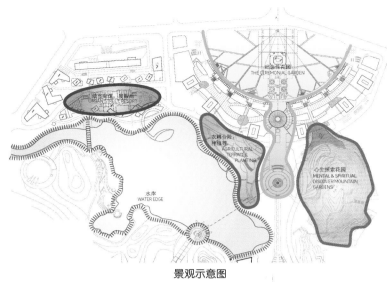

景观示意图

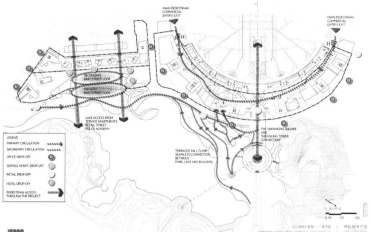

人行动线示意图

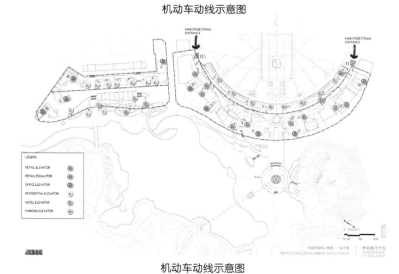

机动车动线示意图

机动车动线示意图

	PHASE 1 PROGRAM AREAS (sm) 一期设计面积					
	商业 RETAIL/ENT.	公共走廊 CIRCULATION	办公 OFFICE	后勤 BOH	停车 PARKING	总计 TOTAL
B01					39,355	39,355
L00	23,874	4,258	2,993	9,341	32,020	72,486
L01	44,028	15,199	984	350		60,561
L02	37,649	10,876	984	1,816		51,325
L03	36,184	10,141	984	1,341		48,650
L04	6,822	3,477	7,560			17,859
L05			7,560			7,560
L06			7,560			7,560
L07			7,560			7,560
L08			7,560			7,560
L09			7,560			7,560
L10			7,560			7,560
L11			7,560			7,560
L12			5,040			5,040
L13			5,040			5,040
L14			5,040			5,040
L15			5,040			5,040
TOTAL GFA	148,557	43,951	86,585	12,848	71,375	363,316

PHASE 1 PARKING REQUIREMENTS 一期停车位数分析		
RETAIL PARKING	1,486	1.0P/100sm
OFFICE PARKING	520	0.6P/100sm
HOTEL PARKING	0	0.25P/100sm
SVC APT PARKING	0	1.0P/100sm
TOTAL PKG REQ'D	2,005	
PROJECT PKG SPACES	2,005	

PROJECT KEY DIMENSIONS 主要业态尺寸	
HYPERMARKET 超市（一层）	10,000 sm
DEPARTMENT STORE 百货（三层）	15,000 sm
MINI ANCHORS 次主力店	1500-2500 sm
RETAIL INLINE SHOPS 小商店	100-1000 sm
ENTERTAINMENT ANCHORS 娱乐主力店	4000-7000 sm
MAIN RETAIL STREET WIDTH 主要商街宽度	9-15m
SECONDARY RTL STREET WIDTH 次商街宽度	4-6m
OFFICE TYP FLOOR AREA 办公楼单层面积	1,260sm
HOTEL KEYS 二期地下停车位	300
PKG SPACES （PHASE 1） 一期地下停车位	2,005
PKG SPACES （PHASE 2） 二期地下停车位	877

	PHASE 2 PROGRAM AREAS (sm) 二期设计面积						
	商业 RETAIL/ENT.	办公 OFFICE	公寓 SVC APT/LIVE WORK	酒店 HOTEL*	后勤 BOH	停车 PARKING	总计 TOTAL
B03						7,251	7,251
B02		1,410				8,367	9,777
B01	1,295	2,366	3,227		1,952	15,061	23,901
L00	12,886	3,323	201	1,892	64		18,366
L01	9,816	3,122	1,439	4,622			18,999
L02		5,362	2,878	2,447			10,687
L03		5,272	2,878	2,564			10,714
L04		5,272	2,878	2,564			10,714
L05		6,407	2,279	2,564			11,250
L06		4,921	1,999	2,564			9,484
L07		4,921	1,120	1,317			7,358
L08		4,921	560	1,317			6,798
L09		3,742	280	1,317			5,339
L10		3,742	280	1,317			5,339
L11		3,742		1,317			5,059
L12		1,732					1,732
TOTAL GFA	23,997	60,255	20,019	25,802	2,016	30,679	162,768

*300-ROOM HOTEL

PHASE 2 PARKING REQUIREMENTS 二期停车位数分析			
		REQUIRED	PROVIDED
RETAIL PARKING	1.0P/100sm	240	240
OFFICE PARKING	0.6P/100sm	362	362
SVC APT PARKING	1.0P/100sm	200	208
HOTEL PARKING	0.25P/100sm	65	67
TOTAL PKG SPACES		866	877

climate data
goals:

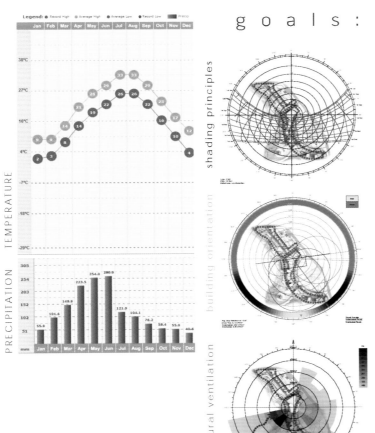

1. create green space and open space network
   创造绿色空间和户外空间网络

2. provide an integrated transport system
   提供一个综合交通系统

3. install solar collectors
   安装太阳能收集系统

4. create green roofs to reduce cooling loads and enhance air quality
   创造一个绿色屋顶以保温并提高空气质量

5. use local building materials
   使用当地建材

6. utilize mild climate for outdoor shopping and dining
   利用温和的气候来创造户外购物餐饮生活方式

7. maximize the use of natural light in all the uses
   最大化地利用自然光照

8. use site and climate specific landscaping
   利用当地的气候和景观特点

可持续性的紧迫性

中国正经历着世界上最大规模的城市化进程。2006 年，中国 44% 的人口生活在城市。到 2050 年，预计将达到 70%。到那时，将有 11 亿人口生活在城市，从事各种经济活动。城市的经济活动要比农村地区的活动更加耗费能源，这将给中国的资源造成更大的压力，除非我们采用可持续发展的路径。可持续发展的紧迫性不仅仅要求采取更加严格的绿色建筑标准以及可再生能源和资源保护技术，其核心在于，可持续性从一开始便要理解这样一个问题——好的城市形态是如何推动环保的生活方式，并帮助人们形成更加深刻的可持续性理念，有利于建设更加美好的社会。

数据分析图

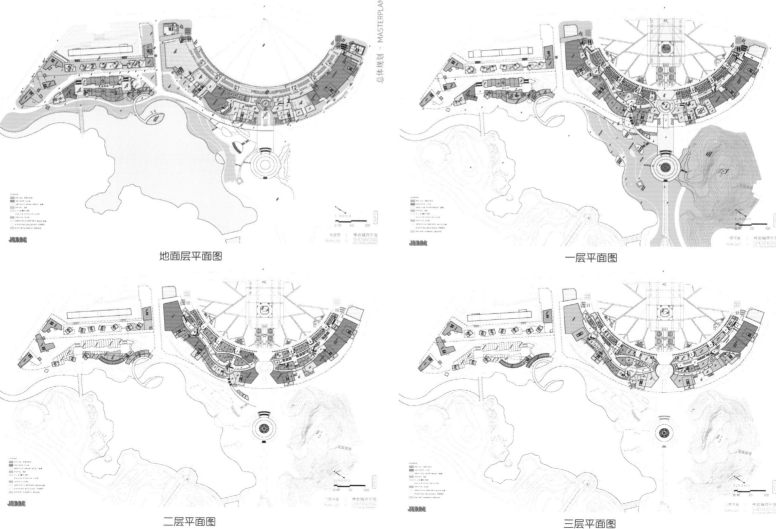

地面层平面图

一层平面图

二层平面图

三层平面图

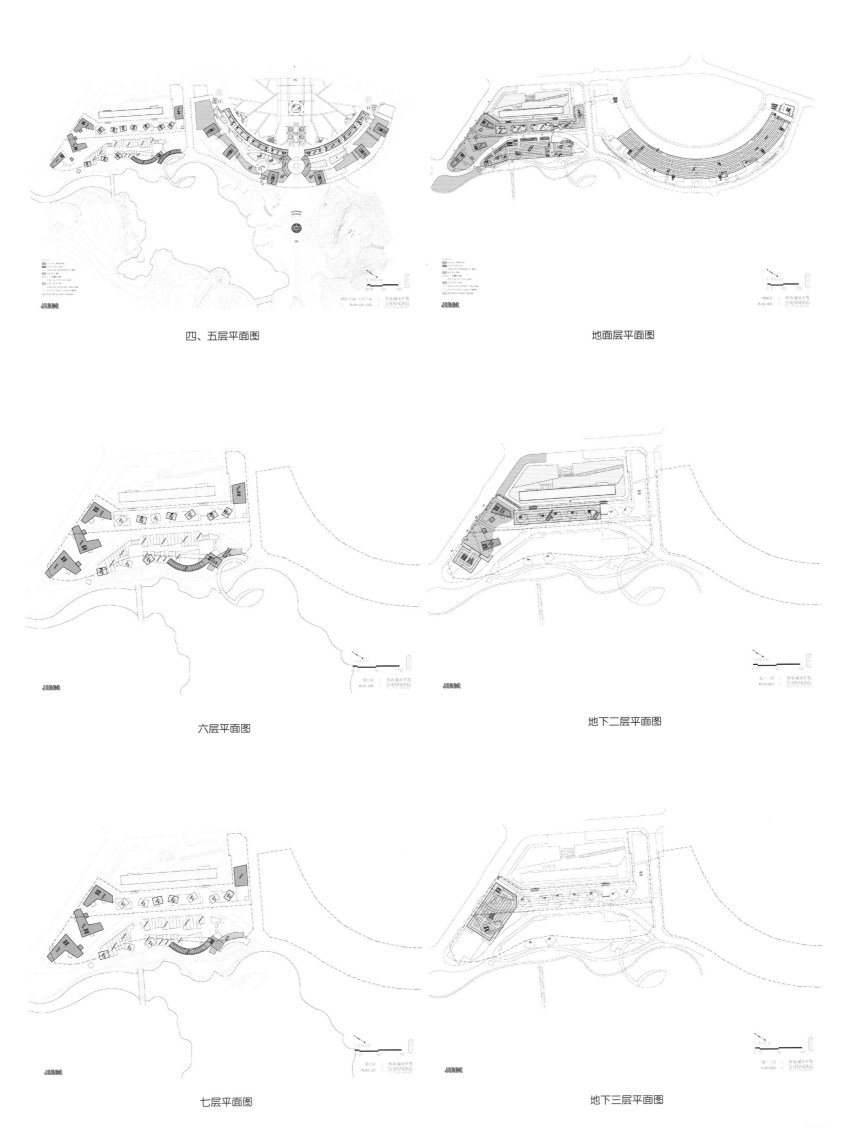

四、五层平面图

地面层平面图

六层平面图

地下二层平面图

七层平面图

地下三层平面图

QINGDAO ZHUOYUE NEO-CITY CORE
青岛卓越新都心

设计机构：AECOM
项目地点：中国青岛
项目面积：843 594.38 m²

Bird View

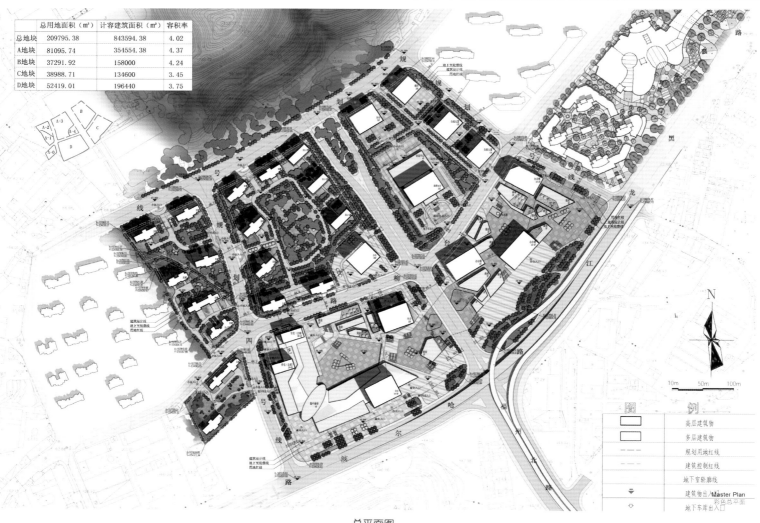

	总用地面积（m²）	计容建筑面积（m²）	容积率
总地块	209795.38	843594.38	4.02
A地块	81095.74	354554.38	4.37
B地块	37291.92	158000	4.24
C地块	38988.71	134600	3.45
D地块	52419.01	196440	3.75

		图例
		高层建筑物
		多层建筑物
		规划用地红线
		建筑控制红线
		地下室轮廓线
		建筑物出入口
		地下车库出入口

Master Plan
彩色总平面

总平面图

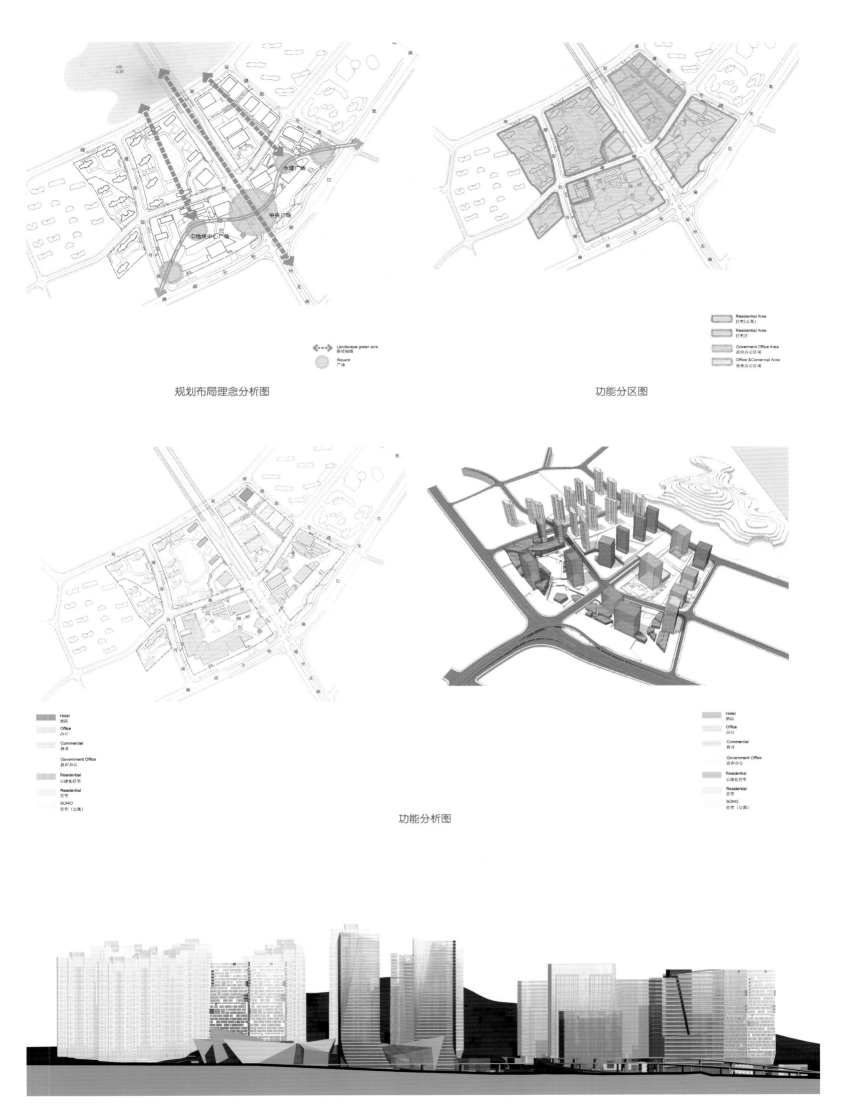

规划布局理念分析图

功能分区图

Residential Area
住宅(公寓)

Residential Area
住宅区

Goverment Office Area
政府办公区域

Office &Comercial Area
商务办公区域

Hotel
酒店

Office
办公

Commercial
商业

Goverment Office
政府办公

Residential
公建化住宅

Residential
住宅

SOHO
住宅（公寓）

功能分析图

Hotel
酒店

Office
办公

Commercial
商业

Goverment Office
政府办公

Residential
公建化住宅

Residential
住宅

SOHO
住宅（公寓）

Landscape green axis
景观轴线

Square
广场

青岛卓越新都心位于青岛市区中央、四方区与市北区的交接处。基地北靠双山公园、南临黑龙江—哈尔滨路主干道、东至规划三号线、西接规划四号线，是集商务办公、政务、酒店、大型配套商业、居住于一体的巨型城市综合体。项目致力于打造成青岛市新的魅力中心，生态之心，文化之心，创意、商务、商贸之心。

基地被福州北路与台柳路分成四大块，规划中将其分为商业办公区、政务办公区、配套居住区三大业态区，并设置三条景观通廊汇集于基地核心。D、C 地块分别为大型商业中心与休闲体验商业街区，并与东侧万科街区连为一体，形成黑龙江路繁华的商业带，更在 D 地块的大型商业 MALL 中与地铁形成无缝对接。C、D 地块中心形成各自的中心商业广场，在黑龙江路与福州路交叉口处，结合开放式商业形成衔接都市的中央广场。

Perspective of Government building

绿化系统图

景观视线分析图

车型流线分析图

人型流线分析图

消防分析图

日照分析图

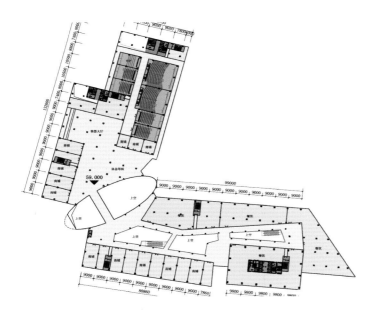

电影院平面示意图

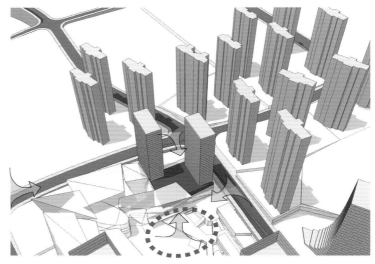

电影院位置分析图

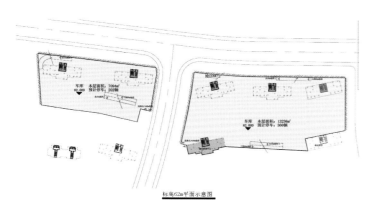

标高62m平面示意图

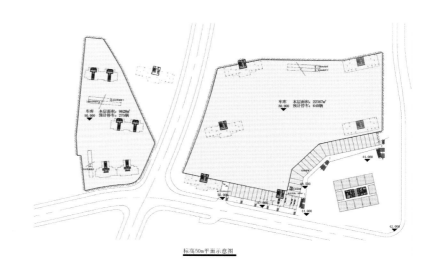

标高50m平面示意图

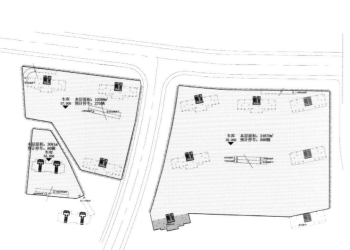

标高56m平面示意图

标高44m平面示意图

标高38m平面示意图

标高34m平面示意图

A 地块平面示意图

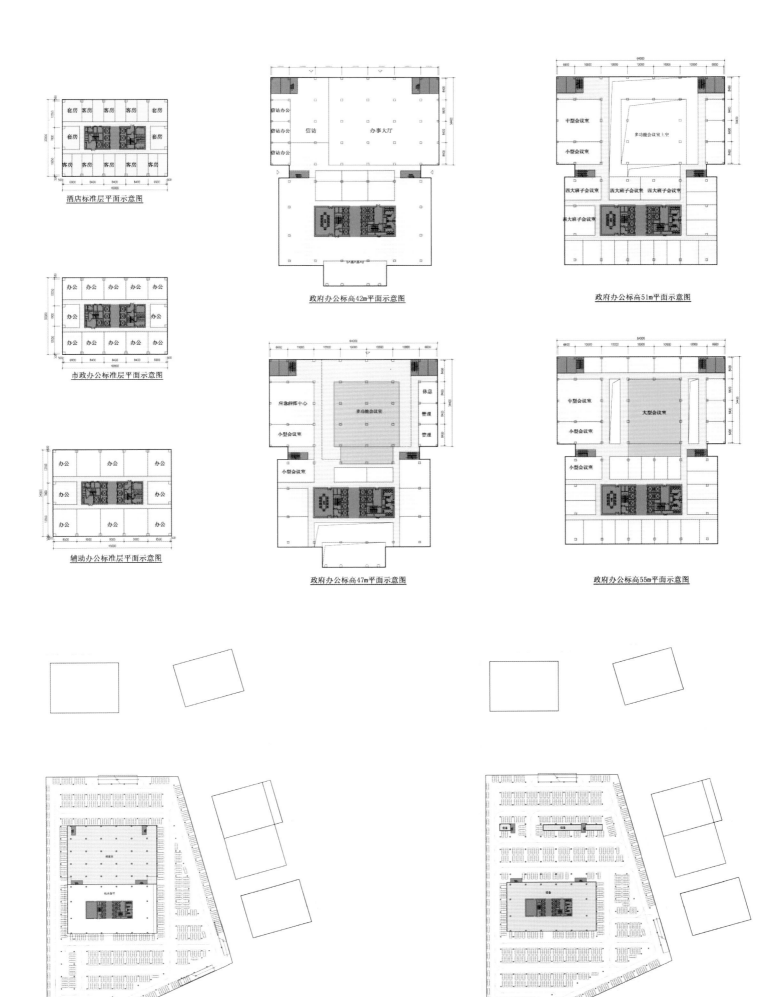

酒店标准层平面示意图

市政办公标准层平面示意图

辅助办公标准层平面示意图

政府办公标高42m平面示意图

政府办公标高47m平面示意图

政府办公标高51m平面示意图

政府办公标高55m平面示意图

政府办公标高36m平面示意图

政府办公标高32m平面示意图

B 地块平面示意图

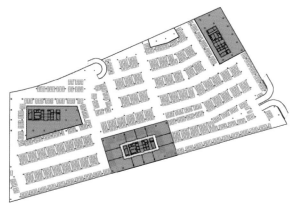

C地块标高28m平面示意图

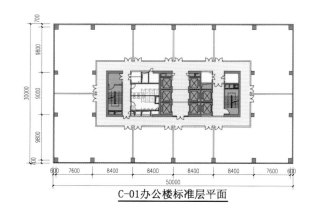

C-01办公楼标准层平面

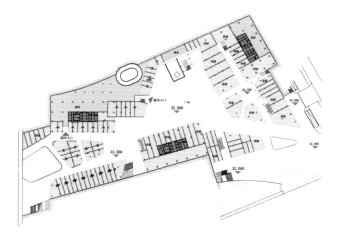

C地块标高32m平面示意图

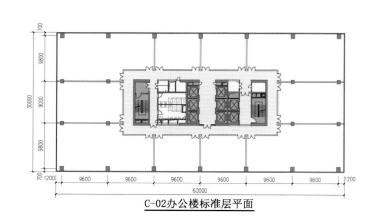

C-02办公楼标准层平面

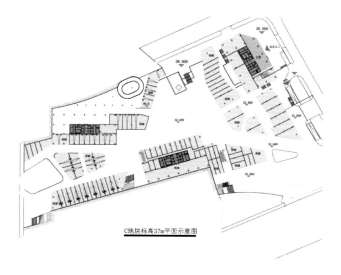

C地块标高37m平面示意图

C-03办公楼标准层平面

C地块标高39m平面示意图

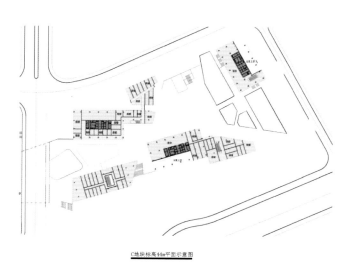

C地块标高44m平面示意图

C 地块平面示意图

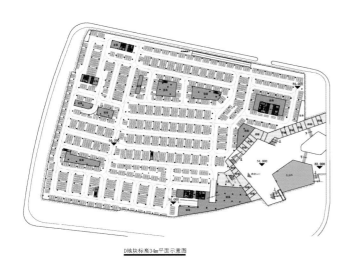

D地块标高34m平面示意图

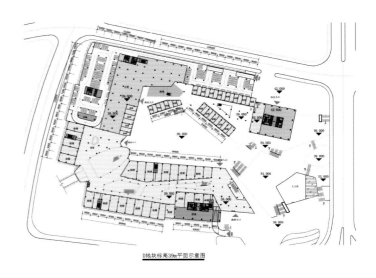

D地块标高39m平面示意图

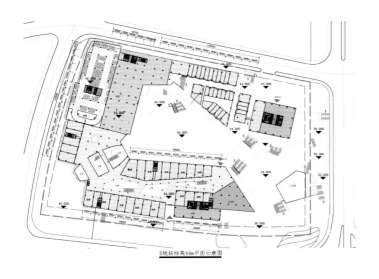

D地块标高44m平面示意图

D地块标高49m平面示意图

D 地块平面示意图

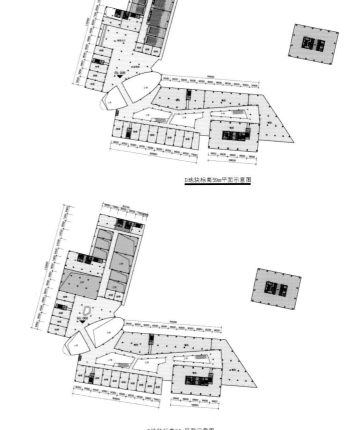

D地块标高59m平面示意图

D地块标高64m平面示意图

XINJI
TIANRUN PLAZA
辛集天润广场

设计机构：AECOM
项目地点：中国河北
总建筑面积：138 700 m²
用地面积：48 627 m²

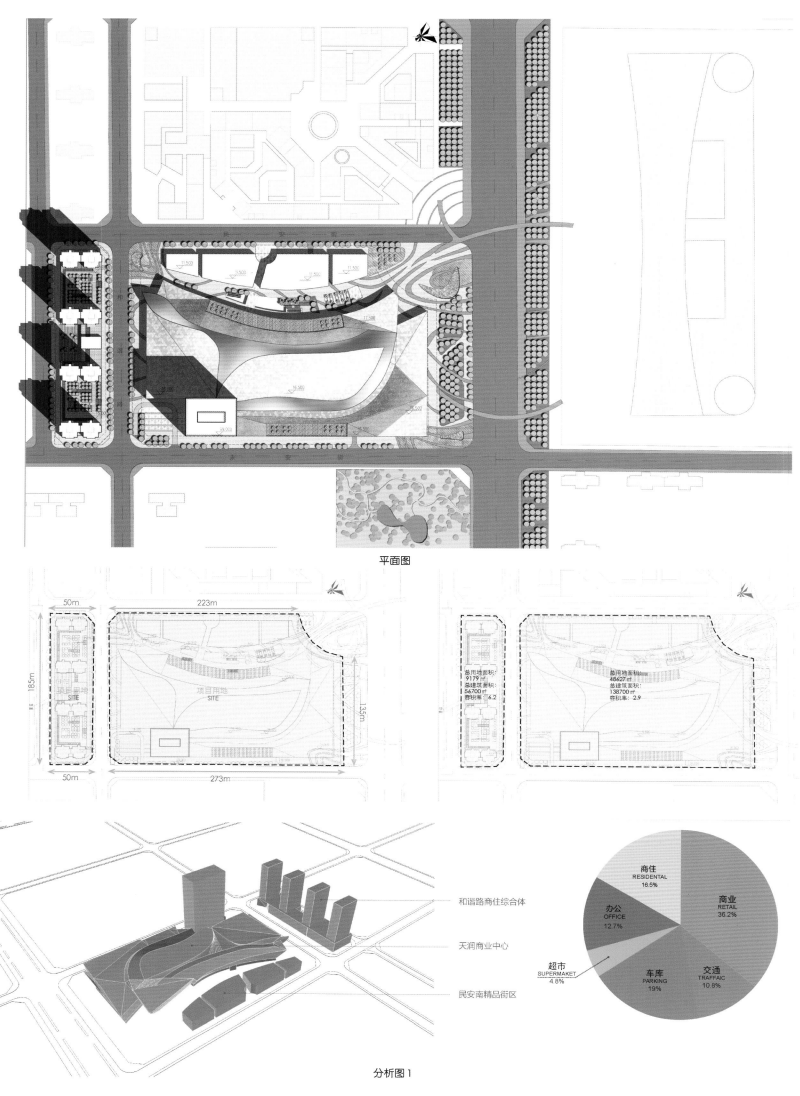

平面图

总用地面积：
9179 ㎡
总建筑面积：
56700 ㎡
容积率：6.2

总用地面积：
48627 ㎡
总建筑面积：
138700 ㎡
容积率：2.9

和谐路商住综合体

天润商业中心

民安南精品街区

商住
RESIDENTAL
16.5%

商业
RETAIL
36.2%

办公
OFFICE
12.7%

超市
SUPERMAKET
4.8%

车库
PARKING
19%

交通
TRAFFAIC
10.8%

分析图1

▶

久负盛名的河北省辛集市，是明清时的"河北一集"。而今天，它正实现着由中国皮都向世界皮都、由初级中等城市向高品质中等城市等四大跨越。

鼎立辛集，5大使命：

天润广场基地位于辛集市教育路与民安街交汇处西南侧，它与国际皮革城、仁和奥特莱斯一起，将形成辛集市未来商业区的核心。

天润广场的诞生，肩负着5大使命：

1. 与国际皮革城业态互补，集购物、休闲、餐饮、文化娱乐等多功能于一体，提升都市生活质量，为辛集市商业中心支撑活力。

2. 促使教育路商业沿永安街及民安街由东至西延伸，扩大中心区辐射面。

3. 打造都市生活核心公共空间，提升城市空间品质。

4. 打造教育路新地标，塑造民安街、和谐路、永安街城市新形象。

5. 与国际皮革城、仁和奥特莱斯共同形成辛集市未来商业区的核心，推动辛集市区域经济结构的优化和转型升级，打造辛集市崭新城市商业名片。

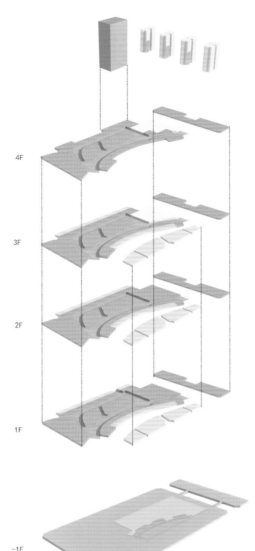

RETAIL	零售商业	110587M²
36.2%		
TRAFFIC	交通	25390M²
10.8%		
PARKING	车库	45545M²
19%		
SUPER MARKET 4.8%	超市	10527M²
OFFICE	办公	300000M²
12.7%		
RESIDENTIAL	商住	38700M²
16.5%		

分析图 2

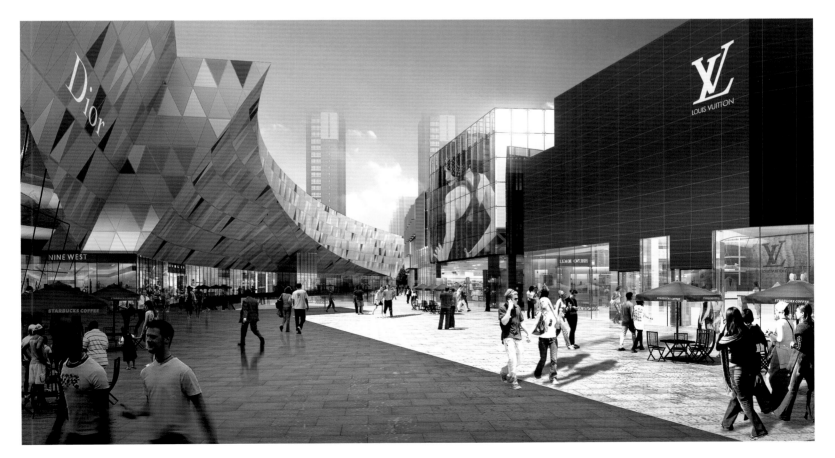

▶

中央都市广场：

天润中央都市广场全天候向城市开放，不被车流干扰，自东向西，弧形掠过基地，连接了教育路口与和谐路口，是国际皮革城宏大体量与仁和奥特莱斯密集街区的过渡；它丰富了都市空间层次，促进了教育路商业在永安街及民安街的由东至西的延伸。

今天的都市从不乏林立的高楼大厦，但都市中心的魅力往往是因为它还有着充满活力的都市广场。

德国索尼中心、东京 MIDOWN、香港尖沙嘴……我们当然更想到深圳——中信广场、万象城、海岸城等每一个城市的亮点都没有离开广场。

天润中央都市广场是聚散之地，位于干道口，是大量人流的聚集处，但设计者进行了积极地疏导：它是安全之地，不会被车流干扰；它是必经之地，人流穿越这里到达自己的目的地；它是宜人之地，因为环绕它的有琳琅满目的精品店铺，有着公园一样的绿树浓荫；它是活力之地，早间是晨练的场地，日间不时出现热闹的歌舞。身边掠过踩着滑板的少年，熙攘的人群，擦肩而过的一个个灿烂的笑容，空气中飘来的皮草幽香……每一处都是风景。它更是展示之地，这里向世界展示了蓬勃的辛集中心。

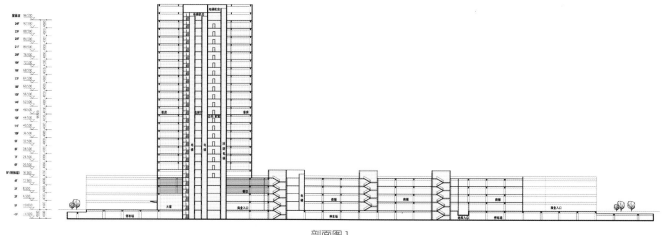

剖面图 1

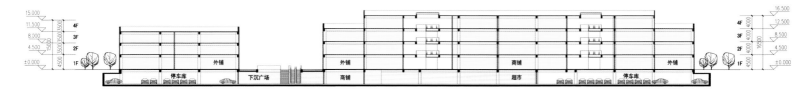

剖面图 2

▶

天润商业中心

天润商业中心综合了 4 层高商业主体与一栋 100 米的办公塔楼，主入口向东北，同时面对国际皮革城与仁和奥特莱斯，鲜明的都市感形象使其成为教育路的新地标。

矩形的平面坐落于中央广场之南，并于广场东西两端及中部设有出入口，同时广场中央设下沉庭院作为位于 –1 层的主力超市出口，另两个首层出口设在永安街东西两侧。

至此，教育路—民安街口至和谐路—民安街口，形成民安街、中央广场、商业中庭 3 条商业流线；教育路—永安街口至和谐路—永安街口，教育路—永安街口至教育路—民安街口，和谐路—民安街口至永安街均形成市政路及商业中庭 2 条商业流线。最终形成横 4 竖 5 总共 9 条商业主流线。

商业中心内部日字形中庭空间与广场空间浑然一体，都市空间在室内得到延续，使城市广场充满了活力。

商业中心业态包括大型连锁品牌旗舰店、主力超市、国内外餐饮名店、大型品牌影城、运动休闲、娱乐、旅游购物等主题商业，与皮革城及周边商业街区形成互补。

国际品牌连锁店设于东端临教育路首两层，主力百货及影城设于西端临和谐路首两层及三层，主力餐饮及游乐集中设于三四层，主力超市设于地下一层，与大型车库无缝对接。和谐路及中央广场下沉庭院均设有出入口，其他均为独立店铺；3 处地下车库出入口也分别设于永安街及民安街上。

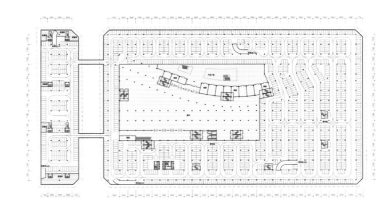

地下室平面图

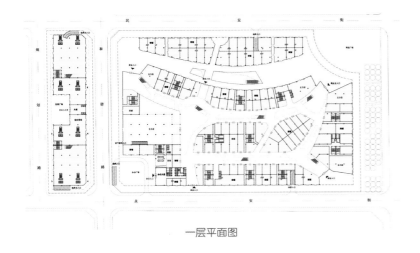

一层平面图

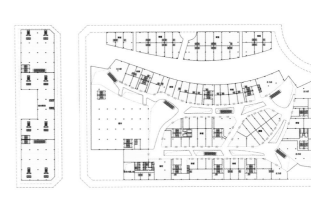

二层平面图

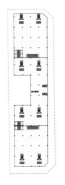

三层平面图

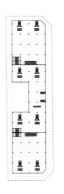

四层平面图

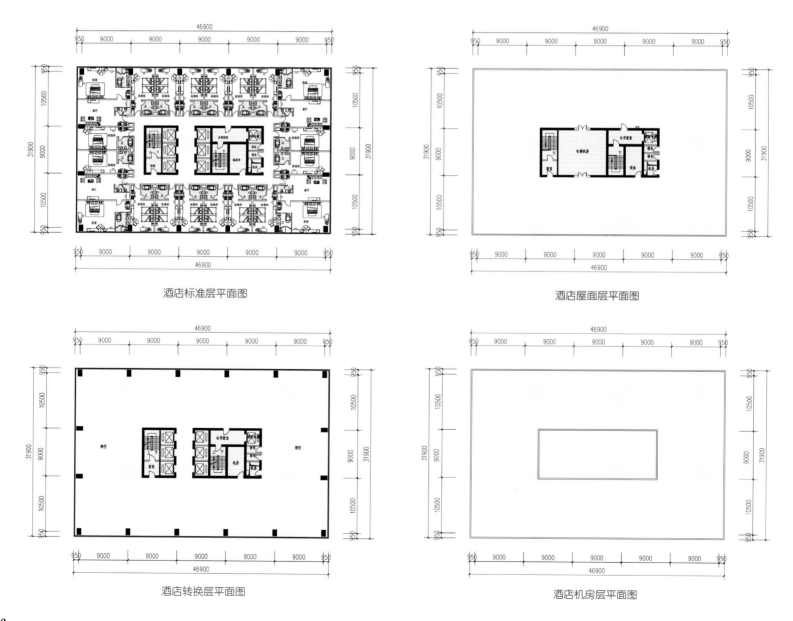

酒店标准层平面图

酒店屋面层平面图

酒店转换层平面图

酒店机房层平面图

民安南精品街区：民安南精品街区北临仁和，南临中央都市广场，分为大小不等的四组，中间三处开口，加强了广场与城市干道空间的渗透，并与仁和商业融合；中间开口正对商业中心中部入口，背靠背的独立的一托三街铺个个是铺中精品。

和谐路商住综合体：和谐路商住综合体包括四栋集办公、生活、仓储于一体的塔楼，以及联系它们的四层裙楼，裙楼内主要包括三个中型主题综合店。地下与东侧商业中心贯通，使经营、办公、生活居住融为一体，实现无缝对接，功能十分完备。

它处于基地最西端，与天润商业中心共同打造了和谐路天润广场段，借由整体强烈的昭示、中央广场的引导、中心主力店互补业态的拉动，自成魅力的和谐路。我们的视线，透过天润广场的蓝图，看到的是"河北一集"更蓬勃的明天，一个更具有魅力的现代化都市。

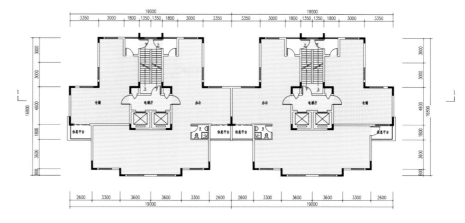

住宅标准层平面图 1

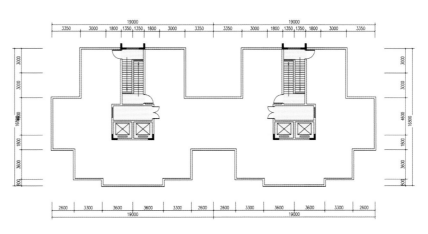

住宅标准层平面图 2

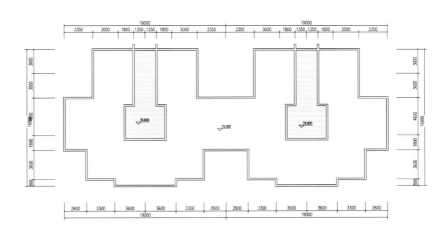

住宅屋顶层平面图

SHIJIAZHUANG INTERNATIONAL EXHIBITION AND CONVENTION CENTRE
石家庄国际会展中心

设计机构：WOODSBAGOT 伍兹贝格建筑事务所
项目地点：中国石家庄
占地面积：670 000 m²
建筑面积：380 000 m²
展览面积：100 000 m²
会议面积：90 000 m²
塔楼面积：190 000m²

►

　　石家庄国际会展中心是一个宏伟的地标性文化与综合应用项目。该设计主要是将会展与五星级酒店、服务式公寓、330米高的高级写字楼综合应用于一体，形成建筑的相互结合。项目的亲水特点以及城市公园、餐饮和商铺设施为这座城市打造了一个全年活跃的公共空间。

　　该项目的总体规划设计考虑了周边区域与河流的结合。设计语汇源自周边田野造型以及对中国传统碎冰式屏风的追忆，其随性抽象的外形体现了多样活力和高度艺术感的设计语汇。

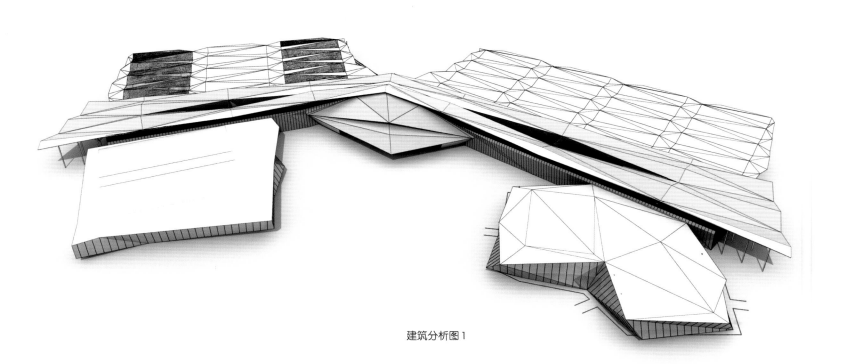

建筑分析图1

SECC- convention building geometric design evolution

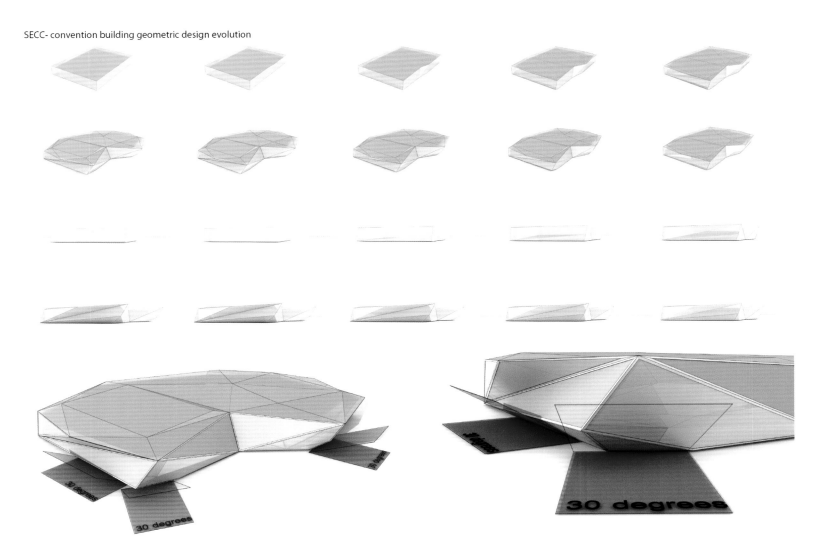

建筑分析图 2

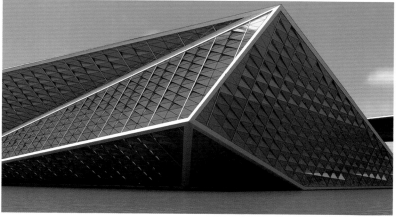

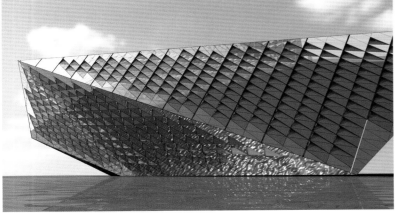

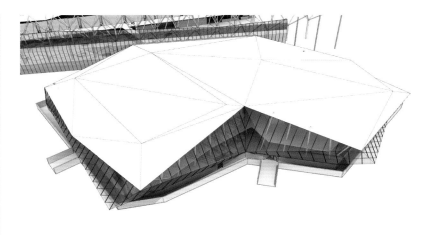

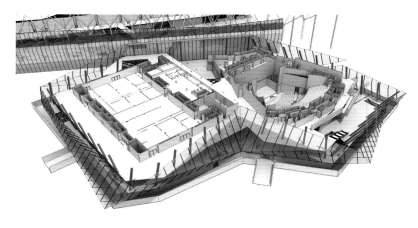

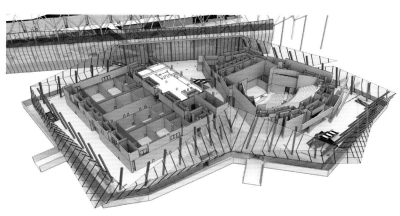

剖面图

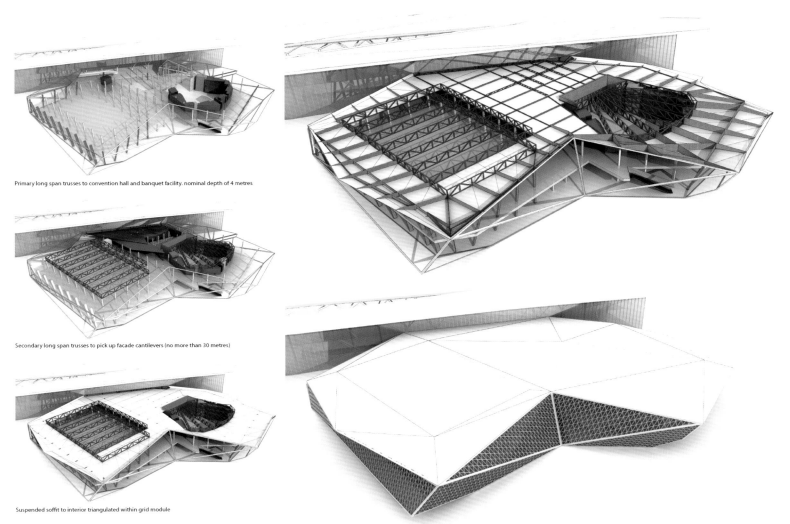

Primary long span trusses to convention hall and banquet facility, nominal depth of 4 metres

Secondary long span trusses to pick up facade cantilevers (no more than 30 metres)

Suspended soffit to interior triangulated within grid module

Preliminary envelope with 2500mm x 2500 mm facade module, 600mm structural depth

建筑分析图 3

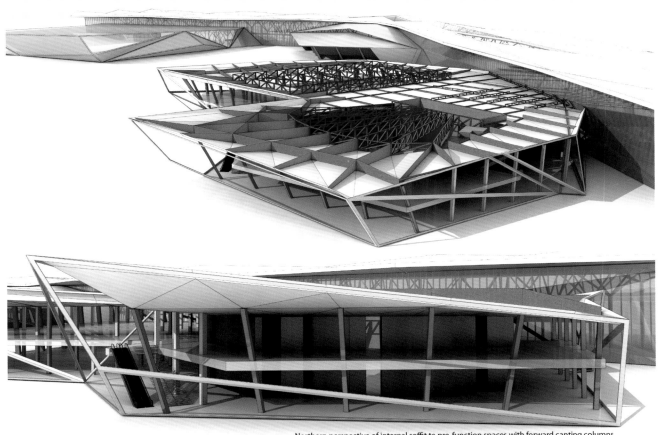

Northern perspective of internal soffit to pre-function spaces with forward canting columns

建筑分析图 4

HUBEI TRANSPORT INVESTMENT HEADQUARTERS BASE
湖北省交通投资总部基地

设计机构：度态建筑
设计团队：朵宁、常强、高岩、黄荻、路阳英、覃韬、阚卓威
合作单位：清华大学建筑设计研究院
项目地点：中国武汉
总建筑面积：203 066 m²
用地面积：27 768 m²
建筑高度：196m
容积率：4.89

湖北交投是一个集集团总部和住宅为一体的大型城市综合开发项目。我们的设计核心是总部大楼，它主要由办公、酒店、业务服务、对外营业四个功能块组成。它位于武汉新城区的主要干道，将成为该区域的标志性建筑之一。根据项目具体任务书的要求和湖北交通投资集团的企业性质，我们设计的策略是从这栋摩天楼的最原始的组成机制——交通流线出发，通过参考交通设施的流线逻辑，自然导出一个新的摩天楼的形式，使之同时可以有效满足功能区之间既分隔又联系的使用需求。方案最后的形式生成过程是从首蓿叶立交桥中受到的启发：把建筑的底部设计成四个条状体量盘旋交织的平面流线状，并使其在地面层围合成四个院落，有机地升成摩天楼；这样就策略性地暴露了内部的交通核心，强化了交通的设计概念。

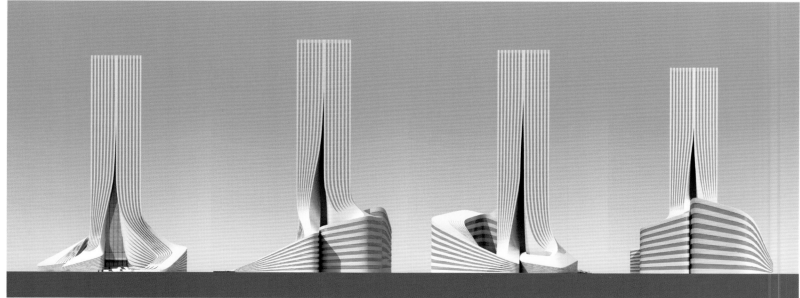

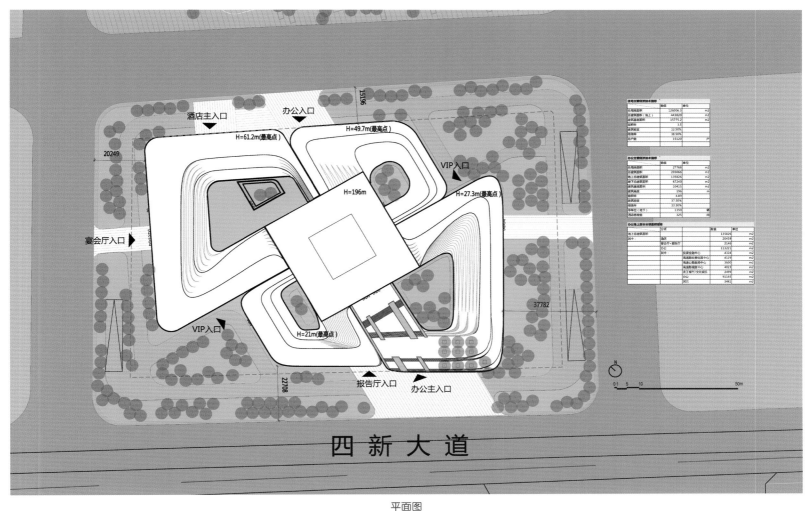

平面图

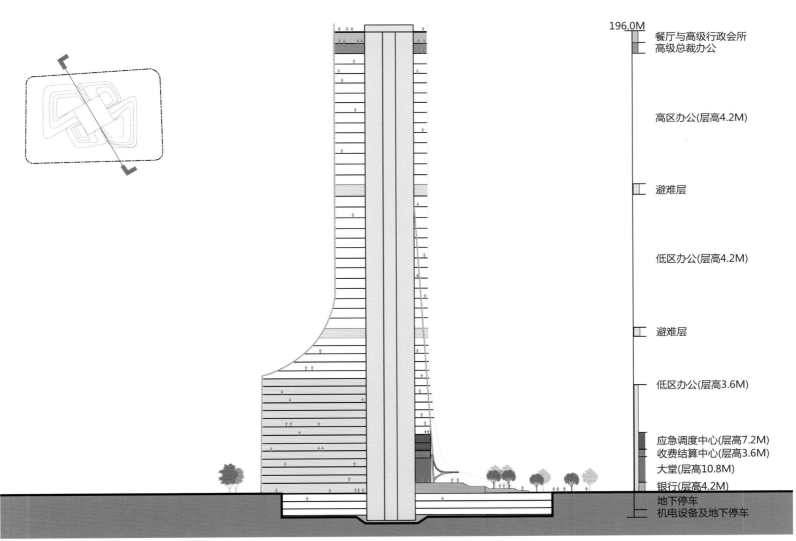

196.0M 餐厅与高级行政会所
高级总裁办公

高区办公(层高4.2M)

避难层

低区办公(层高4.2M)

避难层

低区办公(层高3.6M)

应急调度中心(层高7.2M)
收费结算中心(层高3.6M)
大堂(层高10.8M)
银行(层高4.2M)
地下停车
机电设备及地下停车

立面图

概念发展图解

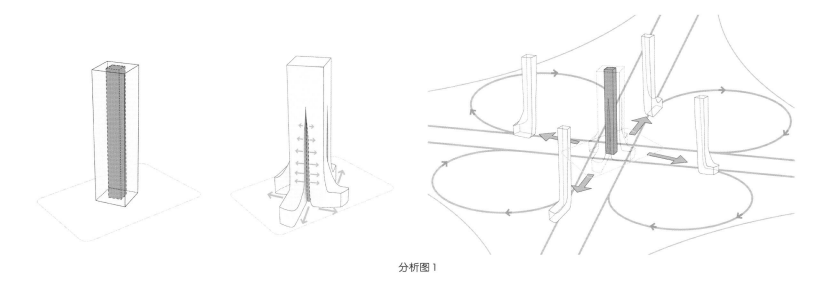

分析图 1

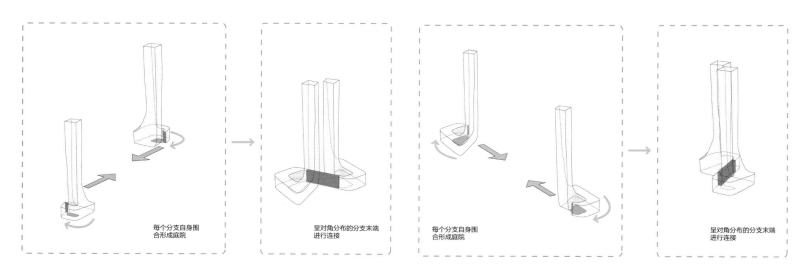

每个分支自身围
合形成庭院

呈对角分布的分支末端
进行连接

每个分支自身围
合形成庭院

呈对角分布的分支末端
进行连接

分析图 2

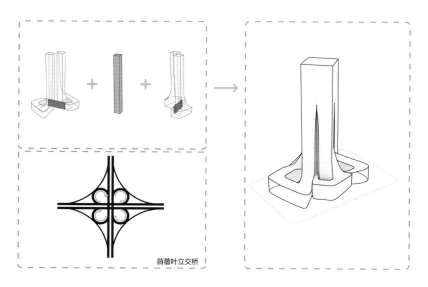

苜蓿叶立交桥

　　南向的裙房高度降
低，使庭院和塔楼立面
获得更长时间的光照；
北向的裙房升高，增加
了使用面积，同时也使
每个房间获得更好的视
野。

分析图 3

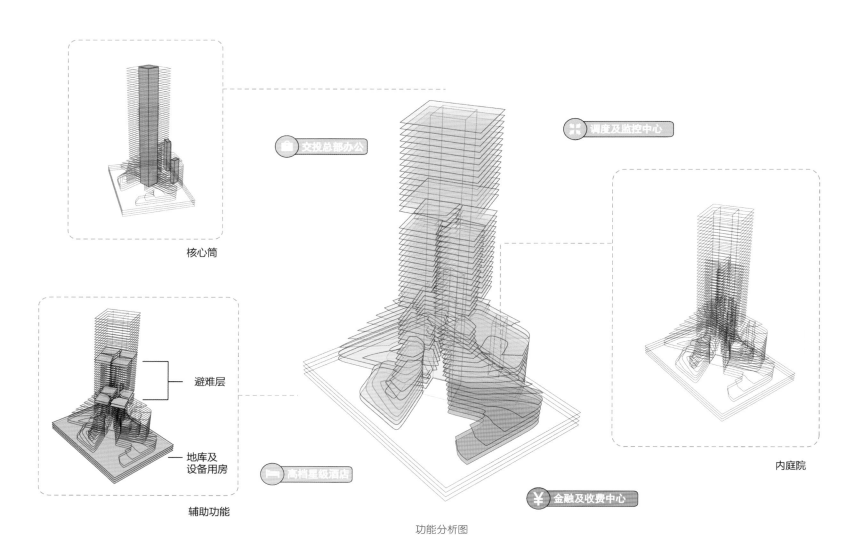

核心筒

交投总部办公

调度及监控中心

避难层

地库及
设备用房

辅助功能

高档星级酒店

金融及收费中心

内庭院

功能分析图

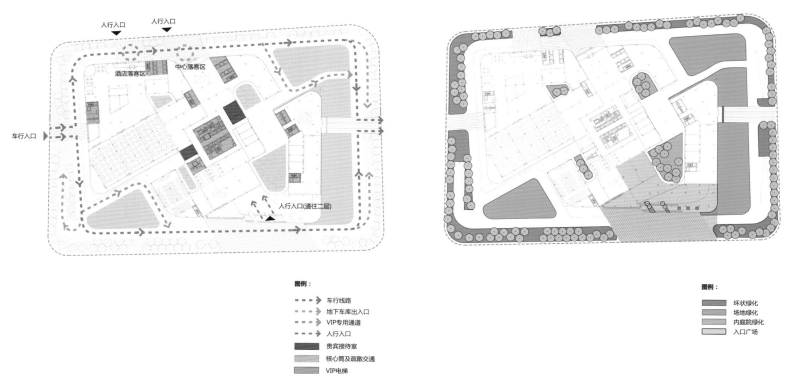

人行入口　　人行入口

酒店落客区　中心落客区

车行入口

人行入口(通往二层)

图例：

- ⇢ 车行线路
- ⇢ 地下车库出入口
- ⇢ VIP专用通道
- ⇢ 人行入口
- ▪ 贵宾接待室
- ▨ 核心筒及疏散交通
- ▨ VIP电梯

交通流线分析图

图例：

- ▪ 环状绿化
- ▪ 场地绿化
- ▪ 内庭院绿化
- ▪ 入口广场

绿化系统分析图

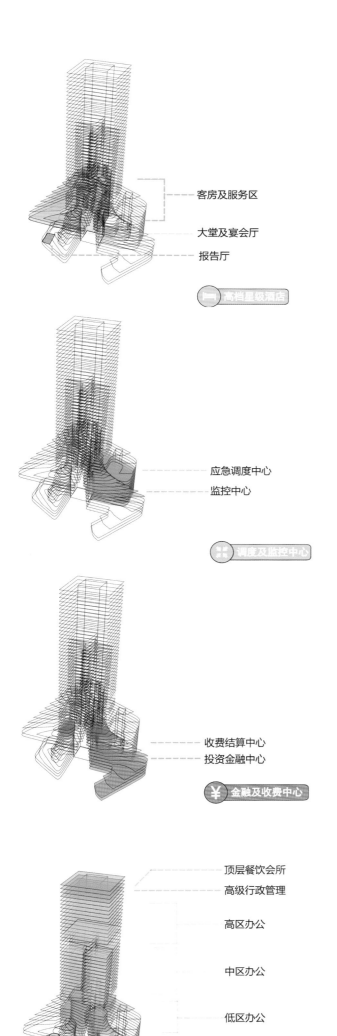

客房及服务区

大堂及宴会厅

报告厅

高档星级酒店

应急调度中心

监控中心

调度及监控中心

收费结算中心

投资金融中心

￥ 金融及收费中心

顶层餐饮会所

高级行政管理

高区办公

中区办公

低区办公

员工餐厅及活动区

交投总部办公

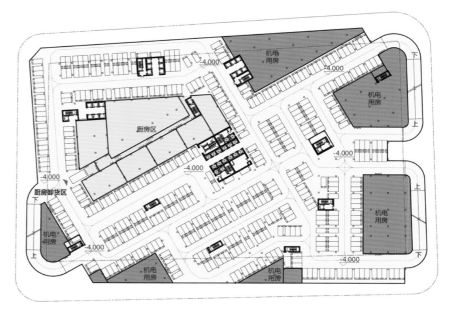

地下一层平面图

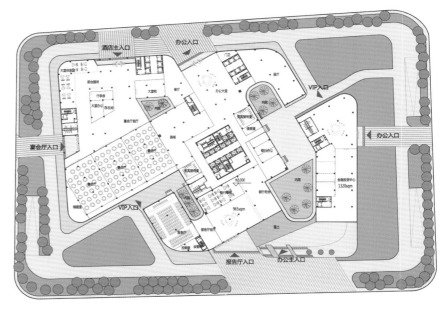

一层平面图

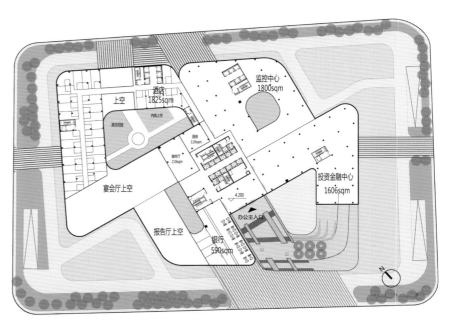

二层平面图

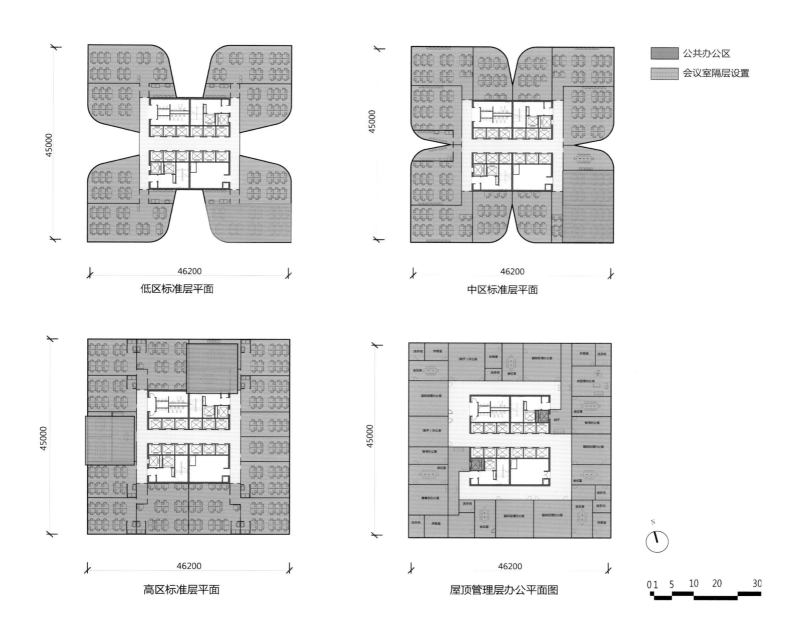

公共办公区

会议室隔层设置

低区标准层平面

中区标准层平面

45000

46200

高区标准层平面

45000

46200

屋顶管理层办公平面图

N

0 1 5 10 20 30

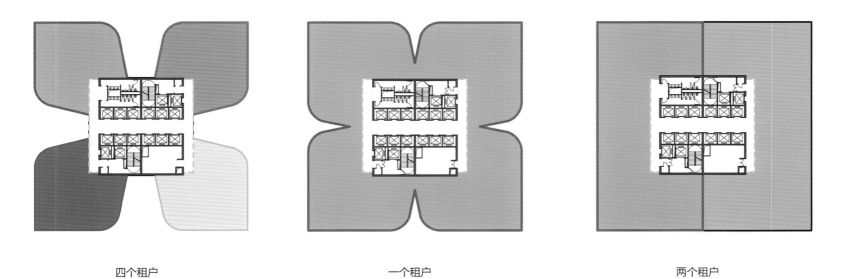

四个租户

一个租户

两个租户

BAODING STONE CITY COMMERCIAL COMPLEX
保定未来石城市商业综合体

设计机构：日本 M.A.O. 一级建筑士事务所、
　　　　　艾麦欧（上海）建筑设计咨询有限公司
设计团队：叶建为、郑宏杰
项目地点：中国保定北市区
总建筑面积：577 752 m²
用地面积：91 756.7 m²
容 积 率：4.49
绿 化 率：9.65%

基地位于保定市东北片区、东三环与七一东路交叉口，毗邻京珠高速与京广客运专线出口，地理位置优越，交通便利。基地东侧为80米宽东三环道路，与河北大学隔路相望，西侧为30米宽规划路且与关汉卿大剧院相邻，南侧为50米宽七一东路，北接文化产业园区用地。基地内东侧地势平坦，无明显高差。用地性质为商业混合用地，包含办公及大型商业区。

本案设计理念着眼于超越符号化层面：不但在城市格局上整合完善了新城区环湖商务中心，且顺应时代前瞻，立体复合地延续了生态空间，更新了城市形象，为城市增加了活力；更重要的是创造性地发挥了业态组合的经济效力，将城市生态、文化、经济等功能片断重新组织，打造工作、生活与游乐的舞台，与已有的生态、艺术殿堂形成互补，从城市场景上承接本区域文脉；并且通过提供多样的业态组合，聚集商务中心成立时所必需的人气，形成以人为本的群体地标。

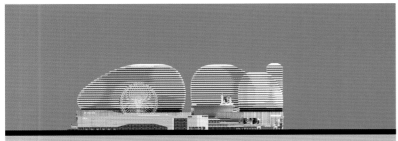
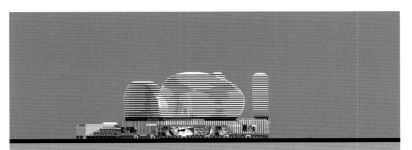
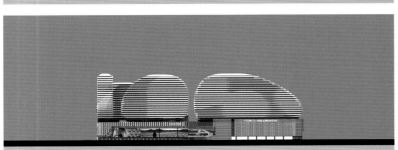

剖面模型图

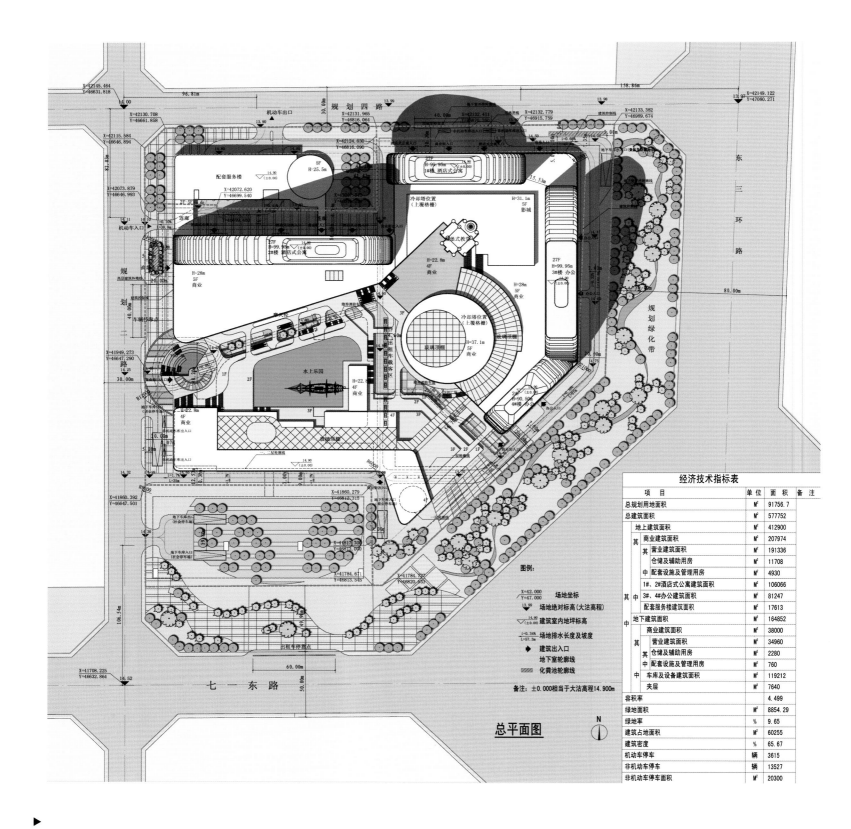

总平面图

项 目	单位	面积	备注
总规划用地面积	M²	91756.7	
总建筑面积	M²	577752	
地上建筑面积	M²	412900	
商业建筑面积	M²	207974	
营业建筑面积	M²	191336	
仓储及辅用房	M²	11708	
配套设施及管理用房	M²	4930	
1#、2#酒店式公寓建筑面积	M²	106066	
3#、4#办公建筑面积	M²	81247	
配套服务楼建筑面积	M²	17613	
地下建筑面积	M²	164852	
商业建筑面积	M²	38000	
营业建筑面积	M²	34960	
仓储及辅助用房	M²	2280	
配套设施及管理用房	M²	760	
车库及设备建筑面积	M²	119212	
夹层	M²	7640	
容积率		4.499	
绿地面积	M²	8854.29	
绿地率	%	9.65	
建筑占地面积	M²	60255	
建筑密度	%	65.67	
机动车停车	辆	3615	
非机动车停车	辆	13527	
非机动车停车面积	M²	20300	

空间布局与功能分布

本项目的各部分功能：本工程分为地上和地下两部分。地上包括商业裙房、停车综合楼及四栋高层建筑；地下为商业、非机动车停车库机动车停车库及设备用房。

1楼酒店式公寓位于南地块北侧，主体共27层，层高3.2米；2楼酒店式公寓位于南地块西北角，主体共27层，层高3.2米；3、4楼办公位于南侧地块东侧，3、4楼主体27层，层高3.2米。4栋高层均为叠落式板楼，外形形成优美的天际线。商业裙房主体共5层，涵盖有百货、家居建材、电器卖场、零售商业、餐饮、婚庆、影院及娱乐活动空间。三层平台的摩天轮和海盗船组成的游乐场使得屋顶平台地面化，吸引人流进入高区商业，并为游人提供了立体的观湖平台。停车综合楼共5层。2~5层为机械停车层，地面层为普通停车层；地下室共计2层：地下一层为非机动车车库和地下商业区，地下二层为停车库及人防区。

建筑外观

建筑整体线条流畅，基本元素"圆弧"简洁而富有变化；建筑风格简约又带有感性柔美。高层建筑外立面用色简洁明快，虚实对比强烈，充满现代感。建筑尺度上设计师做了精心处理，高层区设计着眼于区域文脉，避免与大剧院进行"地标争夺战"和对公共设施造成压迫，形成与剧院在形态上相辅相成的状态，共同营造环湖新型商务中心。四栋板式建筑以充满未来感的圆润之态诠释自然的东方古韵，为空旷的东湖增添了一抹丰富而明快的新意。

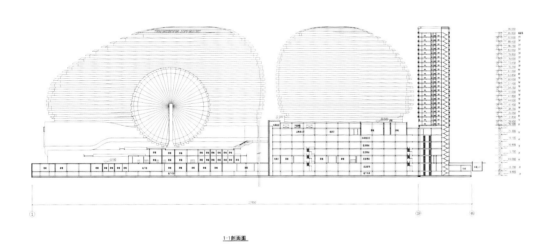

1-1剖面图

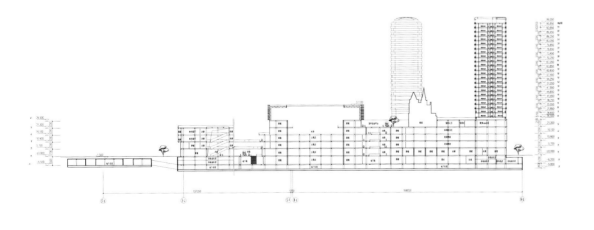

2-2剖面图

① 外装饰板兼空调机位大样图

剖面图

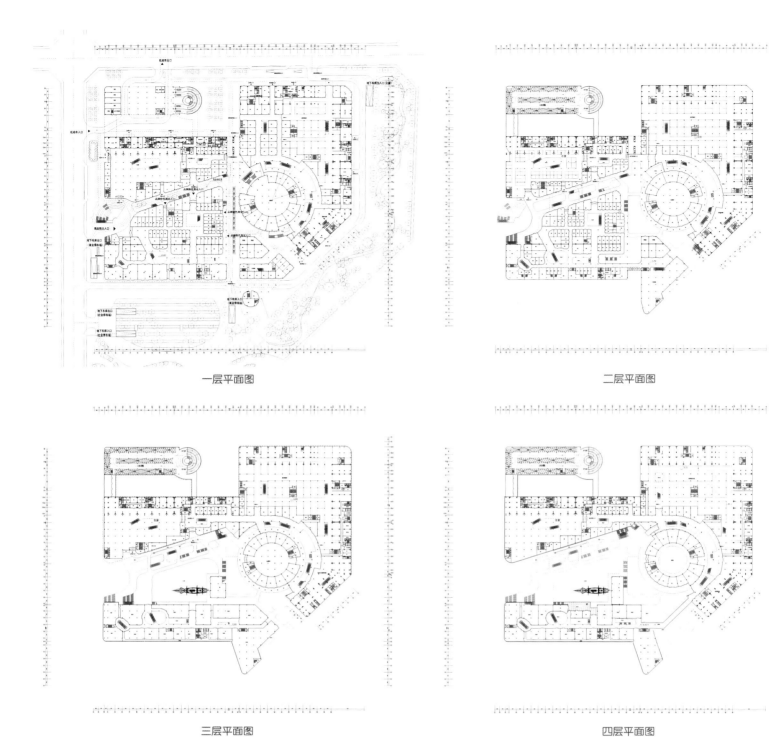

一层平面图

二层平面图

三层平面图

四层平面图

五层平面图

设备夹层平面图

　　设计者从多角度对本项目进行了分析研究，重新审视隐在次序，探索传承地域文化的非表象化非符号化的可能性；设计旨在增强市民归属感，使顾客向游客转变，用项目带动人群聚集的同时力求放大机遇，促进区域经济的再次腾飞。

BEIJING FUXING FITCH PROJECTS
北京福星惠誉项目

设计机构：上海新外建工程设计与顾问有限公司
项目地点：中国北京
项目面积：425 013 m²

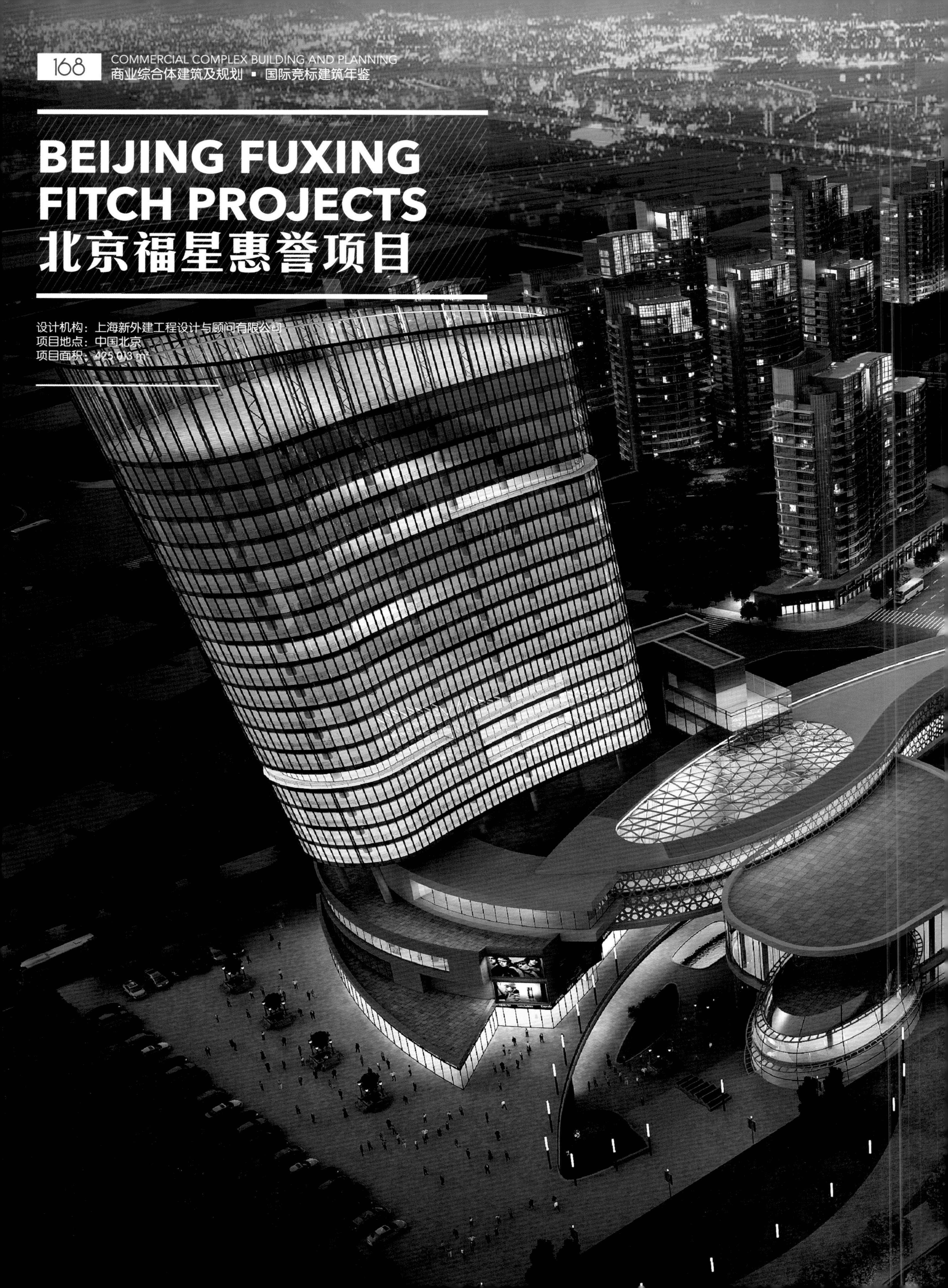

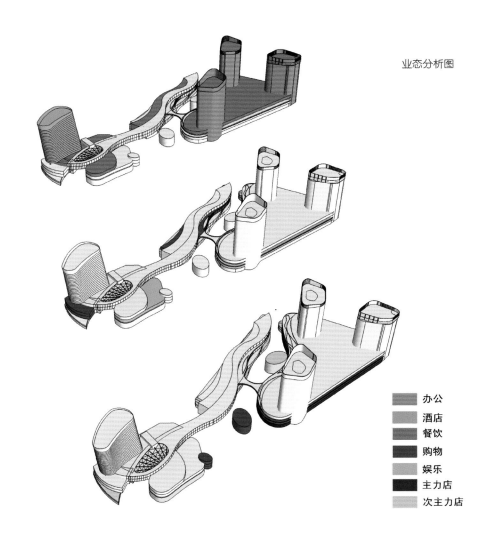

业态分析图

办公
酒店
餐饮
购物
娱乐
主力店
次主力店

主要经济技术指标

地块编号		用地(平方米)	容积率	密度	建筑面积
0802-166	商业1	14499	2.52	45%	36520
0802-168	商业2	36940	2.53	50%	93350
0802-155\156	小区1	38810	2.20	17%	85475
0802-157\158	小区2	39434	2.20	18%	86929
0802-159	小区3	30428	2.20	16%	66890
0802-167	小区4	27065	2.20	12%	59466
	商业小计	51439			136070
	居住小计	135737			292560
	总计	187176			428630

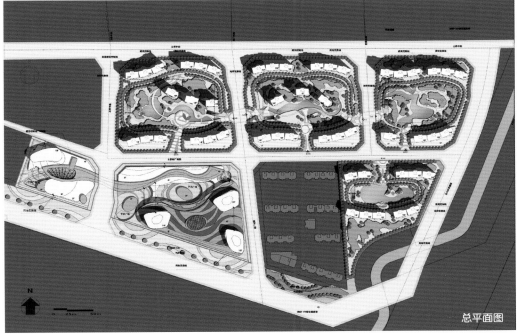

总平面图

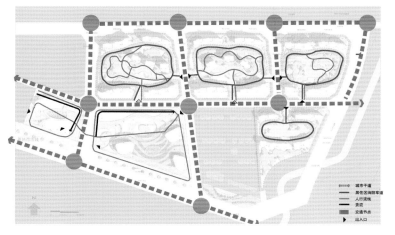

交通分析图

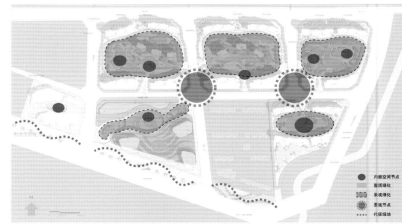

景观分析图

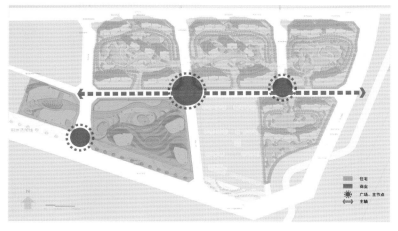

功能分区分析图

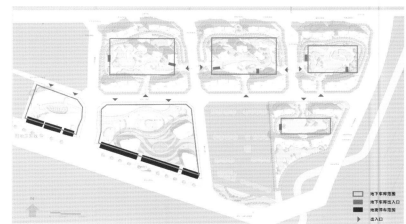

静态交通分析图

基地分析图

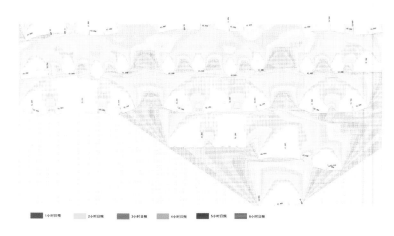

日照分析图

▶

　　本项目从整体上形成了"三区、三心、一带多轴"的规划结构。其中，"三区"指的是通过城市道路划分以及用地功能划分形成的三个功能区域——大型商业中心、居住小区和主题公园。"三心"指的是在商业地块内部、下沉广场结合部形成的三处景观和结构核心，三处核心同时也是地块内主要的开放空间。"一带"指的是围绕各地块的城市景观带，它与地块内景观、沿街建筑景观共同形成城市景观界面。而"多轴"指的是各个区块内部自身的，以及与其周边地块和城市肌理形成关系结构的多个轴线。

　　此特色商业区里也有餐饮、购物、服务、主力店、次主力店、酒店等功能，内部空间布局合理。商业面积按业态合理分割，有利于销售；开间和进深也可按业态灵活划分。交通规划依据环状主干道的交通组织功能，结合绿化环境与空间布局，可形成优良的道路对景效果，并能使中心景观步行系统相对独立。同时，道路设计与广场空间、绿地空间、建筑空间相结合，共同塑造户外空间景观，实现功能与形式的完美交融。考虑到今后商业区车流人流的主要方向，在规划商业区出入口处时，商业区东侧沿规划道路会设置主入口。商业区步行系统形成"由点到线，由线汇轴，由轴至面"的状态，即由每个商铺的院落到组团绿化步行轴线，再汇集到核心水体、绿地广场，共同形成一个整体——形成完善的商业区道路体系架构。

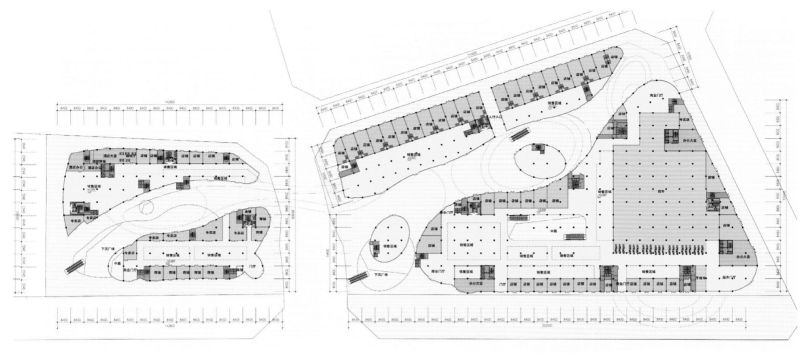

商业一层平面图

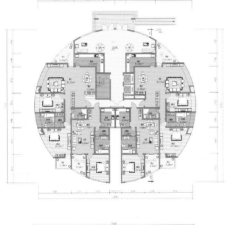

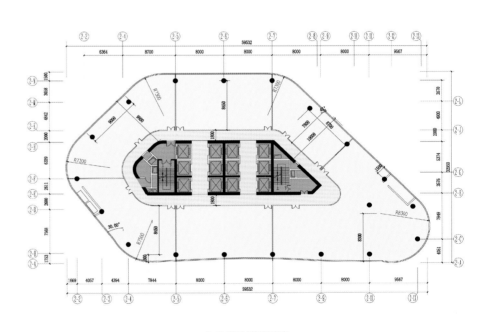

办公标准层平面图

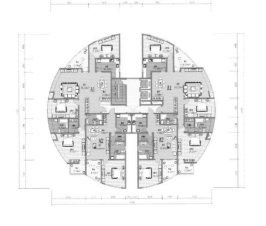

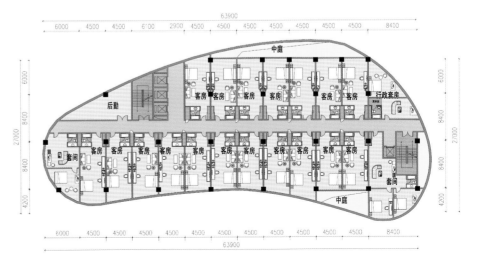

住宅标准层平面图

酒店标准层平面图

JINSHAN LAKE DIHAOGUOJI
金山湖帝豪国际

设计机构：深圳市筑品良行建筑设计有限公司
设计团队：郑丰足、周新权、夏艳朝、王权贤、陈海龙
项目地点：中国惠州
项目面积：200 000 m²

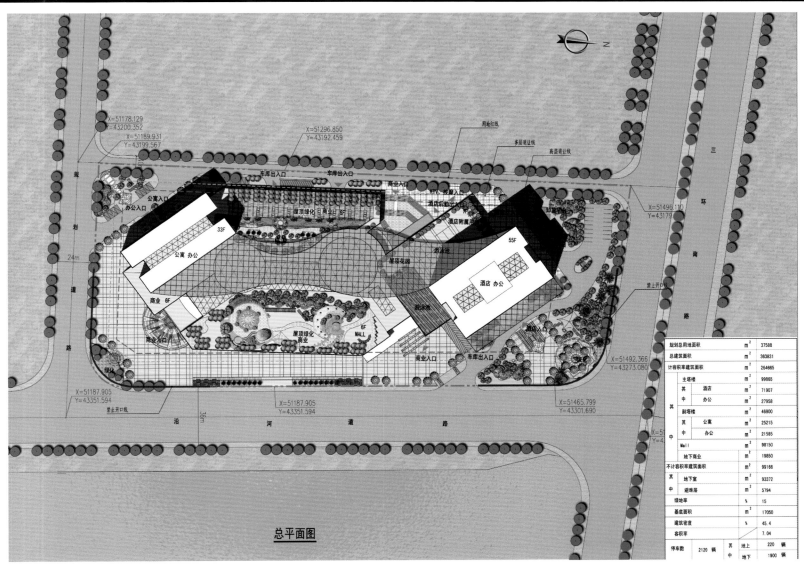

总平面图

规划总用地面积	m²	37588		
总建筑面积	m²	363831		
计容积率建筑面积	m²	264665		
其	主塔楼	m²	99865	
	其中	酒店	m²	71907
		办公	m²	27958
	副塔楼	m²	46800	
	其中	公寓	m²	25215
		办公	m²	21585
	Mall	m²	98150	
	地下商业	m²	19850	
不计容积率建筑面积	m²	99168		
其	地下室	m²	93372	
中	避难层	m²	5794	
绿地率	%	15		
基底面积	m²	17050		
建筑密度	%	45.4		
容积率		7.04		
停车数	2120 辆	其	地上	220 辆
		中	地下	1900 辆

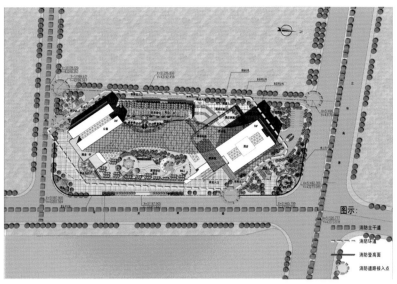

消防分析图

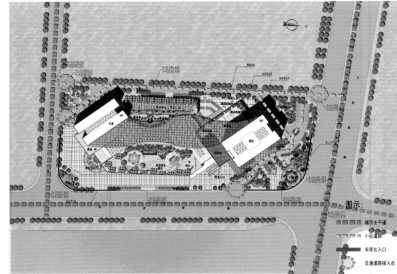

交通分析图

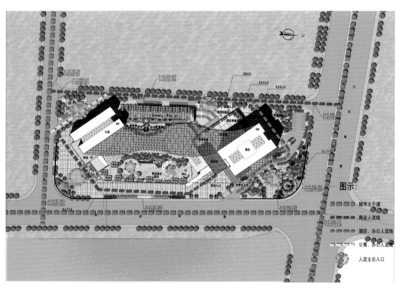

人流分析图

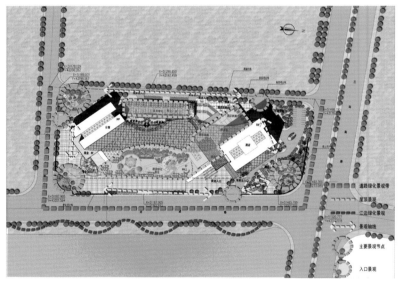

景观分析图

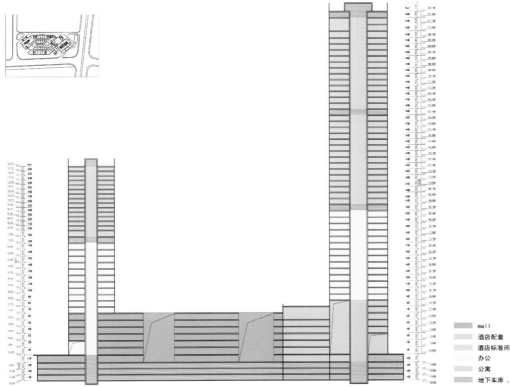

场地剖面图

- mall
- 酒店配套
- 酒店标准间
- 办公
- 公寓
- 地下车库、设备

▶

项目位于惠城区金山湖片区，占据着独特的江景；它毗连金山湖公园，地理位置非常优越。而金山湖公园的主要功能是为城市居民提供游览、观赏、休憩、健身及交往等活动场所，是一个以滨水景观为主的开放式公园。综合这里的良好景观和众多消费人流，我们对基地提出了以下几点设计目标：

· 如何保持现有场地的个性。

· 如何创造一个私密、闲适的空间。

· 如何保证每栋建筑都能观赏到湖景，享受到凉爽的风。

· 在这里，居住者想要什么样的生活方式。

· 如何建造充满活力和具有耐久性的建筑。

· 建筑的风格、外观还有它的环境。

· 在施工和设备供应方面的新工艺运用。

我们要使建筑追求外形与环境和谐、融洽，追求湖、天、人一体的浪漫风格，追求休闲的心趣与舒适的感受，追求自然、闲散、慵懒、松弛的生活方式。

错层空中花园隔绝了城市的喧嚣嘈杂，让人置身于绿树繁花中。屋顶花园的设计，不仅降温隔热效果优良，而且能美化环境、净化空气，为人们提供优美的游憩场所。无边际泳池供游客惬意地躺在里面放松身心和享受美景。

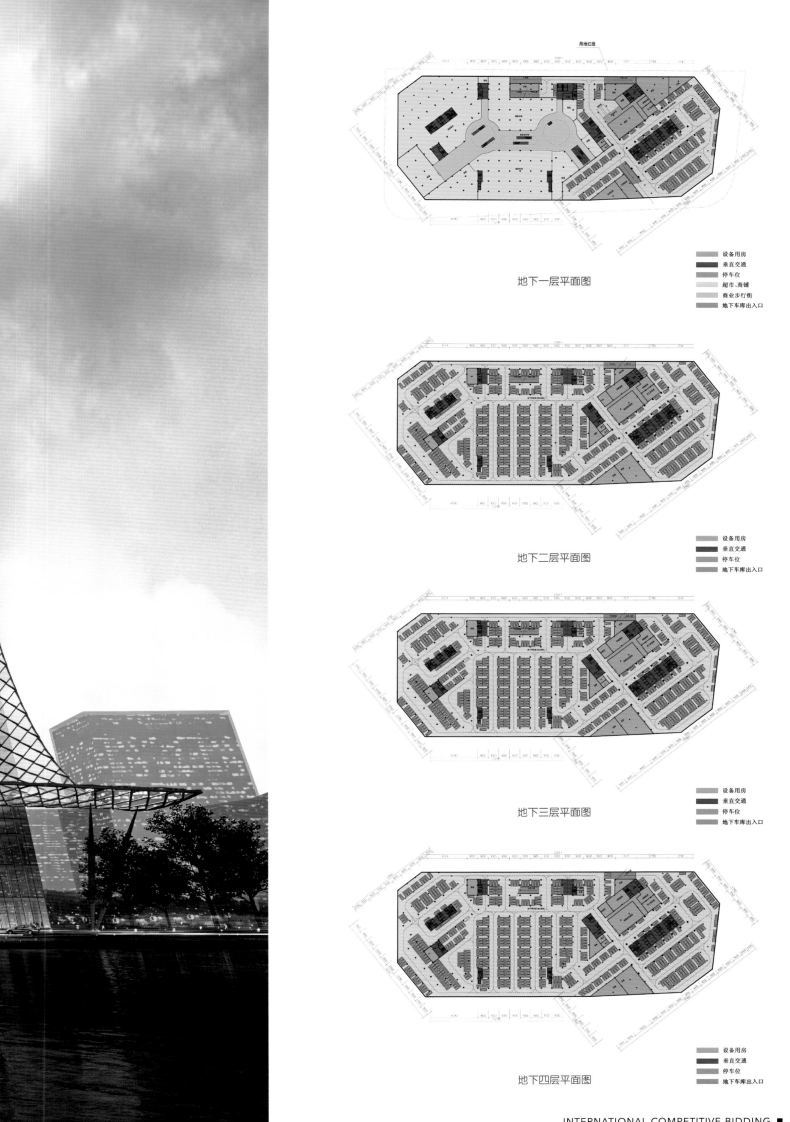

地下一层平面图

设备用房
垂直交通
停车位
超市、商铺
商业步行街
地下车库出入口

地下二层平面图

设备用房
垂直交通
停车位
地下车库出入口

地下三层平面图

设备用房
垂直交通
停车位
地下车库出入口

地下四层平面图

设备用房
垂直交通
停车位
地下车库出入口

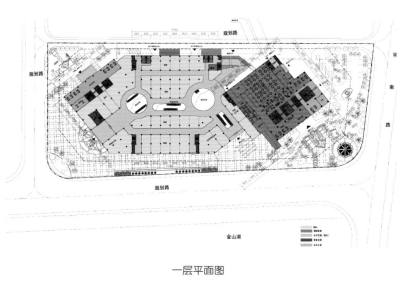

一层平面图

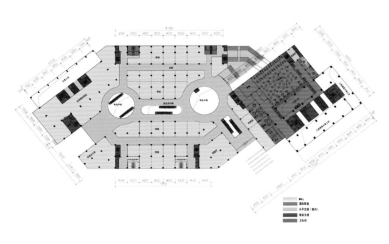

二层平面图

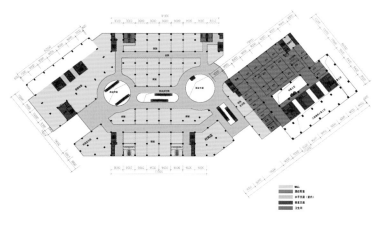

三层平面图

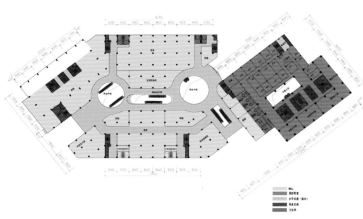

四层平面图

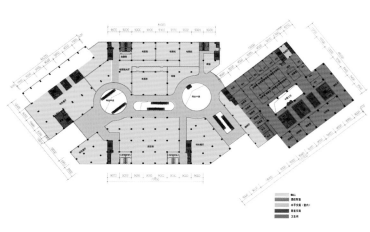

五层平面图

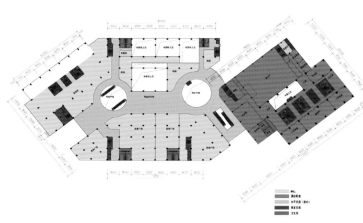

六层平面图

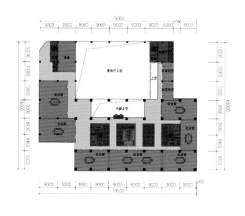

七层平面图

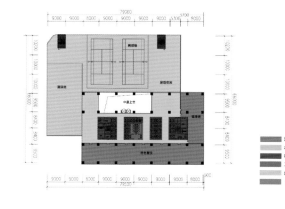

八层平面图

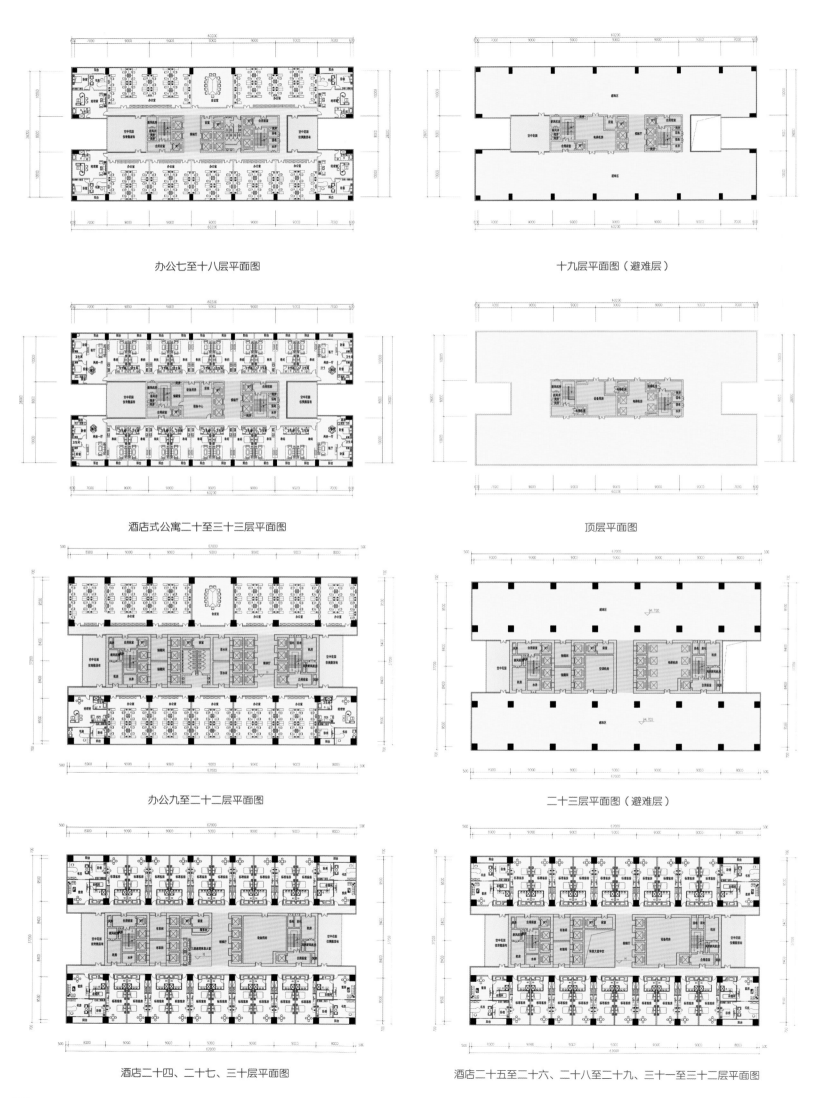

办公七至十八层平面图

十九层平面图（避难层）

酒店式公寓二十至三十三层平面图

顶层平面图

办公九至二十二层平面图

二十三层平面图（避难层）

酒店二十四、二十七、三十层平面图

酒店二十五至二十六、二十八至二十九、三十一至三十二层平面图

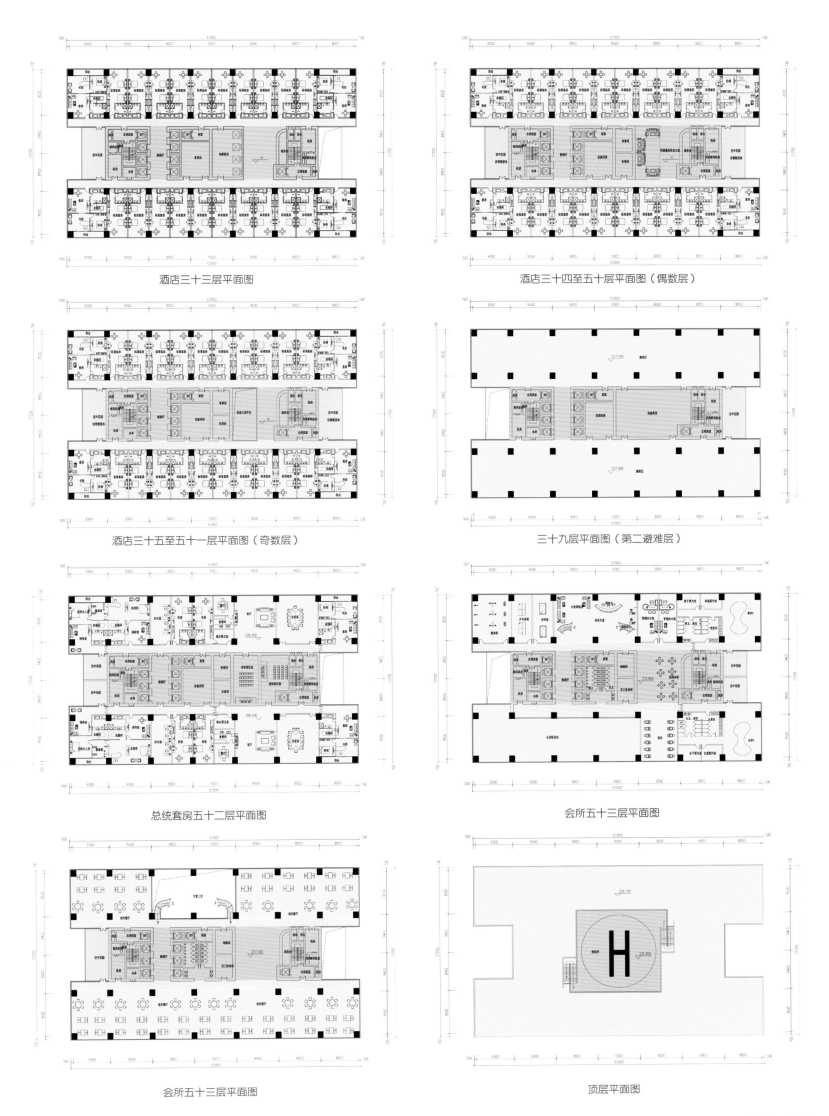

酒店三十三层平面图

酒店三十四至五十层平面图（偶数层）

酒店三十五至五十一层平面图（奇数层）

三十九层平面图（第二避难层）

总统套房五十二层平面图

会所五十三层平面图

会所五十三层平面图

顶层平面图

YINTAI URBAN COMPLEX
银泰中心

设计机构：山鼎国际
项目地点：四川攀枝花
项目面积：167 000 m²

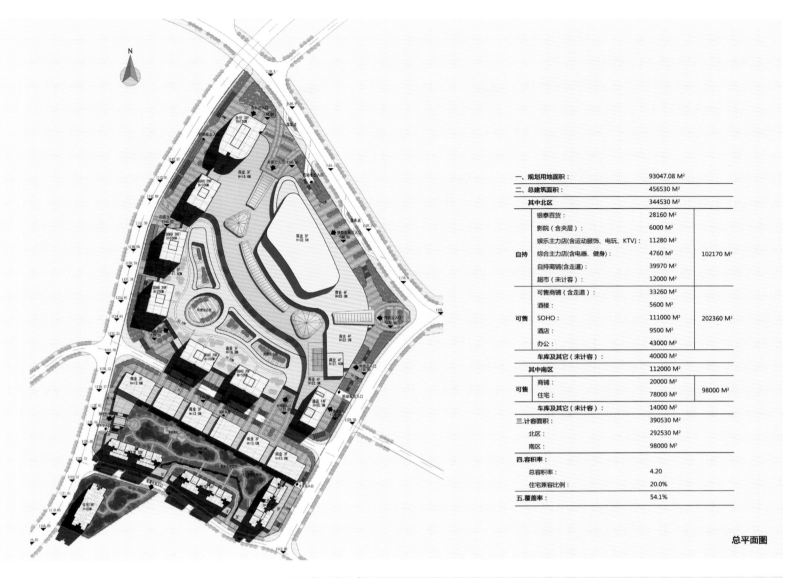

一、规划用地面积：		93047.08 M²	
二、总建筑面积：		456530 M²	
其中北区		344530 M²	
自持	银泰百货：	28160 M²	102170 M²
	影院（含夹层）：	6000 M²	
	娱乐主力店（含运动服饰、电玩、KTV）：	11280 M²	
	综合主力店（含电器、健身）：	4760 M²	
	自持商铺（含走道）：	39970 M²	
	超市（未计容）：	12000 M²	
可售	可售商铺（含走道）：	33260 M²	202360 M²
	酒楼：	5600 M²	
	SOHO：	111000 M²	
	酒店：	9500 M²	
	办公：	43000 M²	
	车库及其它（未计容）：	40000 M²	
其中南区		112000 M²	
可售	商铺：	20000 M²	98000 M²
	住宅：	78000 M²	
	车库及其它（未计容）：	14000 M²	
三.计容面积：		390530 M²	
	北区	292530 M²	
	南区	98000 M²	
四.容积率：			
	总容积率：	4.20	
	住宅兼容比例：	20.0%	
五.覆盖率：		54.1%	

总平面图

▶ 项目作为银泰置业进入四川的首个大型商业城市综合体，将引入银泰百货作为旗舰主力店——这具有标志性的意义。它充分利用攀枝花山地地形特点，在综合体不同标高的入口设计室内精品街、风情商业街、景观餐饮街等多种商业空间，力求创造一个一站式的公园化购物、休闲、娱乐场所，创造一个独具特点的山地城市购物中心。两条主要干道交汇处，以含苞欲放的木棉花（攀枝花城市意象标志）为意象设计的总高160米的办公楼，建成后将成为川南城市的地标典范。

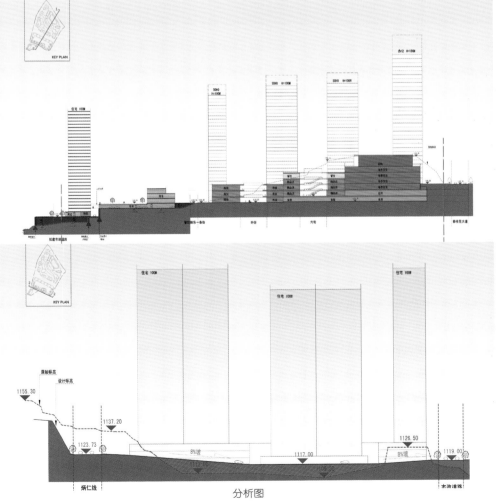

分析图

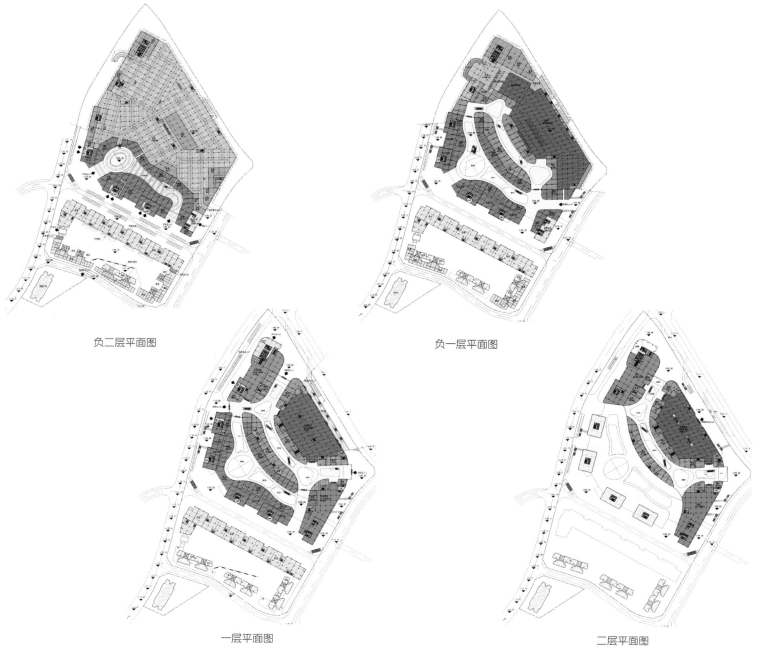

负二层平面图

负一层平面图

一层平面图

二层平面图

三层平面图

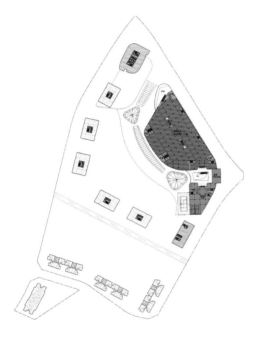

四层平面图

五层平面图

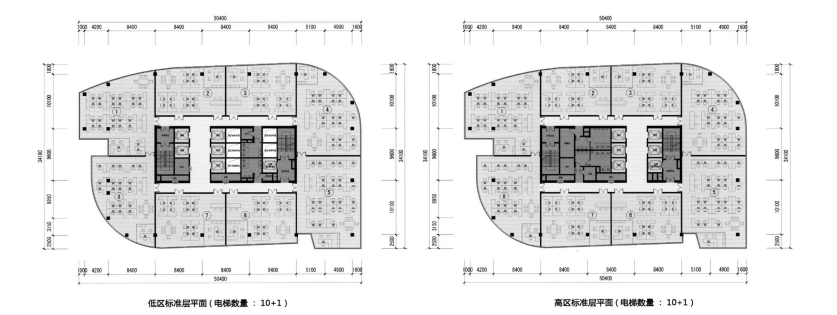

低区标准层平面（电梯数量：10+1）

高区标准层平面（电梯数量：10+1）

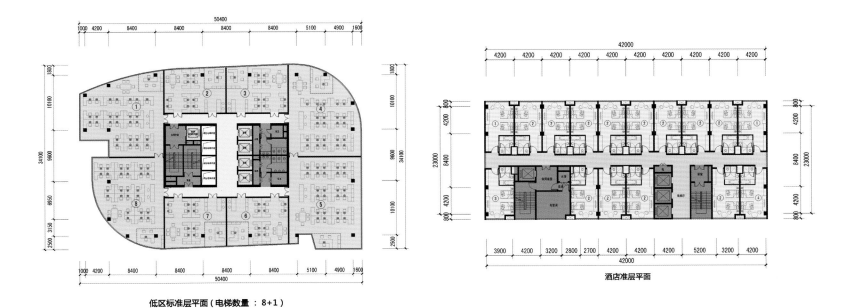

低区标准层平面（电梯数量：8+1）

酒店准层平面

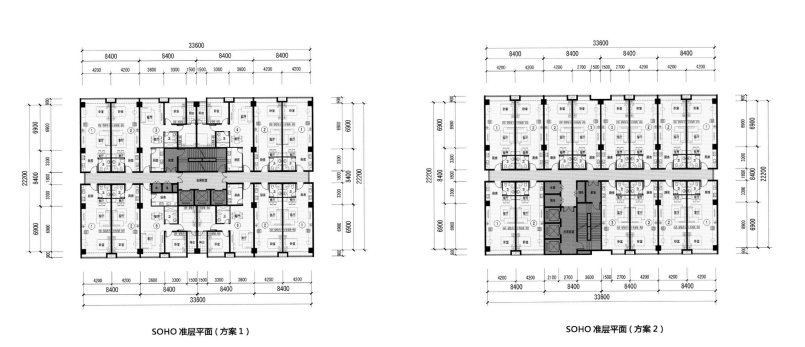

SOHO 准层平面（方案 1）

SOHO 准层平面（方案 2）

平面图

SHIMAO CHENGDU CHENGHUA COMPLES
世茂成都成华综合体

设计机构：DAO 国际设计机构
项目地点：中国成都
项目面积：2 640 000 m²
客　　户：世茂集团

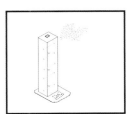

雨水收集
RAINWATER COLLECTION

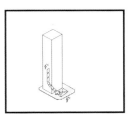

基地供电与供暖结合
COMBINED HEATING AND POWER

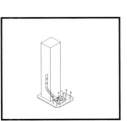

设备产生热源为地面供暖
GROUND SCRAPE TO ACT AS HEAT SII

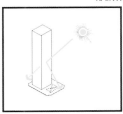

阳光反射至人行高度
SUNLIGHT REFLECTED TO GROUND

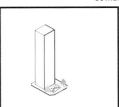

塔楼为绿化提供空间
TOWER ALLOWS FOR GREEN SPACE

提供景观资源的最佳朝向
ORIENTATION TO MAXIMUM VIEW

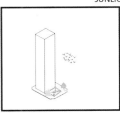

地面绿化空间带回生态多样性
GREEN SPACE TO ENCOURAGE HABITATS

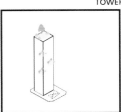

空中花园提供社交场所
SKY SPACE FOR SOCIAL INTERACTION

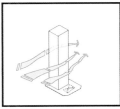

塔楼根据主导风向布置朝向
Orientated to cater to wind

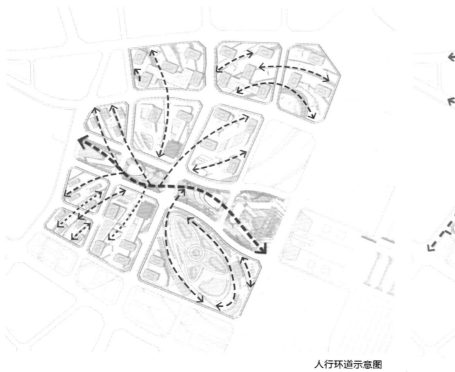

人行环道示意图
PEDESTRIAN CIRCULATION DIAGRAM

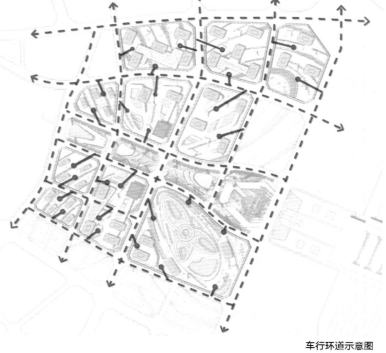

车行环道示意图
VEHICULAR CIRCULATION DIAGRAM

成都成华总体规划关注于创造一个商业与文化娱乐中心。整体设计运用"3E—Explore, Eliminate, Entertainment，开拓新的生活方式，提供万花筒般多样的娱乐活动"。

建筑师还利用"NEW 概念——Nature,Exchange,Water 为使用者提供自然绿色遮荫，消除行人与车辆交通的互相干扰。所有的功能及联系都从中心区双子塔的中心绿轴向外展开，犹如正在盛开的芙蓉花，并与"蓉城"之称相呼应。可以俯瞰地块的摩天轮位于双子塔基地东面，成为该项目的地标。

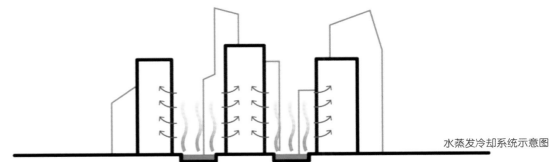

水蒸发冷却系统示意图

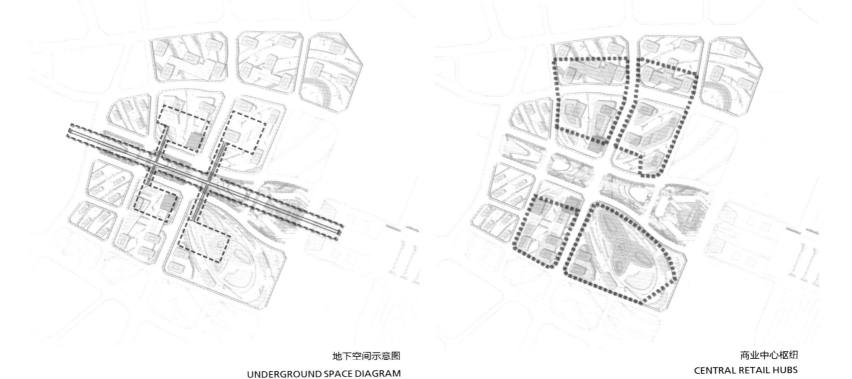

地下空间示意图

UNDERGROUND SPACE DIAGRAM

商业中心枢纽

CENTRAL RETAIL HUBS

WOMEI YANJIAO CLOUD CITY
沃美燕郊云城

设计机构：度态建筑
设计团队：朵 宁、黄 荻、路阳英
住宅总面积：320 000 m²
商业总面积：215 000 m²

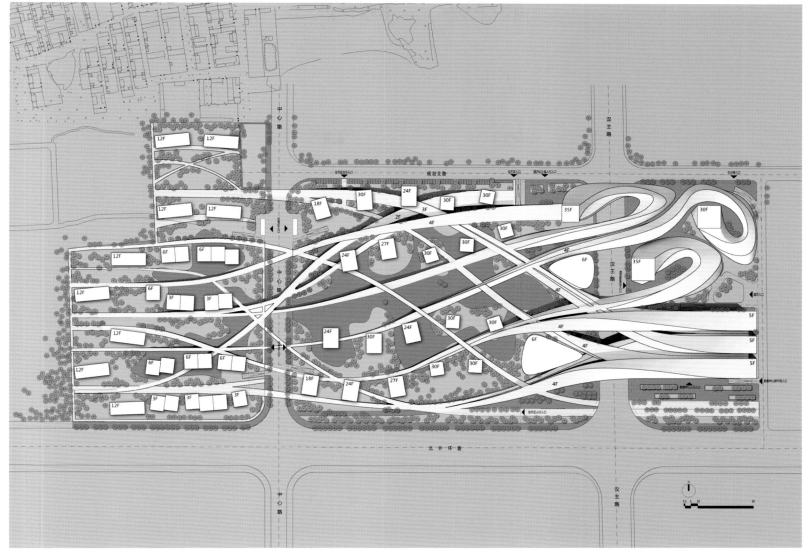

平面图

▶

　　沃美燕郊项目是针对最新城市综合体类型的设计实践。基地所处位置在燕郊新城，位于北京和天津之间，开发潜力巨大。我们在对国内外典型案例分析的基础上，基于第三代城市综合体 HOPSCAR（即 Hotel 高档星级酒店、Office 商务会展办公、Public space 城市公共空间、Shopping mall 大型购物中心、Culture & Recreation 文化娱乐休闲、Apartment 酒店服务公寓、Residential 低碳生态住区），提出一种新的综合体空间布局概念——CLOUD，即 Commercial orientated 商业导向、Large scale 超大尺度、Open space 开放空间、Unique 地标形象、Design intelligence 设计统筹。

分析图1

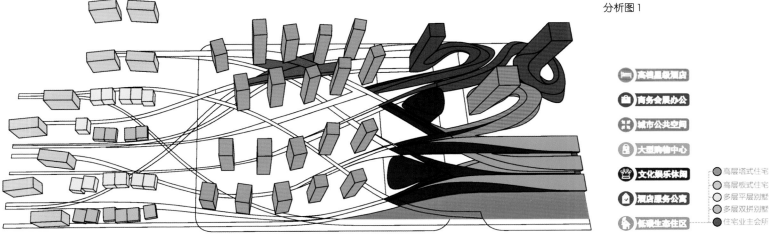

分析图2

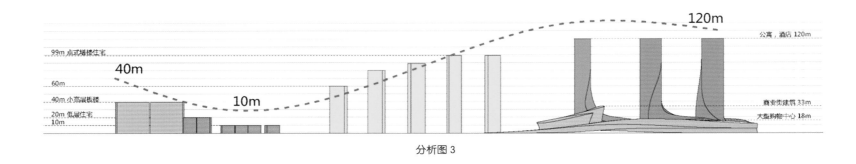

99m 点式塔楼住宅
60m
40m 小高层板楼
20m 低层住宅
10m

40m

10m

120m

公寓，酒店 120m

商业街建筑 33m

大型购物中心 18m

分析图 3

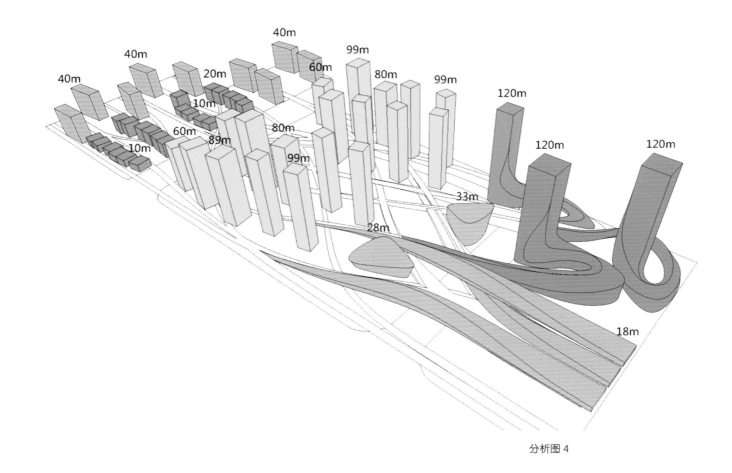

40m

40m

40m

20m

10m

60m

89m

10m

80m

99m

60m

99m

80m

99m

33m

28m

120m

120m

120m

18m

分析图 4

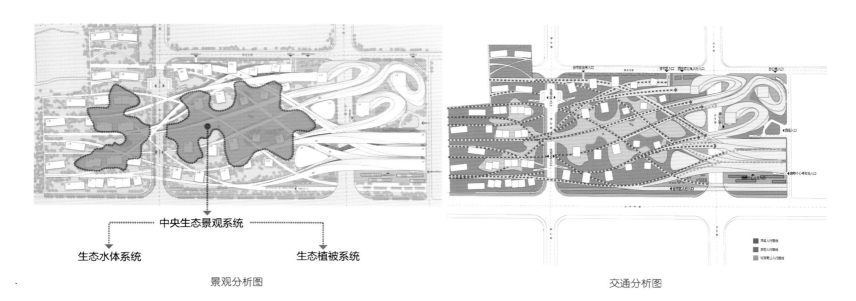

中央生态景观系统

生态水体系统

生态植被系统

景观分析图

交通分析图

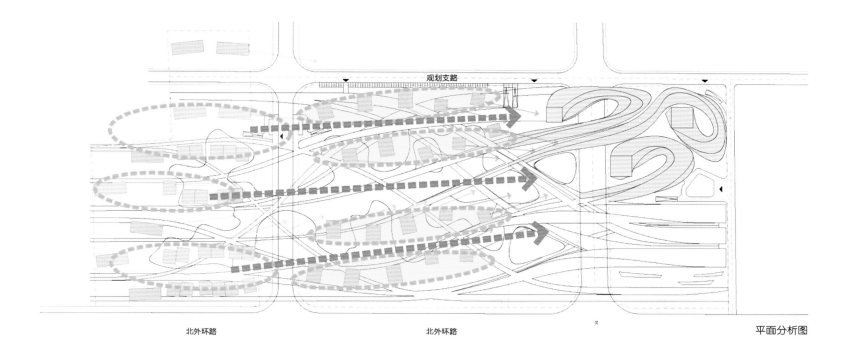

北外环路 北外环路 平面分析图

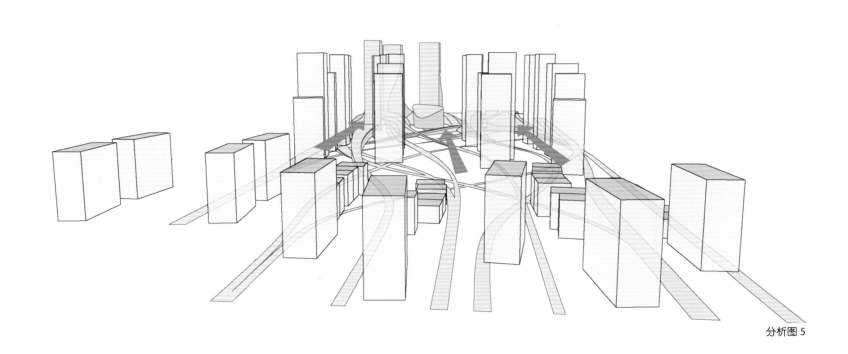

分析图 5

CLOUD 同时隐喻了空间布局上类似"行云"般的空间流动和变幻。这是我们处理住宅区和商业区的主要设计策略。为了加强居民和商业区的联系,设计引入多层次的进入方式,提高商业区的城市开放度, 展现不同于常规的"一刀切"的分区概念。通过彼此交融、相互渗透的空间处理,创造出动感极强的建筑群体特点,形成了不同策略下的景观焦点、视觉走廊、前景背景,营造丰富多彩的社区内部环境,提供更惬意舒适的商业空间体验。在住宅内部类型的布局和形态设计策略上,我们利用立体交通和延伸原有水系的水景观系统的叠加,定义了不同建筑类型的位置和朝向,打造出区域地标性的城市综合体形态。

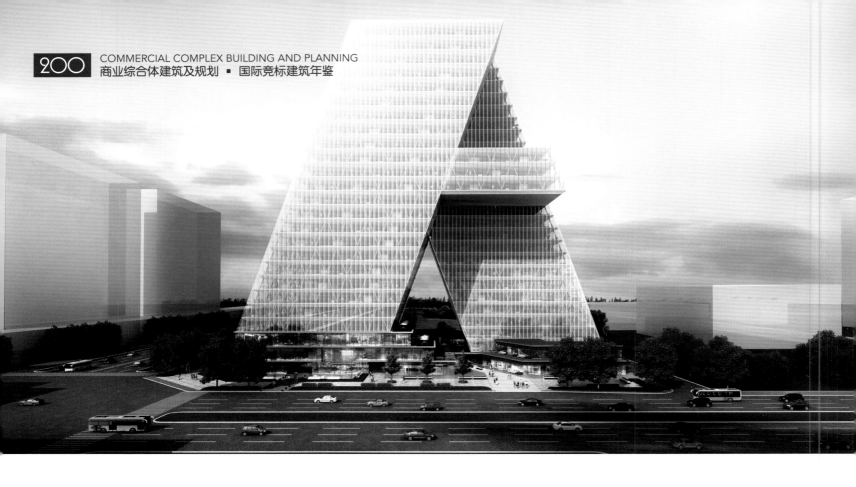

XI'AN
CRYSTAL SOHO
西安水晶 SOHO

设计机构：神山义浩
项目地点：中国西安
项目面积：80 900 m²
用地面积：13 333 m²
容 积 率：6
绿 化 率：35%

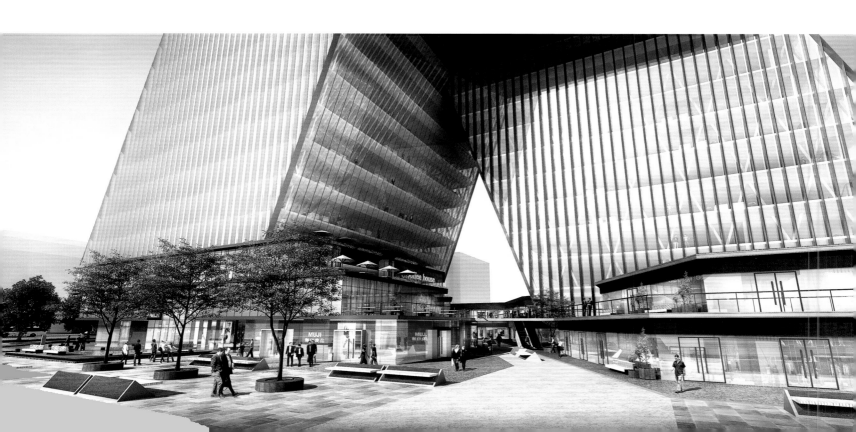

北

0 2 5 10M

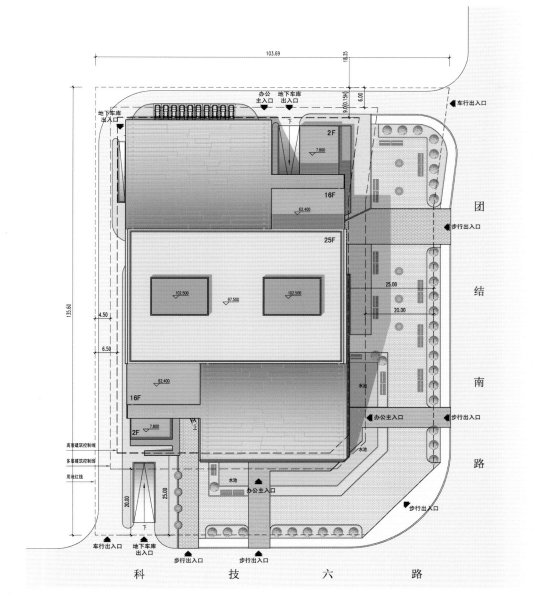

团 结 南 路

科 技 六 路

总平面图

经济技术指标		
规划用地面积		13333m²
容积率		6.0
总建筑面积		102384m²
地上总建筑面积		80900m²
其中	办公建筑面积	73000m²
	商业建筑面积	7900m²
地下总建筑面积		21484m²
其中	地下停车库面积	19484m²
	设备用房面积	2000m²
总停车数	普通停车	622辆
	机械停车	892辆
绿地率		35%
建筑密度		30%
建筑得房率		78%
建筑高度		100m
建筑层数	地上	25层
	地下	2层

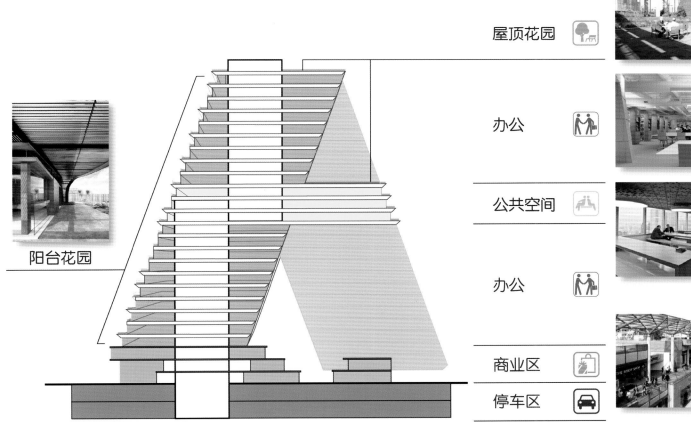

屋顶花园

办公

公共空间

办公

商业区

停车区

阳台花园

立面图

推移：不改变面积，在每一层制造庭院，产生附加价值。

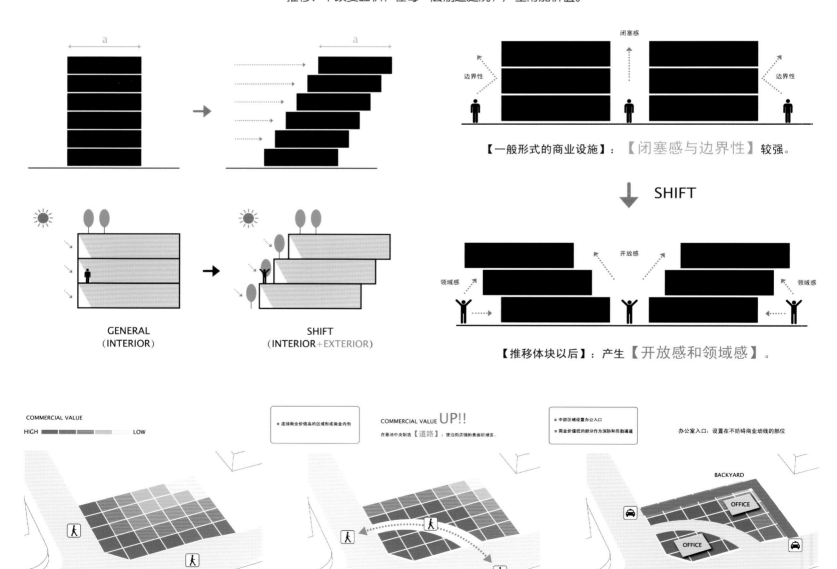

【一般形式的商业设施】：【闭塞感与边界性】较强。

SHIFT

【推移体块以后】：产生【开放感和领域感】。

GENERAL
(INTERIOR)

SHIFT
(INTERIOR+EXTERIOR)

COMMERCIAL VALUE

HIGH ▬▬▬▬▬▬ LOW

■ 连接商业价值高的区域形成商业内街

COMMERCIAL VALUE UP!!
在基地中央制造【道路】：使沿街店铺的表面积增多。

■ 中部区域设置办公入口
■ 商业价值低的部分作为消防和后勤通道

办公室入口：设置在不妨碍商业动线的部位

BACKYARD

OFFICE

OFFICE

分析图

本项目位于西安高新开发区两条主要道路交接口处，基地周边处于尚未开发完善的状态，力图通过此项目的建造建立地标性建筑来带动基地周边的活力，吸引人流。

本案低层为商业，上层为 SOHO 办公，力图创造一种不同的办公模式。通过对基地的分析：首先在底层打造一条内街，提升基地内部商业价值，并布置沿街商业。办公部分通过两个斜向交汇的塔楼相连，在中段设计大型悬挑层，形成空中大厅，并布置各种展示、休憩、商业设施，形成多功能用途，使办公塔楼具有了地面层和空中层两种不同形态的玄关，并提供了更多的交流空间。塔楼南北面因倾斜自然形成退层平台，使办公空间更具观赏性和趣味性。

01

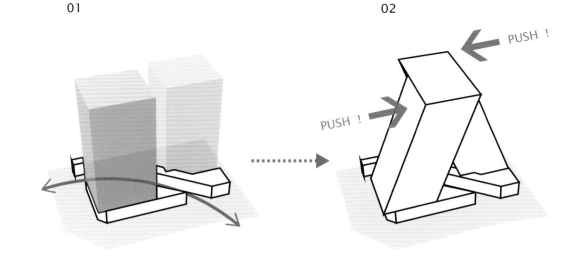

2 塔楼

02

向内侧推移体块，将两栋塔楼连接

03

在体块中部设置挑空层，形成联系上下部的交流空间

04

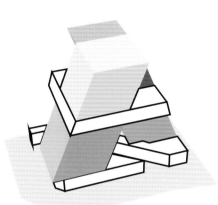

办公空间形成上下 4 个领域

分析图

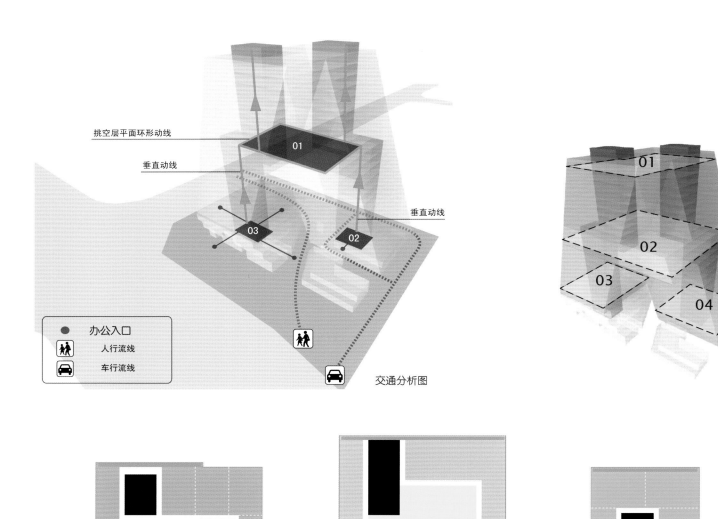

挑空层平面环形动线

垂直动线

垂直动线

办公入口

人行流线

车行流线

交通分析图

平面布置分析图

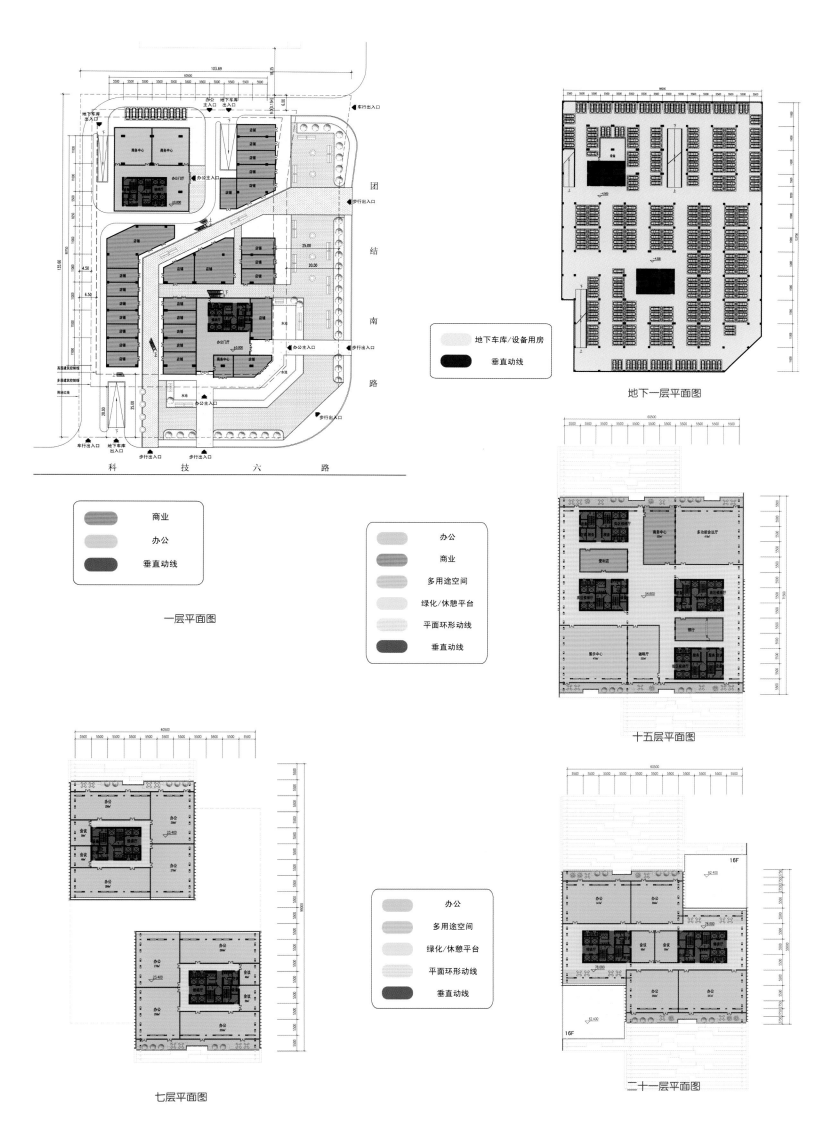

一层平面图

图例:
- 商业
- 办公
- 垂直动线

图例:
- 办公
- 商业
- 多用途空间
- 绿化/休憩平台
- 平面环形动线
- 垂直动线

地下一层平面图

十五层平面图

七层平面图

图例:
- 办公
- 多用途空间
- 绿化/休憩平台
- 平面环形动线
- 垂直动线

二十一层平面图

图例:
- 地下车库/设备用房
- 垂直动线

ZHENGRONG FINANCIAL WEALTH CENTER
正荣·金融财富中心

设计机构：日本 M.A.O. 一级建筑士事务所
　　　　　艾麦欧（上海）建筑设计咨询有限公司
项目地点：中国福建
用地面积：199 998.6 m²
项目面积：719 465.8 m²
容 积 率：3.6
绿 化 率：30%

▶ 正荣金融财富中心位于木兰溪之北，莆田新城区中心，是一个占地199 998.6平方米的综合开发项目，而木兰溪则是串联整个新城中心的主要文脉。我们将一个150 000平方米的商业及娱乐中心作为"金融财富中心"项目设计规划的中心焦点，同时还有近370 000平方米的高档住宅、100 000平方米的酒店式公寓/SOHO、40 000平方米的五星级酒店和40 000平方米的甲级办公楼建筑综合体。项目包括购物、生活和工作设施，集多元化及便捷性于一体，并与木兰溪自然美景相呼应。鉴于此，正荣金融财富中心注定将成为一个充满活力的都市目的地。

本案设计理念着眼于超越符号化层面的标志性：不但在城市格局上整合完善了莆田新城商务中心，并且顺应时代前瞻，立体复合地延续了生态空间，更新了城市形象与活力；更重要的是创造性地发挥了业态组合的经济效力，将城市生态、文化、经济等功能片段重新组织；打造工作、生活与游乐的舞台与莆田市"一溪二岸新名片"；并且通过提供多样的业态组合，聚集商务中心成立所必需的人气，形成以人为本的群体地标。

总平面图

▶

通过对商业开发的认识及业种业态的了解，建筑师在项目规划中设计了一条商业动线。这将是一条充满主题性的商业街，商业街将乐活、时尚、品位、优享、安逸五大元素融合于一体，将会带给莆田市民一种休闲、时尚、精致的全新购物体验。正荣金融财富中心方案设计强调汇聚，使本场所成为人与人、人与商品交织在一起的空间。采用铝板群与玻璃组合成张弛有度的线条肌理，使其作为统领全局的造型元素进行立面设计，使整个建筑群具有丰富的立面层次和光影变化，同时也给夜景照明设计创造了很好的条件。

莆田有目共睹的迅速发展将使该城市进入到一个崭新的阶段——一个国际参与和国际认可的阶段。正荣集团责无旁贷，具远见卓识，高度地达到这一挑战性标准。为了早日达到这一具有高度挑战性的标准，正荣集团提出了极具远见卓识的设计方案；该项目将创造一处令人向往、充满活力的人群聚集场所，增强市民归属感，使顾客向游客转变，在用项目带动人群聚集的同时，力求放大机遇、促进区域经济的再次腾飞。

地块A

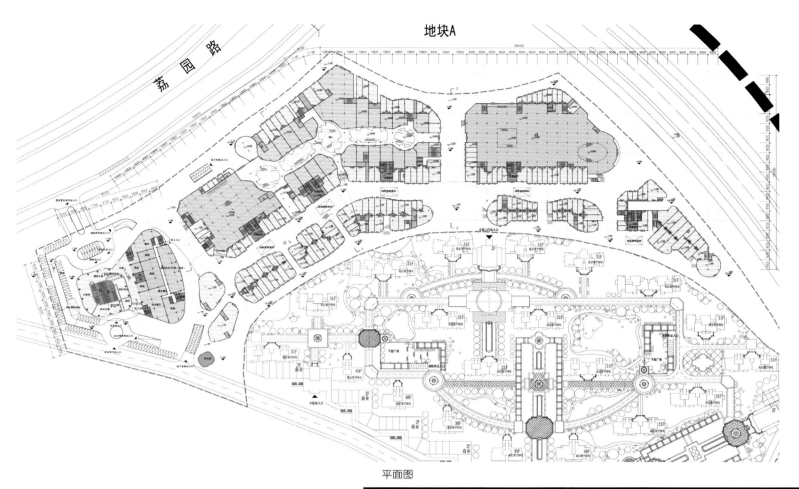

平面图

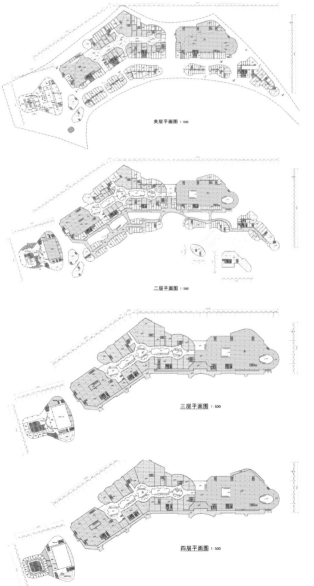

夹层平面图 1:500

二层平面图 1:500

三层平面图 1:500

四层平面图 1:500

▶

正荣·金融财富中心超高层塔楼坐落在莆田木兰溪畔，位于基地的西南角，北临荔园路，南临规划路，具有天然的地理景观优势。

正荣·金融财富中心超高层塔楼总建筑面积达 100 000 平方米（地上建筑面积 80 000 平方米，地下建筑面积 20 000 平方米），作为城市综合体项目，建筑内部包含了五星级酒店和 5A 甲级写字楼。"财富中心"旨在打造莆田最高端的酒店和商务平台，它的建成不仅将为莆田带来更多的资本和人才，还将带来更多同步国际的资讯和文化，从而推动整座城市的品质提升。

作为地标建筑，本项目造型力求稳重大方的同时具备鲜明的特色。外立面及建筑造型设计灵感来源于莆田市花——月季，它以简洁流畅的抽象花蕾造型，将莆田独特的城市气质展现给全世界。作为莆田第一高楼，"财富中心"还将重塑木兰溪沿岸的城市天际线，给当地带来全新的现代化风貌，并有效地提升莆田城市形象。

坐落在财富中心一侧的住宅区域，延续着城市地标性建筑的风格，为构建莆田新型住宅小区注入了新的生命力。

总平面图：
　　1. 欧式总平面图规划
　　2. 入口对称式布局，结合欧式景观布置。笔直的步道、茂密的行道树、典型的欧式水景衬托出环境的尊贵感。
　　3. 人车分流。地面道路相对独立：景观步行道结合紧急消防车道。在平时，机动车直接进入地下室而不参与地面车辆出行，达到真正意义上的人车分流，从而保证居住景观的连续性和安全性。
　　所有户型设计均考虑自然通风，坚持"以人为本"的设计原则，创造良好的室内气候。依据人的生理和心理特点，以客厅为中心，大厅及房间的主要朝向均以景观视线为主，强调单元平面动静分区，卧室与客厅、餐厅、厨房截然分开，互不干扰，尽可能避免流线组织交叉影响。单元设计还强调"三大一小"，大客厅大厨卫、小居室，明厨明卫，使居住环境更卫生合理。注重餐厅的用餐环境，具有相对完整的餐饮空间，与客厅相对独立。
　　单体立面采用新古典建筑风格，突出建筑色彩及体量，强调建筑细节，体现"典雅高贵"的特色和风格。住宅均采用平屋顶的形式，造型丰富而有特色，强调小区的整体效果。结合其建筑特性，幼儿园的设计采取了活泼现代的处理手法，使其既有别于住宅建筑，同时在整体环境上又与周围建筑取得和谐统一。
　　住宅立面设计上采用"以竖向上"的阳台和空调箱相结合的设计，大面积的玻璃窗与墙面形成强烈的虚实对比，形成本项目的主题元素。墙面材料及建筑色彩上主要以赭石石材及棕色的涂料相结合，以突出建筑体量感，突显稳重大方的人居环境气质。同时又注重整体的组合形象规划，屋面的高低错落相结合，丰富小区的天际轮廓线，统一而富于变化。单体力图形象地体现建筑的古典美和优雅：丰富的虚实对比、靓丽的色彩系列以及考究的材质搭配。低窗台、大面积的玻璃推拉门，视野与小区大面积绿地相交融，着意刻画出一个高贵而有内涵的建筑，体现新古典主义的新风格。

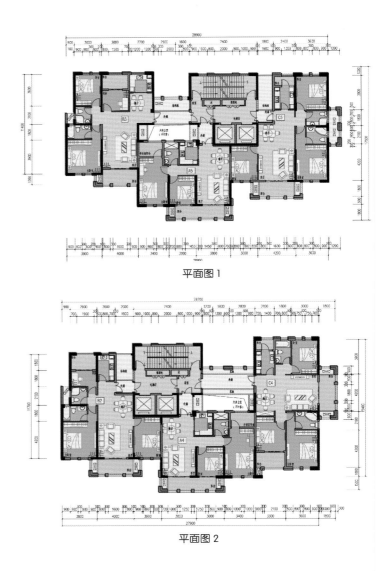

平面图 1

平面图 2

平面图 3

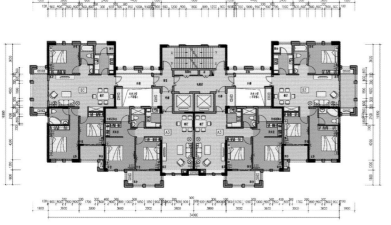

平面图 4

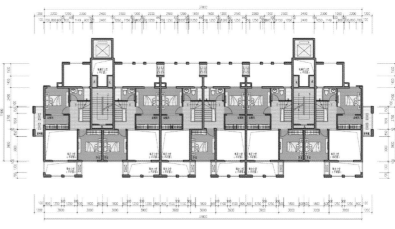

平面图 5

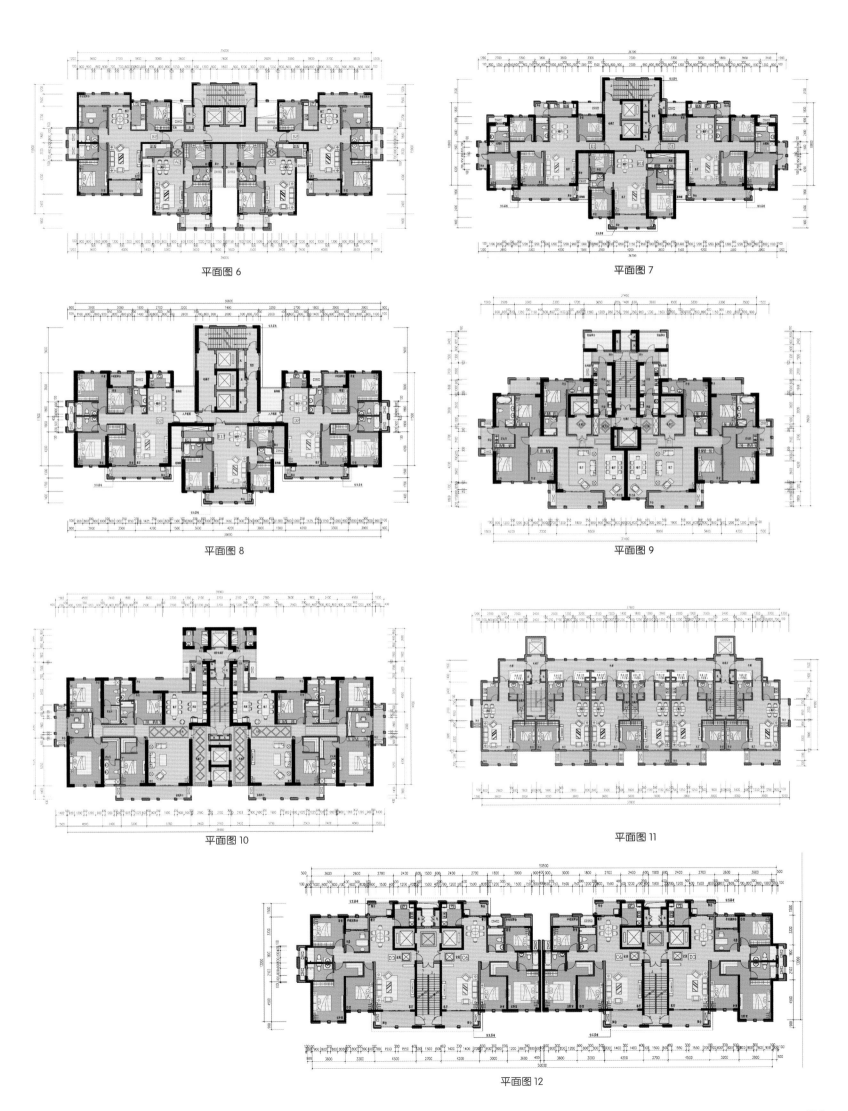

平面图 6

平面图 7

平面图 8

平面图 9

平面图 10

平面图 11

平面图 12

THE BLADE
刀状大厦

设计机构：Dominique Perrault 建筑事务所
设计团队：Bollinger + Grohmann（结构）、HL Technik（建筑服务、安全、协作），Jean-Paul Lamoureux（音效）
项目地点：韩国首尔
建筑高度：292.50 m

2008 年，Dreamhub，一个由 30 家韩国最大的公司组成的联合体，参与了龙山国际商务中心的国际城市规划总方案的竞标。Asymptote, Foster & Partners, Jerde Partnership, Daniel Libeskind 和 SOM 等公司参与了此次竞标。此次竞标项目名为"Archipelago（群岛）21"，是由 Daniel Libeskind 提出的。从 2011 年 9 月起，Dreamhub 用两个月的时间将塔楼的总方案设计任务下达至世界 15 家知名建筑公司。

今天，在古首尔的中心，沿着汉河的北岸，韩国首都开始了资本改造。位于韩国首尔公共交通中心、连接大都市各个部位的龙山国际商务中心区，即将开始一次蜕变，并将成为 21 世纪一个新的象征符号和发展引擎。龙山商务中心近 3 000 000 平方米的雄心计划将被这样规划出来：多个垂直建筑错落有致，一个大型公园将它们从内部相连，形成一个群岛的构造。此外，中心还与其他 3 个主要的商务中心相连。与以往的大型单功能复合建筑不同，它将会为人们提供除办公外的住宅、商店和一系列包括文化、教育、交通设施在内的政府设施。

Dominique Perrault 是唯一一家受邀的法国公司，它再次参与了此次首尔的改造。在梨花女子大学落成后，DP 建筑师采用一种独特的建筑方式参与了未来商业区的规划。

从轮廓和动态上看，刀状大厦俨然就是其所在区的一个地标性建筑。其神秘形象就像是一个图腾、一个标志性符号。它既不是圆的，也不是方的，而是一个菱形棱镜，倚着入口的角度，给人一种不一样的感觉。"刀状大厦"这个命名的灵感，就是来源于它细长的造型和锋利的边缘。

随着形形色色建筑风格的风起，刀状大厦在根植于城市现实的对照下，与周围的大厦进行着一场光与沉思的对话。就像一个光学仪器，它的表面将周围的景观支离，然后重新组合成一个新的画面。

大厦的外表以护套的方式覆盖了一层玻璃，这样能折射光和环境，大厦的侧影则会被其释放出的明亮的光环所包围。根据观察角度的不同，大厦的表面会有若隐若现的变化，加上太阳的移动和光线的变动，大厦不断地改变自己在人们眼中的模样，给人们一种灵动的感觉。

这个项目就像是把一个普通的雕刻材料当作奢侈品一样去雕刻，给人们提供了空间、光线，以及首尔壮丽的景观。

这些大厦内部有不少宏伟的大厅、商务论坛、全景观景大厅供人们漫步和休息。

叠合起来的空白面与周围已建大厦形成对比，突显了大厦棱镜的光芒。这些空白面还提供了呼吸和调整开放式公共空间的作用。晚上，它们让起初宛如一颗珍贵的宝石的大厦轮廓渐渐消失。

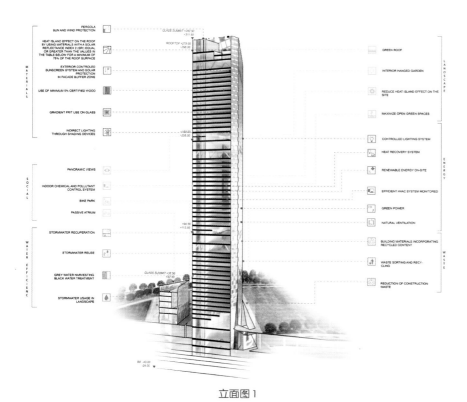

立面图1

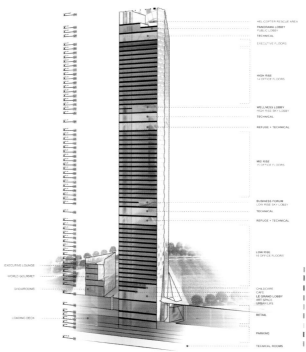

立面图2

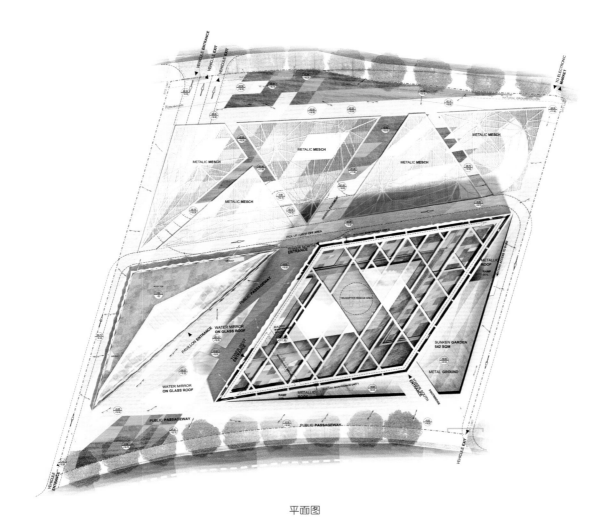

平面图

YANGSHUPU POWER PLANT RENOVATION
杨树浦发电厂综合改造

设计机构：美国 DCI 思亚国际设计集团
开 发 商：上海电力股份有限公司
项目地点：中国，上海
建筑面积：260,000 平方米
服务内容：总体规划，建筑设计，景观设计，节能设计
设计完成：2012 年

杨树浦发电厂综合改造项目位于海派之都上海市杨浦区滨江核心带，坐拥城市副都心，交通场地开阔、基地环通，是区域首座大型城市综合体。由于一定范围内都缺乏成熟的商圈，本案填补了此地无商圈的空白。

本案的规划策划方面则着重打造与购物旅游相结合、以及工业博览与商务旅游相结合的开发模式，以新能源为主题的工业博览会；并与招商活动、商务交流和交易、会议、论坛等融合。黄浦江景观资源将人们主要走动、停留和活动的地面层抬高，保证了视野的开阔性。本案在此基础上提出三个地面层的概念：首层作为车行解决客运及货运的需求；二层平台作为主要的人行动线可以无阻隔的到达各个功能区，同时提供了举办户外活动的空间；屋面层与景观地形串联共同构成巨大的坡地公园。

在新能源的开发和利用方面也贯穿在整个设计之中，塔楼和裙房屋顶之间被断开架空，利于提高风能效应。塔楼大量的生活用水随着地势的作用顺着退台种植屋面落下，由不同植被和沙石过滤，到底端被收集形成再利用的水循环系统。建筑内部排放的二氧化碳等废气被管道集中运送到了 60 米高的垂直温室中，经大量植物吸收过滤被填补到大楼的新风系统之中，改善了室内空气环境品质。建筑自身运转产生了大量的热量，这些被加热的空气罐输入烟囱中，带动成千上万的风扇叶片产生了电能，用于优化自身能耗。

整个项目的设计过程也是围绕着新能源展开，并由此建立了四个系统。

作为过往水陆进入上海滩的门户，两只烟囱的形象书写了百年电厂的传奇；靠近江岸的一根保留了大部分原有实体材质的风貌，另一个烟囱作为酒店入口独特的标志物而存在。塔楼和购物中心勾勒出项目沿杨树浦路的城市界面与天际线，商业的屋顶绿化一直延伸入两栋写字楼内部。坡地公园从水岸边一直延续到商业的屋顶上，贯穿整个基地。

在组团空间上也结合功能被打造成了 4 个主题空间。商业广场由 L 型坡地退台的室内购物中心与室外休闲街区围合而成，是大型商业推广、展览、招商及娱乐活动的场所；环形廊桥连接了去往二层商业广场与酒店的下客区，形成了酒店迎宾广场，水幕和烟囱结合的灯光秀创造了酒店独一无二的到达感；水岸广场与上方的宴会厅由电扶梯连接，将会议及相关活动延展到岸边，通透的中庭在夜晚格外夺目绚丽；坡地公园广场与其间建筑自然地结合在一起，路过旧时的烟囱、塔吊、运煤传送带，仿佛那些岁月的痕迹散落了一地，在静腻的星空下听着他们娓娓道来厂区曾经的故事。

写字楼
OFFICE TOWER
80,640 SQ.M, HT: 129.9 M

商业
RETAIL
79,522 SQ.M, HT: 33 M

变电站
SUBSTATION

文化休闲
CULTURAL
5,581 SQ.M

酒店式公寓
SERVICE APARTMENT
33,790 SQ.M
L17-L36
HT: 152.7M

酒店A
HOTEL A
26,502 SQ.M
L1-L16

酒店B
HOTEL B
38,892 SQ.M, HT: 83.4 M

VANKE SUPER CITY
万科城

设计机构：Spark architects
项目地点：中国北京
项目面积：100 000 m²

昌平位于北京紫禁城北约 50 公里处。北京市区多年来变得极其拥挤，许多人通过火车穿行于市区和像昌平一样的郊区卫星城之间。对像这样的卫星城，常人的理解就是通讯者的城市。因为真正生活中的睡眠只存在于市中心，而一个实用的住所是远离大都市的。中国国家开发商万科就看到了给卫星城居住者提供一个更有品质的市外体验场所的需求。拥有大约 100 000 m² 的零售组件——大量切分零售设施所需的、扩大零售供应和满足当地消费群体不同的需求的案件，SPARK 被授予这个机会来重新思考传统的多功能发展模式。而万科超级城市就拥有着多功能和多供给的能力。

万科城设置有两条循环路线：12 小时路线和 24 小时路线。在白天营业的零售门店（商店和百货店）形成一个巨型购物中心（12 小时）。这种类型的门店占了整个裙楼的大多数，从裙楼设施开创出直通到高架天井（24 小时）的购物路线和露台。在庭院周围的连锁匣子里创造出一个三维的活动街道。匣子里面有很多 24 小时营业店（电影院、KTV、游戏城和餐厅）。

电影院和 KTV 等娱乐功能区设置在难于出租的购物中心的上层。这些娱乐区通常营业到早上。由于其他 80% 的零售店关门时间要早很多，就迫使公众很难从自动扶梯和黑暗的无空调的购物广场找到通往安全出口的方向。

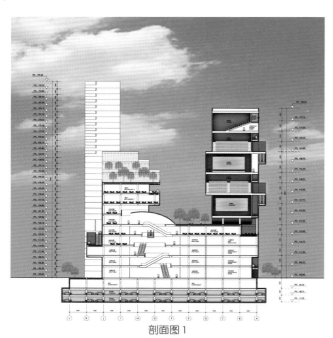

剖面图 1

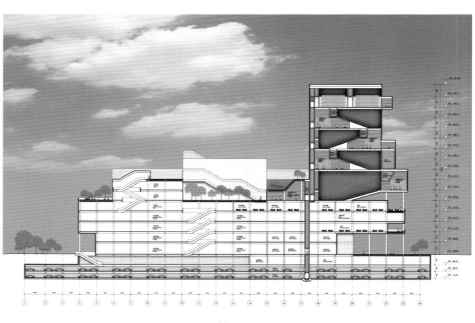

剖面图 2

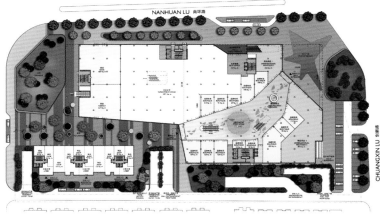

平面图 1

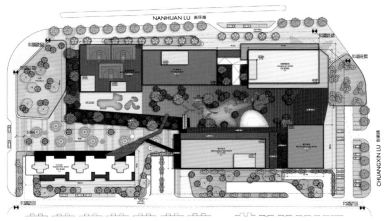

平面图 2

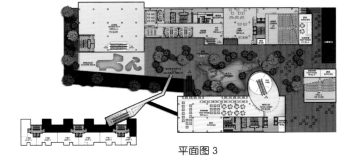

平面图 3

+16.75

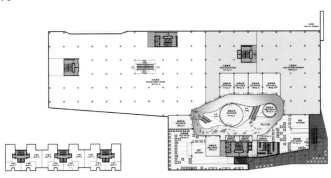

平面图 4

+22.00

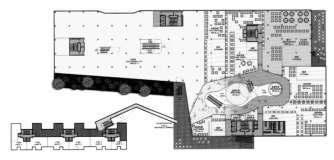

平面图 5

▶

我们对此问题的解决提议是万科城应该开通两条相辅相成的循环路线：白线和夜线。当白天购物店停止营业之后，顾客也可以在裙楼立面沿线尽情地享受夜晚购物以及露台边小吃。

这些商店在一般的零售店都关门休业之后开始运营，通过娱乐设施给顾客提供方便。通过利用商店临街的空地增加空间的利用价值。

从城市的视角上看，沿着建筑正立面设置的自动扶梯完美地展现了 Archigram 公司移动城市和罗杰斯与皮亚诺的乔治·蓬皮杜中心的设计理念——运动和能量。万科城的正立面通过多层条纹材料组合形成的各色各样的调色板铰接在一起，让人情不自禁联想到了折叠的大陆板块。

万科城展示了一种崭新的零售模式，也成为昌平中心区的新地标。

SHEKOU
FINANCE CENTRE
蛇口金融中心二期

设计机构：广东省建筑设计研究院深圳分院
主创设计师：吴彦斌、朱 江、陈智华、李丽妹
项目地点：中国深圳
项目面积：104 737 m²
用地面积：19 233.13 m²

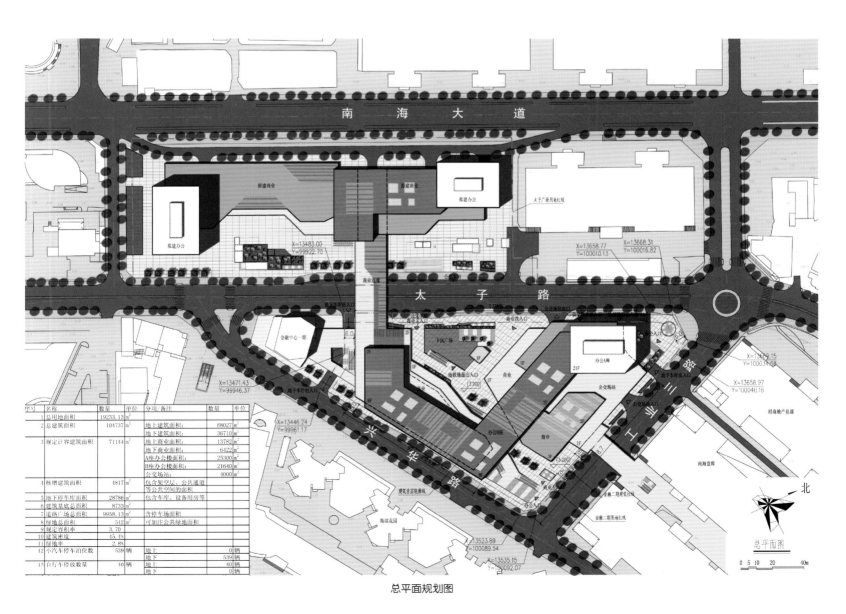

序号	名称	数量	单位	分项/备注	数量	单位
1	总用地面积	19233.13	m²			
2	总建筑面积	104737	m²	地上建筑面积	68027	m²
				地下建筑面积	36710	m²
3	规定计容建筑面积	71144	m²	地上商业面积	13782	m²
				地下商业面积	6422	m²
				A座办公楼面积	25300	m²
				B座办公楼面积	21640	m²
				公交场站	4000	m²
4	核增建筑面积	4817	m²	包含架空层、公共通道等公共空间的面积		
5	地下停车库面积	28786	m²	包含车库、设备用房等		
6	建筑基底总面积	8733	m²			
7	道路广场总面积	9958.13	m²	含停车场面积		
8	绿地总面积	542	m²	可加注公共绿地面积		
9	规定容积率	3.70				
10	建筑密度	15.4%				
11	绿地率	2.8%				
12	小汽车停车泊位数	539	辆	地上	0	辆
				地下	539	辆
13	自行车停放数量	40辆		地上	40	辆
				地下	0	辆

总平面规划图

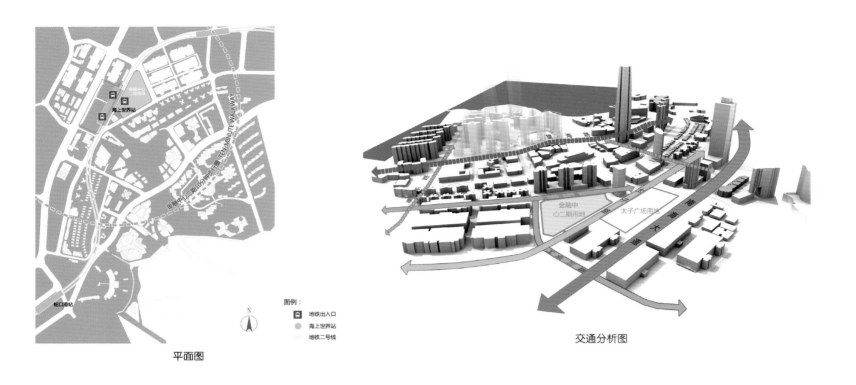

平面图

交通分析图

图例：

地铁出入口
海上世界站
地铁二号线

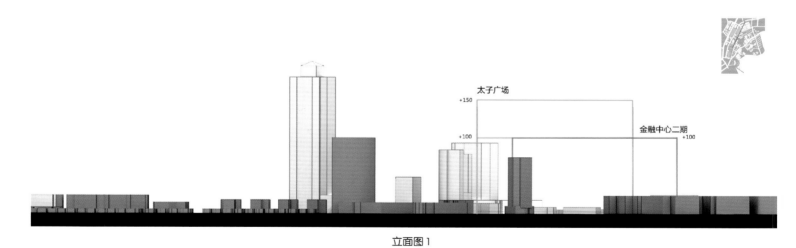

立面图1

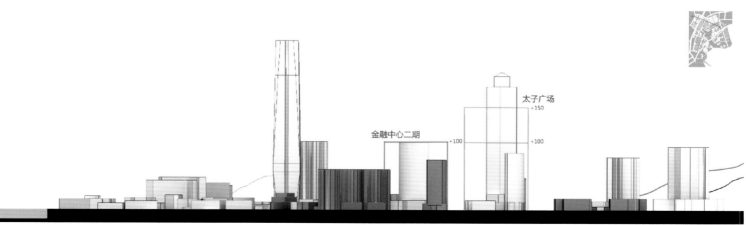

立面图2

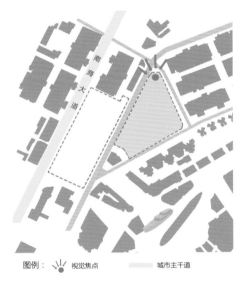

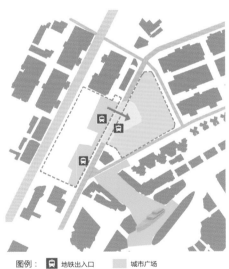

图例: 视觉焦点 ——— 城市主干道

图例: 地铁出入口 城市广场

图例: 人流汇集点 ←— 进入基地人流

南海大道是连接蛇口与福田中心区的主要城市干道。在城市角度上，基地的北端是一个重要的视觉中心。

海上世界地铁站在太子广场与金融中心二期设有出入口。太子广场沿太子路方向形成地铁出入口广场。在基地的西侧对应形成一个城市广场，这是城市开放空间的延续。

基地的三个端点，是周边人流的汇集处。建筑作出适当的退缩，形成城市空间。

立面图

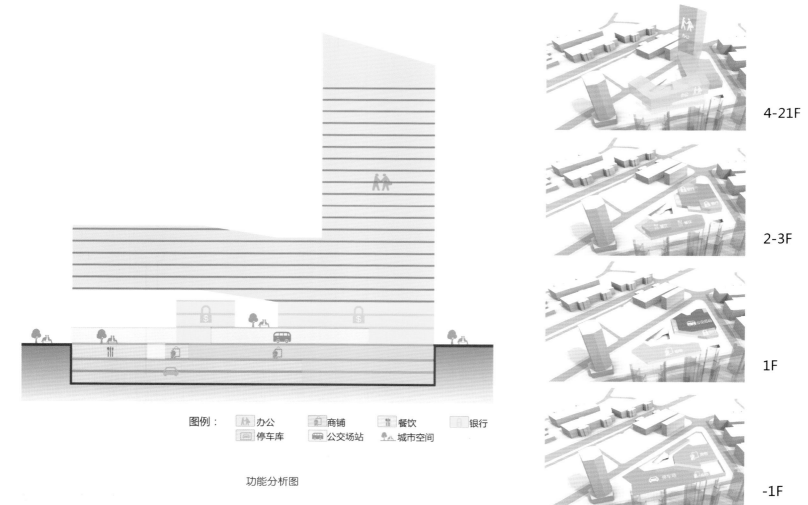

图例： 办公 商铺 餐饮 银行
停车库 公交场站 城市空间

功能分析图

4-21F

2-3F

1F

-1F

分析图

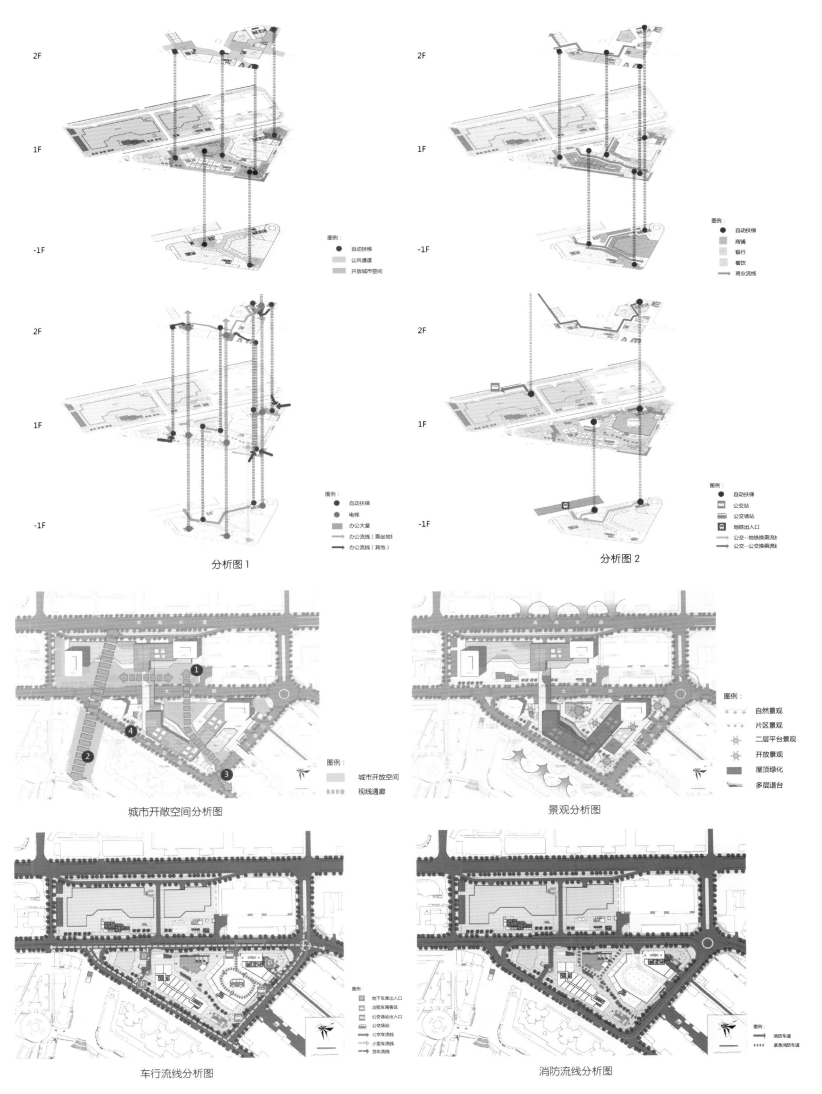

分析图 1

分析图 2

城市开敞空间分析图

景观分析图

车行流线分析图

消防流线分析图

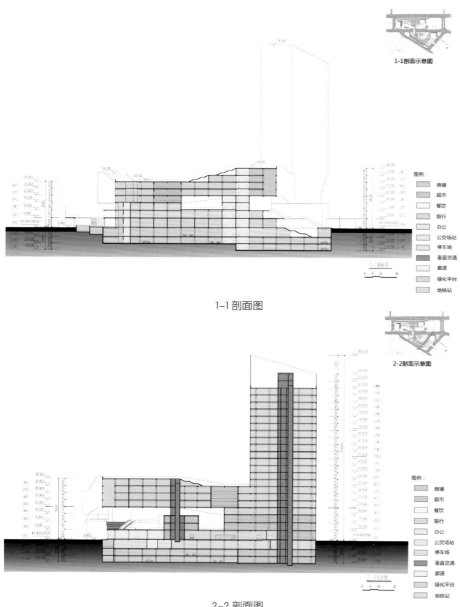

1-1剖面示意图

1-1剖面图

图例：
商铺
超市
餐饮
银行
办公
公交场站
停车场
垂直交通
廊道
绿化平台
地铁站

2-2剖面示意图

2-2剖面图

图例：
商铺
超市
餐饮
银行
办公
公交场站
停车场
垂直交通
廊道
绿化平台
地铁站

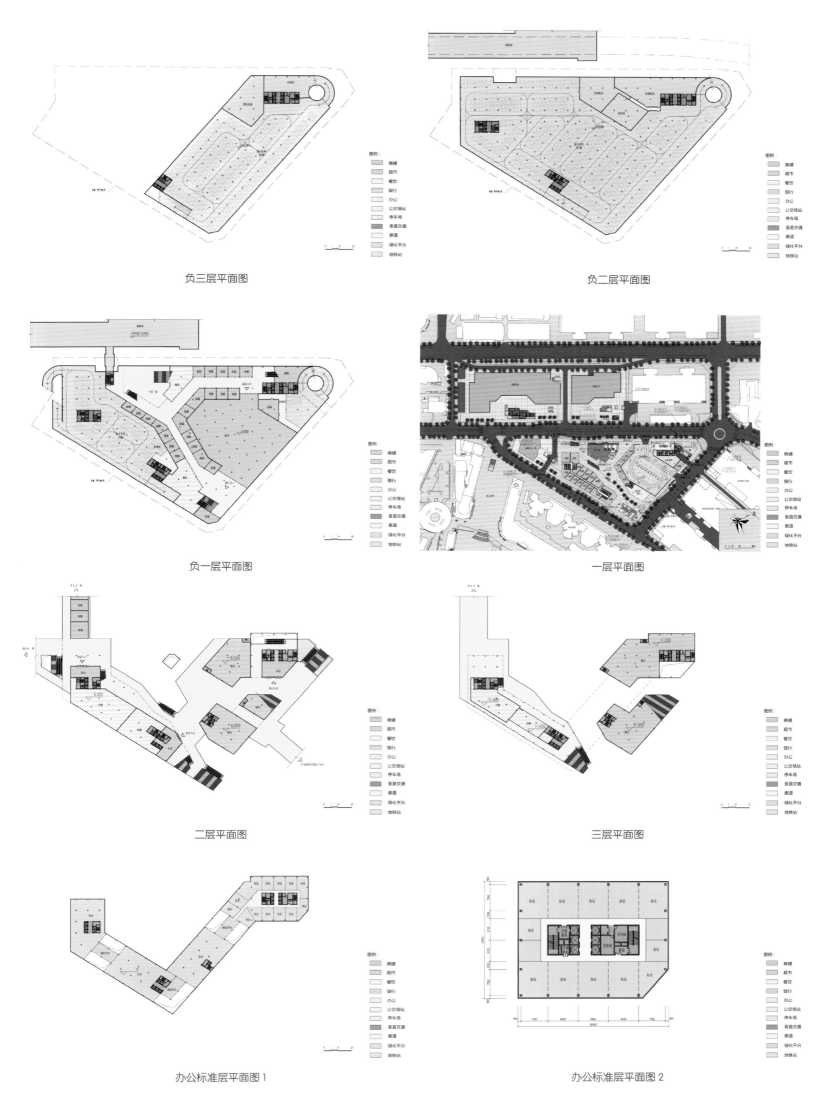

负三层平面图

负二层平面图

负一层平面图

一层平面图

二层平面图

三层平面图

办公标准层平面图 1

办公标准层平面图 2

NANCHONG CENTER
南充中心城

设计机构：深圳市西南院建筑设计有限公司
设 计 师：陈 斌、马桂真
项目地点：中国四川
项目面积：335 928 ㎡
用地面积：49 517 ㎡
容 积 率：4.75

夜景鸟瞰图

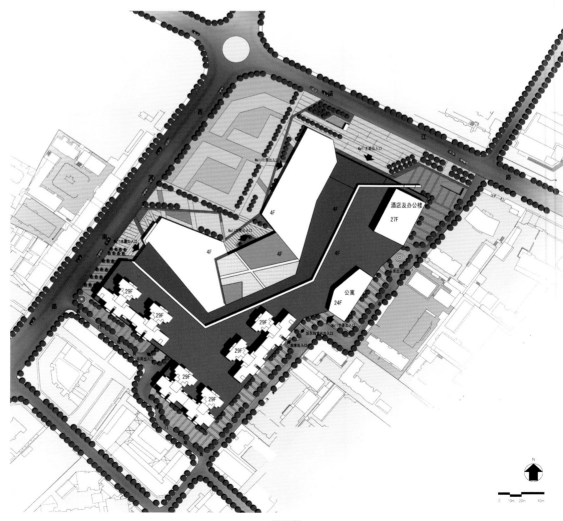

平面图

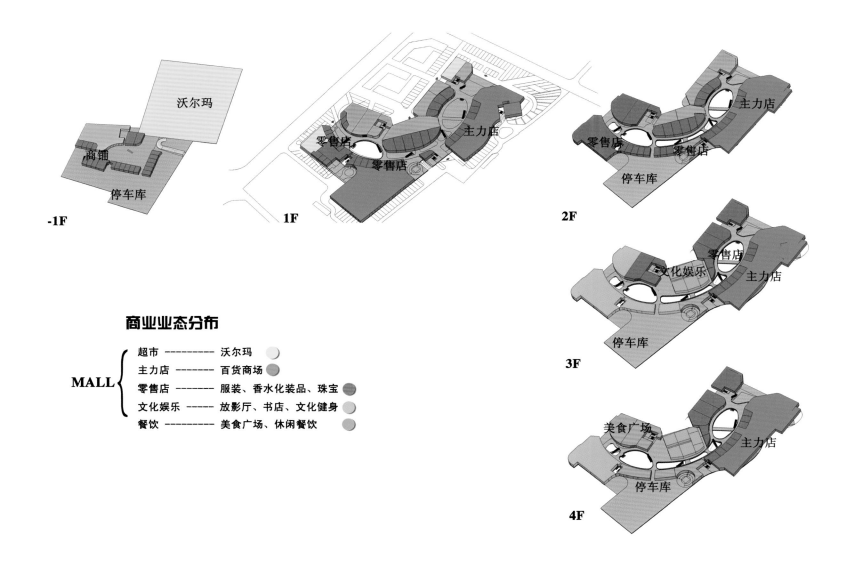

-1F

1F

2F

3F

4F

商业业态分布

MALL
- 超市 ————— 沃尔玛
- 主力店 ——— 百货商场
- 零售店 ——— 服装、香水化装品、珠宝
- 文化娱乐 ——— 放影厅、书店、文化健身
- 餐饮 ————— 美食广场、休闲餐饮

南充中心城位于中国四川，地跨 335 928 平方米。包括商业办公中心、住宅区域、娱乐休闲区域等四大主要组成部分，以及其他辅助设施，意在成为南充市集办公、住宅、娱乐、商业为一体的小型经济发展综合区。

将成为南充市的新的发展点的中心城，非常注重环境和人文的结合，文化娱乐设施是中心城着力打造的一环，力求创造出对区域乃至整个城市的人流都具有强大吸引力的娱乐经济发展地域。

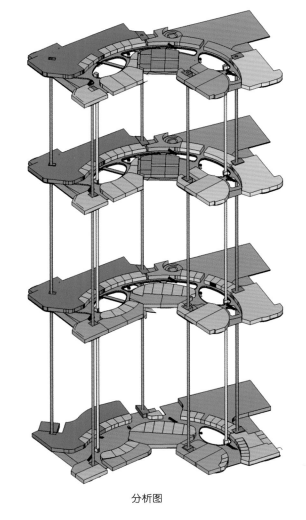

- 百货商场
- 沃尔玛
- 主力店
- 零售
- 餐饮
- 服务
- 电影院
- 电梯
- 观光电梯

分析图

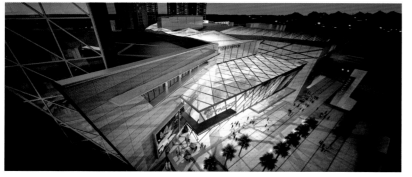

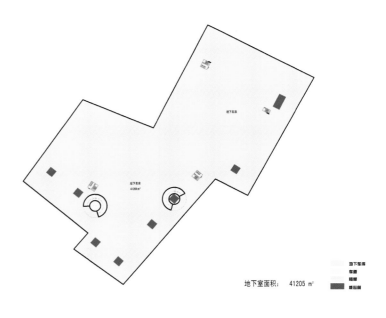

地下室面积：　41205 m²

地下室面积：　41205 m²

负二层平面图

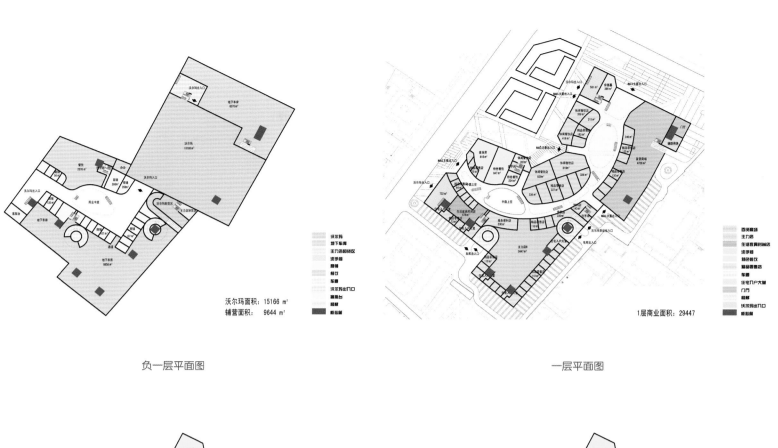

沃尔玛面积：15166 m²
辅营面积：9644 m²

负一层平面图

1层商业面积：29447

一层平面图

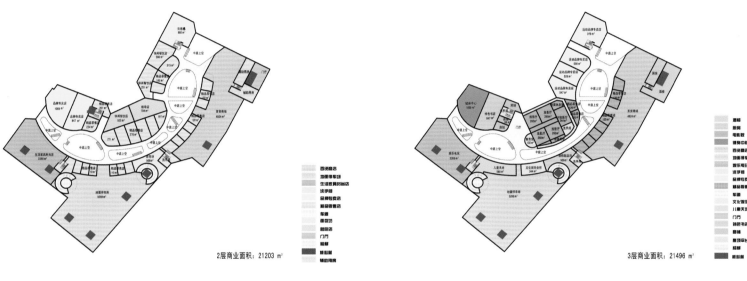

2层商业面积：21203 m²

二层平面图

3层商业面积：21496 m²

三层平面图

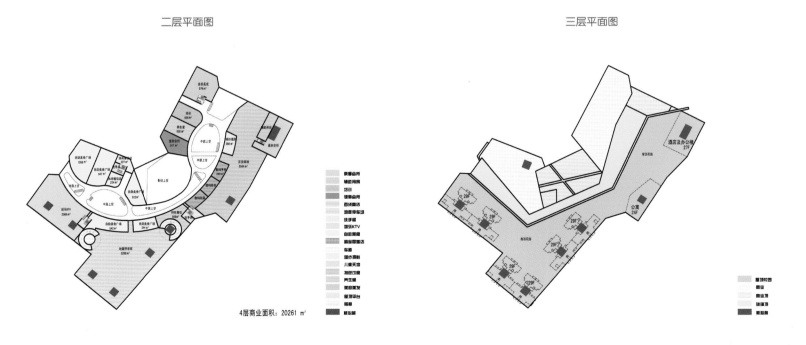

4层商业面积：20261 m²

四层平面图

五层平面图

THE XIAMEN AIRLINES COMPREHENSIVE DEVELOPMENT BASE
厦门航空综合开发基地

设计机构：香港华艺设计顾问（深圳）有限公司
项目地点：中国厦门
项目面积：68 164 ㎡

设计指标：
二、三期用地面积 31 604.57 m²
地上建筑面积 68 164 m²
其中，二期地上建筑面积 44 453 m²
三期地上建筑面积 23 711 m²
首层建筑面积 8 453 m²
商业面积 5 764 m²
覆盖率 27.03%
容积率 2.0

总平面图

本项目地处厦门岛东北角的高崎国际机场附近。基地虽不属闹市区，但却是大厦门整体规划的中心区域。该处交通便利，视野开阔，环境优美，与拥挤喧嚣的市中心区域相比，有其独特的地理优势。

1. "围合式的庭院建筑布局"。该项目依靠自身成"势"吸引市场，弥补周围地区开发不成熟所带来的不足。利用围合式布局将二、三期建筑体量进行分解和重组，使其形成一个小型建筑群体，营造出项目自身气氛，充分造势，吸引市场。同时，内向型的围合式布局很好地形成内敛、平静、高尚的氛围感。

2. "板式主裙楼有机结合"。设计师利用项目容积率较低的优势，将主裙楼都设置为板式体量，有效利用足够面宽，为大、中、小单元的灵活重组提供优质条件。同时将主楼位置相互错开，保证了每栋主楼都有良好的视野，最大化地利用了基地内外景观。而裙楼则更多考虑和内院的接地处理，通过高低、架空、退让的处理方式，营造了一个尺度适宜的建筑群体空间。

3. "可生长型的分期建设"。方案中人行动线及中心庭院都可以沿一二三期顺序"生长"，保证后期建设的协调与融合，同时交通系统也能纳入到统一体系中，共同形成服务于整体项目的流线体系。

4. "灵活单元划分重组"。作为以租赁性质为主的办公楼建筑，设计师在方案中设置出更为灵活的办公单元面积划分和重组模式。以最经济的垂直交通和水平交通的设置，获得以小面积单元为主，兼具不同面积规模的灵活性办公模式，能最大限度地适应多样化的市场要求。

5. "经济价值性能"。方案通过对二期设置半地下停车、三期设置架空停车和地下停车的方式，一方面有效缩减车库的建造费用，另一方面，以一个低成本的方式为基地内提供了一个立体园林。从总体布局设置与单体灵活设置两方面，使建筑物对灵活多变的市场需求保持足够的敏感性及适应灵活性，以确保项目在未来的市场竞争中具备足够的潜在竞争优势。

从一期项目看3#楼

2#楼沿街仰视

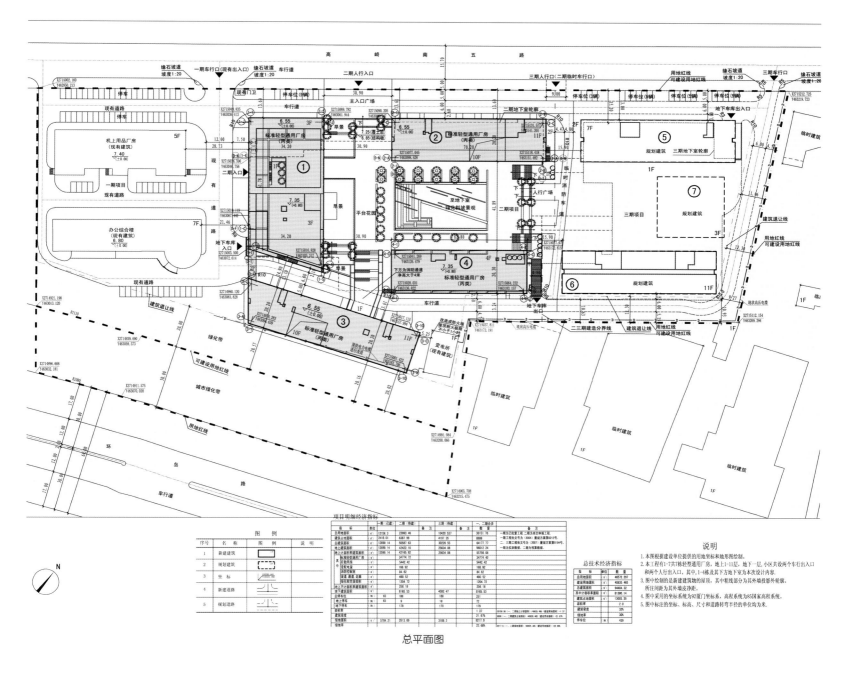

总平面图

说明
1. 本图根据建设单位提供的用地坐标和地形图绘制。
2. 本工程有1-7共7栋轻型通用厂房，地上1-11层，地下一层，小区共设两个车行出入口和两个人行出入口，其中，1-4栋及其下方地下室为本次设计内容。
3. 图中绘制的是新建筑物的屋顶，其中粗线部分为其外墙投影外轮廓，所注间距为其外墙皮净距。
4. 图中采用的坐标系统为92厦门坐标系，高程系统为85国家高程系统。
5. 图中标注的坐标、标高、尺寸及道路转弯半径的单位均为米。

URAL BUILDING AND PLANNING
文化建筑及规划

GUANGZHOU MUSIC CENTER
广州音乐基地

设计机构：AECOM
项目地点：中国广州
客　　户：广东飞晟投资有限公司

平面图

▶

萝岗新星：国家音乐基地位于萝岗区科学城东部，东北环山，西侧临水。河水蜿蜒向南，与珠江汇流。

基地位于开源大道与伴河路交汇处，西侧隔路是万科东汇城 720 000 平方米宏大的楼盘，南面为医疗、科技、研究型高新企业基地，周边更配套有大规模的公共设施以及日益完善的轨道交通。加上国家对本项目的大力扶持和飞晟集团的倾情投入，这一切都孕育着一个新的城市亮点——萝岗璀璨的新星。

国家音乐基地：飞晟国家音乐基地是由新闻出版总署批准挂牌的三个国家级音乐产业基地之一，已获得国家新闻出版总署颁发的互联网出版许可证。它将成为国内最大的音乐创意和产品生产基地，成为培养人才、吸纳资金、吸引海外创作团队合作的大平台。

基地是文化产业链贯通的综合性产业园，以原创内容为主体，以数字交易平台为引擎，是终端结合的三合一产业园。它将以独特的产业形态来推动音乐产业的发展。广州音乐基地将承办"中国音乐金钟奖"等国家级的文化盛会。

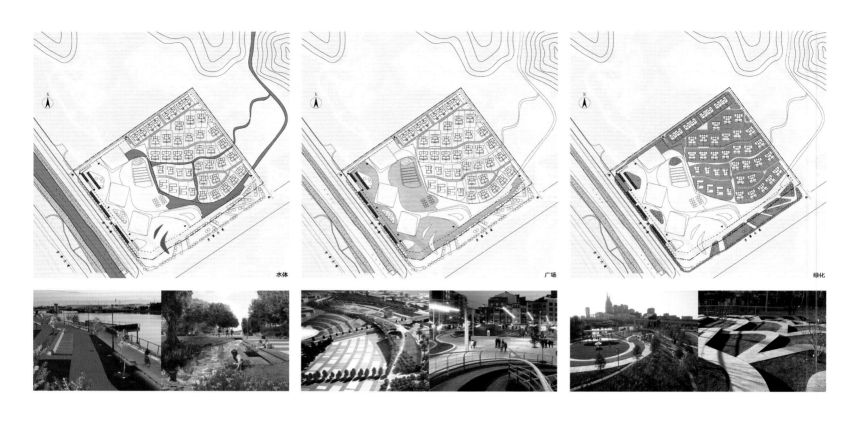

水体　　　　　　　　　　　广场　　　　　　　　　　　绿化

▶

音乐之园，创意之园：园区的灵魂，音乐的创意。

园区将打造为功能完整、特色突出、多元发展、上中下游产业链贯通的音乐专业服务平台，集聚海内外的音乐人才和产业资源，创造一种以音乐原创、演艺、岭南文化、培训和交易为特色的产业集聚区新模式，使其成为拉动广东和全国音乐产业链的创意源头、服务平台和传播中心。

园区将建设音乐原创、数字演艺中心、音乐交易平台、岭南文化、飞晟杯原创音乐大赛、音乐培训、旅游体验七大主题馆。

基地肩负着传承岭南悠久的文化与培养音乐新人的使命。

该基地将与星海音乐学院等专业院校建立产学研合作关系，搭建歌手与音乐制作人的合作平台，还将创建原创音乐大赛，设奖励基金，令广东再现"孔雀东南飞"的盛况。

打造中国音乐剧之都，成为培训音响、灯光、舞美、化妆、布景、舞台设计等现场演出产业人才的黄埔军校；打造岭南特色现场演出精品剧目，撬动音乐基地的影响力，激发活力，使其成为广州名片。

青山环绕的园区，经一条溪水分割为东西两部分，溪之左为大师工作室，错落于坡地上，竹林相间，溪水相伴，这些工作室都是具有岭南文化特质的院落，是一座座独立的创意空间。溪之右为创意音乐园与岭南文化园，整体形象充满流动感，像舞动的长袖，又像盛开的百合，谁不知"建筑是凝固的音乐，音乐是流动的建筑"？又有谁不晓伯牙与钟子期的传说、"巍巍乎志在高山"和"洋洋乎志在流水"的情怀？国家音乐基地正是建设在这样宝贵的区域内，让音乐与建筑、创意与山水在此交融。

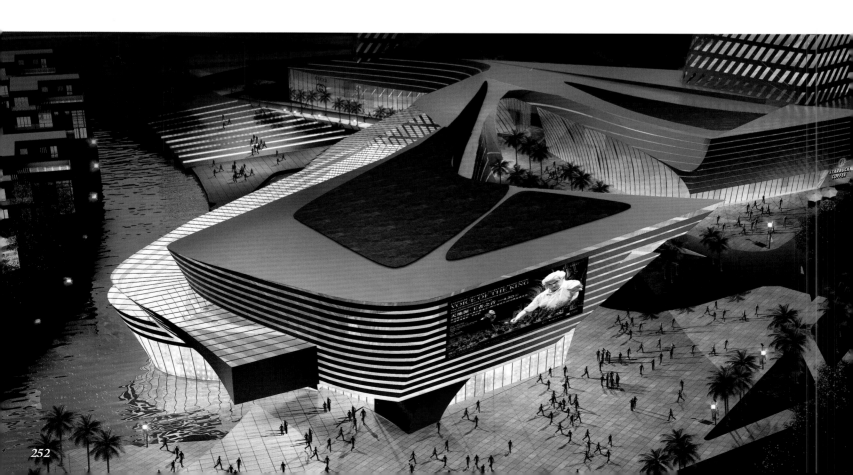

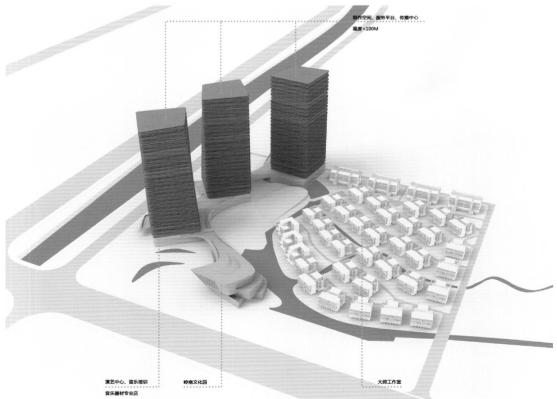

大师工作室——为音乐、书法、绘画、动漫、收藏、雕塑、摄影、设计、工艺美术等艺术家打造的独立创作室。共 20 栋底层建筑，提供 61 套独立创意空间。

岭南文化园——基地和广东省文联合作，建设"岭南文化园"，创立一个岭南派的书画创作展览交易中心和广东的传统工艺品展览交易中心。面积为 5 500 平方米，相对独立，集中举办音乐主题的展示与沙龙的展示收藏。

创意音乐园——包括三栋数字大厦及裙楼，内设数字出版物传播平台、中国 3D 视频基地、数字演艺中心和创作中心等，首层临街环绕入口广场集中设置影音与艺术品专业店。全区功能彰显"音乐"的主题性。

立面图

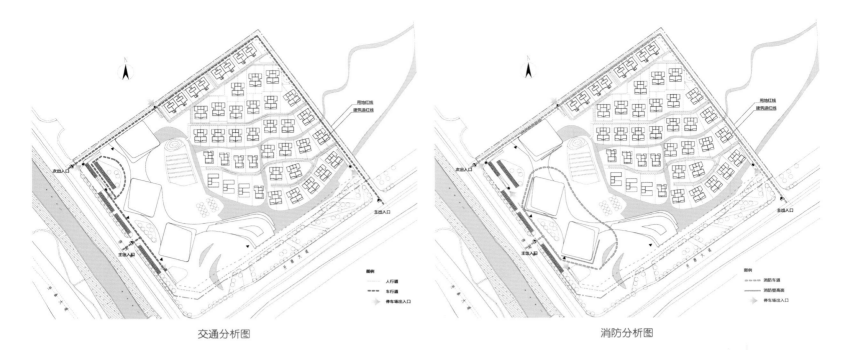

交通分析图　　　　　　　　　　　　　　　　消防分析图

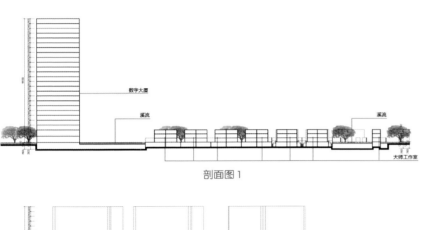

剖面图 1

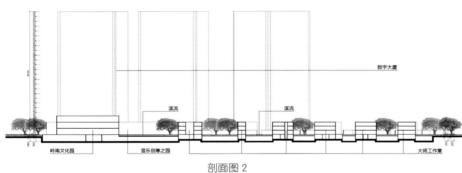

剖面图 2

活力、都市广场：园区不是曲高和寡的专业机构，而是开放的、与植树公园融合的、与萝岗区的都市生活融合的活力的都市广场。基地的七大主题除音乐原创与交易平台外，均与周边城市生活的服务配套。

园区公共空间主要包括中央音乐广场、伴河广场、园区入口广场等三处开放空间，西南方向均全天候向社会开放，并设想东北方向开放给植树公园。

山水之园：当园区与植树公园融合，它将成为连接都市与自然的纽带。植树公园环绕基地，占地 1350 亩，是全国首个全民义务植树公园，彰显着返璞归真、自然生态的森林文化特色。该公园是以植树纪念为主体，融入自然休闲特色的专项公园。

它使人想到深圳的莲花山，它们的自然条件得天独厚，却都因为业态单一而缺少活力与使用效率，而欢乐海岸在开阔的水面这仅有的资源基础上，目前仅在演艺中心增加了休闲餐饮，每天傍晚便人山人海。

植树公园山体汇水中央形成湖泊，清晰的痕迹显示，湖水满时形成溪水，蜿蜒自东北穿行基地，汇入西侧河流，是令人感动的自然脉络。

设计师心中怀着美好的愿景，设想与相邻地块协调，与公园协调，共同将这条天然的溪水修复，让山体公园之汇水流入珠江，也令片区的市民伴溪而行，伴乐而行，走过基地，走入自然。

一层平面

三层平面

二层平面

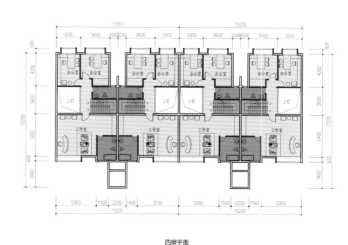

四层平面

大师工作室平面图

图例

办公空间

公共空间

办公核心筒

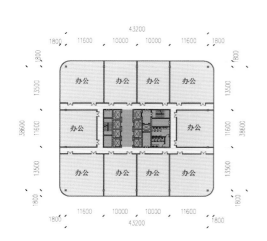

办公三层平面

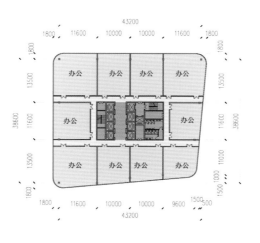

办公标准层平面

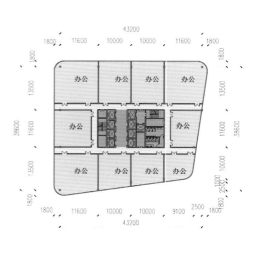

办公顶层平面

办公室平面图

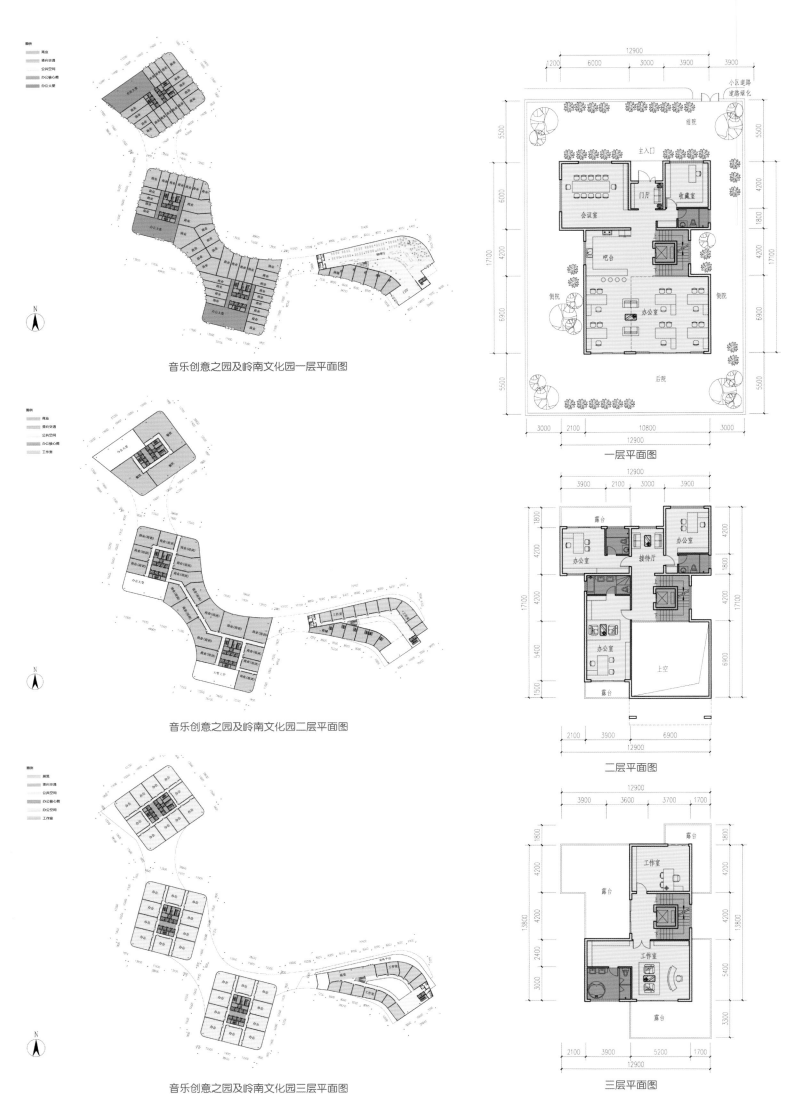

音乐创意之园及岭南文化园一层平面图

音乐创意之园及岭南文化园二层平面图

音乐创意之园及岭南文化园三层平面图

一层平面图

二层平面图

三层平面图

一层平面

二层平面

三层平面

一层平面

二层平面

三层平面

大师工作室平面图

DONGGUAN VOCATIONAL EDUCATION CITY
东莞职教城

设计机构：孟建民建筑研究所建筑创作中心
项目地点：中国东莞
用地面积：754 666.67 m²
总建筑面积：435 900 m²

东莞职教城位于东莞市横沥镇，用地北侧以湿地生态园隔断东部快速路，西侧临禾田路，东南侧临水边路。职教城由理工学校、技工学校、实训基地以及共享中心构成。总用地面积为1132平方米，总建筑面积为435 900平方米。

通过对项目的定位与用地特点的分析，规划对校园与城市、校园与自然，以及如何突显大学城自身特色等几方面进行了综合考虑，我们有针对性地提出以下几个设计目标作为规划的切入点：

1. 顺应职教城的发展趋势，将东莞职教城打造成为资源共享、城校互动的共享之城。
2. 通过前瞻性的总体规划，紧凑布局，节约用地，为未来校园发展预留空间。
3. 创造一个功能合理、尺度宜人、促进学科交融的新型"现代书院"模式。
4. 引入生态湿地概念，营造绿水环绕、安静舒适的诗意校园空间环境。
5. 全方位贯彻绿色生态理念，使得东莞职教成为节能、低碳、环保、经济适用的"绿色人才培养基地"。

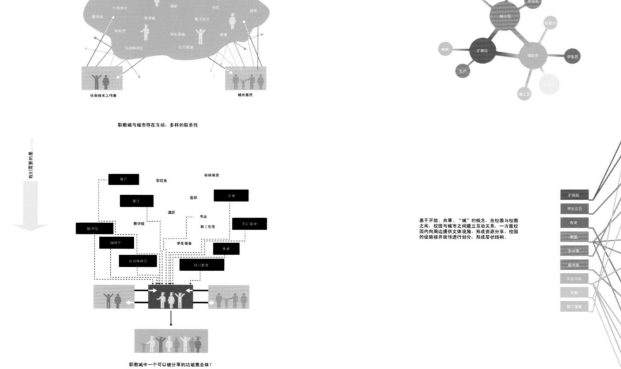

分析图1

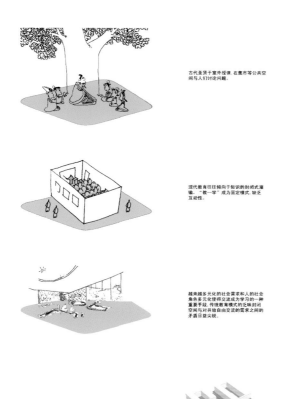

古代圣贤于室外授课，在集市等公共空间与人们讨论问题。

现代教育往往倾向于知识的封闭式灌输，"教—学"成为固定模式，缺乏互动性。

越来越多元化的社会需求和人的社会角色多元化使得交流成为学习的一种重要手段，传统教育模式的实体封闭空间与对开放自由交流的需求之间的矛盾日益尖锐。

现代书院
多功能复合空间
功能分区明确
注重空间的交流

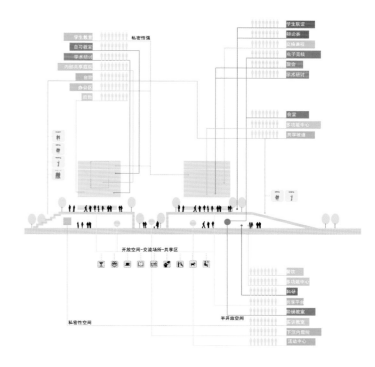

现代书院：教学功能综合体

教学实训组团底层以街道、庭院、公共服务空间，结合大规模班数的大教室、大车间，联系各院系的二层平台，产生立体化的步道与空中庭院，也为各院系提供交流媒介，促进了学科交融。上部空间过滤了地面的繁杂干扰，通过平台上的教学、实训、办公空间布置形成校园的一片静区，形成一种有层次、立体多元的教学空间体系。

分析图 2

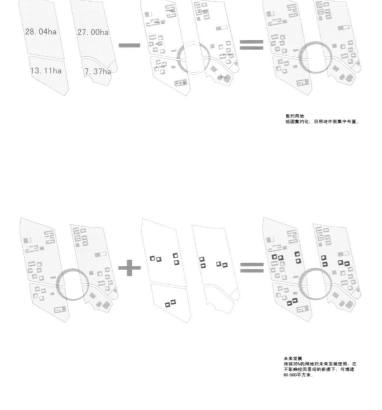

28.04ha 27.00ha
13.11ha 7.37ha

集约用地
组团集约化，沿用地外围集中布置。

未来发展
预留35%的用地归未来发展使用，在不影响校园景观的前提下，可增建60 000平方米。

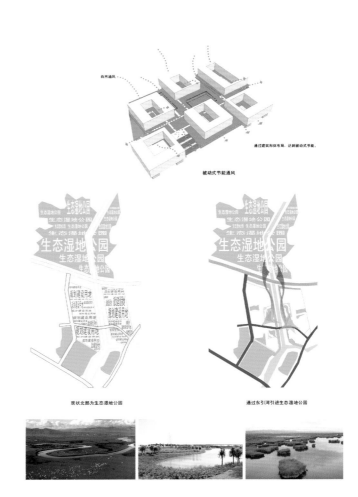

自然通风

通过建筑形体布局，达到被动式节能。

被动式节能通风

现状北部为生态湿地公园

通过东引河引进生态湿地公园

分析图 3

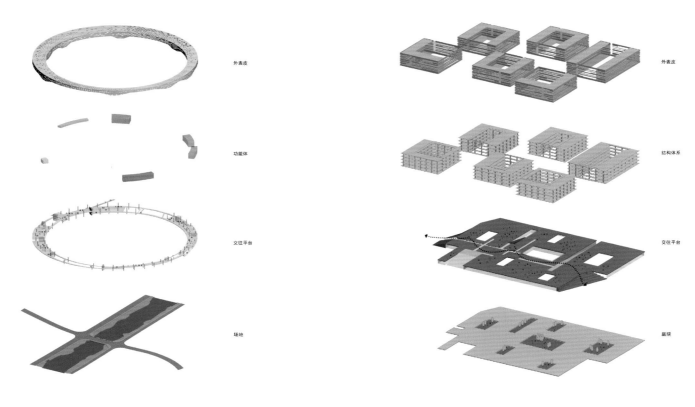

分析图 4

▶

共享之城，开放互动

    职教城的发展趋势将更强调共享性、开放性，提供更有自由活力的校园交流场所。在如何保留校园独立性的同时，又达到校园间功能与空间的聚合强化以及大学城的共享性，成为规划主要思考的问题。

    项目用地被河道和道路分为四区，削弱了各校园的有效联系。

    规划通过横跨东引河的复合共享环将四个区联系起来，共享环内设置步行空间、自行车空间与不同性质的公共交往空间，增强各区的联系。

    环围绕的区域形成职教城的中心绿核，各校园的教学区、实训区、办公区、宿舍后勤区、体育休闲区、共享区围绕复合共享环外自由布置，形成职教城外围的"功能带"。

    功能组团与共享环之间形成了公共空间绿带，在各区间形成景观空间渗透，这也形成了各校园的核心景观。

    整个规划结构以复合共享环为纽带，在职教城内形成中心绿核、复合共享环、公共空间绿带及功能带，逐层扩散城市规划结构，达到了空间与功能上的双重共享，增强了校园间的聚合，大大提高了校园间的互动。

集约组群，预留发展

    东莞职教城在加强联系的同时又保持各区功能的独立性与合理性。

    理工学校、技师学校、实训基地和共享区沿职教城路和水边路布置主出入口，沿东引河路与禾田路布置各次入口。各区内实行严格的人车分流，为校园生活带来了人性化的步行空间体系。

    教学区、实训区、办公区与共享区内的体育馆、影剧院、图书馆沿职教城路布置，便于形象展示。宿舍区临东引河布置，有良好的湿地景观视野。体育区与宿舍区相邻，利于师生活动休闲。

    各功能区采用大疏大密的方式，紧凑式地沿用地外围布置，节约用地，提高土地使用效率。整个职教城预留了 35% 的用地，未来在不影响校园环境的前提下，可增建 60 000 平方米的建筑。

生态湿地，绿色校园

　　职教城北部为生态园的湿地景观，规划将改造东引河延续生态湿地的概念，沿东引河建设滨水步行带，同时从东引河将水系与湿地引入各校园内，在职教城内形成延续的环状水体景观。

　　校园内以水体景观展开，形成面向功能组团的富有层次的景观空间，并结合一系列广场、活动场地、亲水平台、地景小品、漫步道、步行桥等创造出与绿化环境紧密相融的步行空间。从规划布置的模式上强调了景观、步行优先以及以人为本的原则，为师生创造出一片绿意盎然的亲水校园环境。

绿色理念，节能低碳

　　设计以东莞市气候特征为主线，全方位贯穿绿色建筑的思维，运用被动式节能等策略达到绿色建筑的低成本，打造低碳绿色校园。

　　规划中引入湿地景观，实现对校园环境的降温功能；建筑组团以大量的架空层、庭院、天井、平台等灰空间，采用内外庭院结合的方法有效组织气流，合理调节组团的微气候，形成宜人舒适的校园空间。通过形体布局这种被动式节能，大大地降低了绿色建筑的成本。

　　建筑单体大量利用遮阳板，防止太阳辐射和避免产生眩光，有效降低空调能耗的同时形成富有光影变化的建筑立面效果；宿舍楼屋顶设置太阳能光热系统，满足学生热水需求。

　　采用区域雨水收集系统，用于绿化浇灌、道路清洗等；通过多种措施的运用，努力营造一种绿色生态、节能低碳、具有前瞻性的绿色校园环境。

DONGGANG SCHOOL
东港中学

设计机构：深圳机械院建筑设计有限公司
设计团队：王 禾、李永恒、王文勇、邓宏义
项目地点：中国深圳
项目面积：28 000 m²
用地面积：27 000 m²

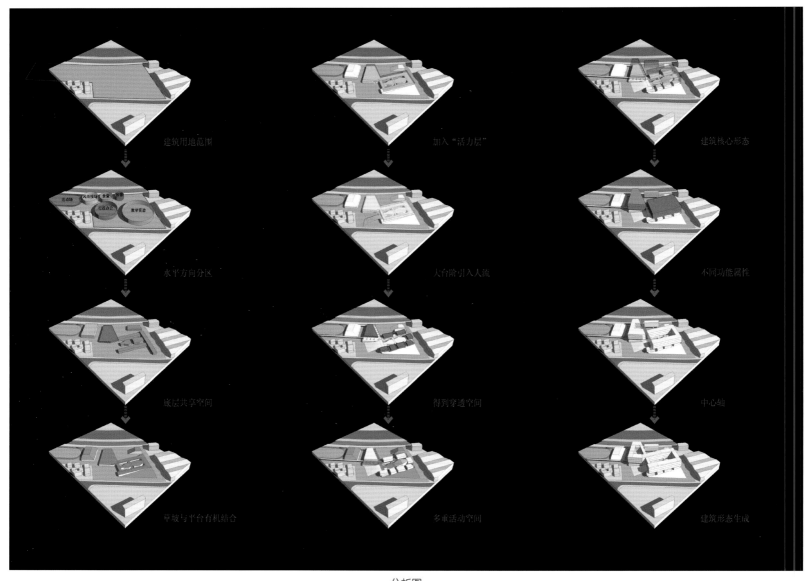

分析图

▶

　　项目用地位于深圳盐田区盐田港后方陆域，东北临盐田河和北山道，西北临永安路，西南面为朝阳围村和规划道路，规划道路何时实施难以确定。用地呈"L"形，地势平坦。在这里，三面环山，一面向海，风景旖旎，阳光和煦，有利于建造出一所具有独特魅力的中学。

　　考虑到该场地原先为厂房用地，由于城市的发展，地块功能进行了转换。这种转换必然带来新的城市功能与周边界面的不协调，诸如：大量卡车通行的北山道和永安路、杂乱的朝阳围村、厂房以及7米高挡土墙等不利因素对学校的影响。另外，体育用地占地面积大，功能布局受到很大的制约。

　　规划的东港中学为一所有36个班、1 800个学位的初级中学。鉴于用地呈现出优美的景观和周边杂乱两种截然不同的特性以及用地的局限，设计师重新梳理了学校的功能，将地块垂直划分为两段：上段面向远处的连绵山景，下段是具易达性的共享配套区。作为学校建筑，我们在建筑中间加入了"活力层"，以此提供一个互相交流与学习的场所。这样，就形成了垂直划分成三段的建筑形式。

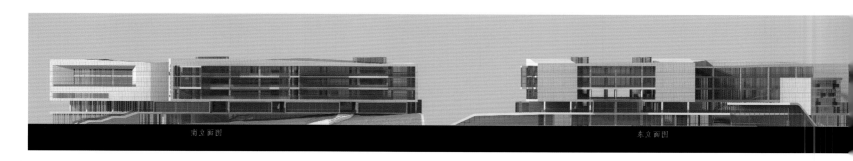

南立面图　　　　　　　　　　　　　　　　　　　　　　　　　　　东立面图

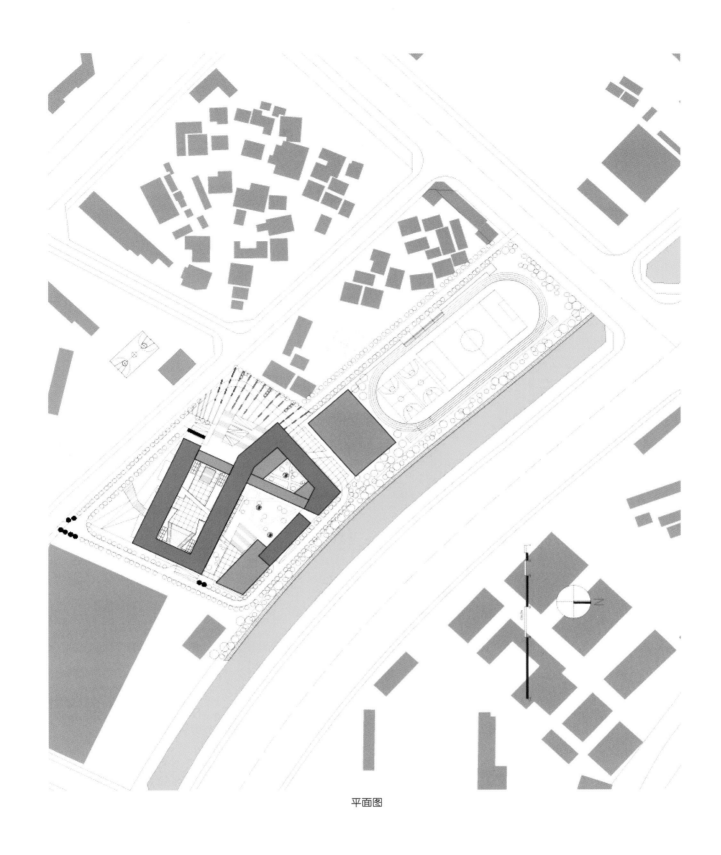

平面图

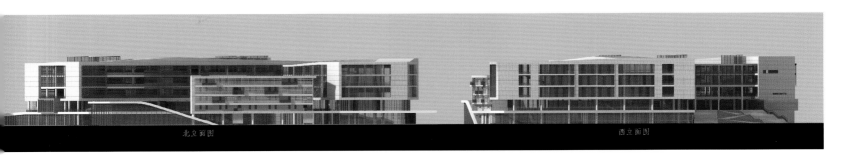

北立面图　　　　　　　　　　　　　　　　　　西立面图

▶

共享配套区：下段公共配套区包括体育场地、食堂和实验室等，这段是使用者最易达到的区域。在这里，建筑师既要利用其公共开放的便利，又要规避其被周边界面挤压的城市属性。我们以数片绿色草坡与活动平台的有机组合覆盖下部空间，既延续了周边山景的城市印象，又呼应了学校的青春活力。这些草坡均衡分布于建筑的各个角落，既形成了统一的建筑形象，又为中段的"活力层"提供了更多元化的活动场所。

"活力层"：现代教育不再局限于过往形而上的教学模式，更注重以学生的活动为中心的教育方法。因此，如何提供与激活一个文化交流的场所，不单是建筑本身的功能问题，更是一个涉及教育领域的社会问题。为了提供这样一个场所，我们在建筑的中段加入了"活力层"这一概念，并通过入口的大台阶将学生人流快速地引到"活力层"。"活力层"整层架空，这样，既能快速地识别出各区域，又能便捷地达到，同时也为建筑内部赢得最大的自然通风，这也是对当地湿热气候的一种改善措施。另外，电教、多功能等公共性较强的以及美术、音乐、舞蹈等能体现个性的教室布置于此，并为学生提供了大平台、草坡、大台阶等多种活动空间，以此激活这里的文化交流活动，最终达到课堂以外相互学习的目的。

建筑形态核心区：地块周边空旷，远处山景一目了然，建筑上段既是资源景观的主要享用者，又是建筑在城市中形象的主要体现者。上段功能包括教室、办公与宿舍三块。其中，教室部分提出了"三个班一组，一年级一层"的高效布局方式；办公部分由行政、办公与图书馆分层围绕中庭布置；这两部分又通过一条交通轴串联。同时，通过构成手法的融入，形成了一条"8"字形的纽带，隐喻着学校办公与教学之间既相互独立又紧密联系的关系，并且衍生出流畅、优雅的建筑形态，而且产生了多种不同功能的庭院空间。此外，在"纽带"上加入了遮阳百叶，不但能活跃建筑形象，又再次对当地湿热气候进行局部改善。另外，为了最大程度地利用建筑空间与自然景观，我们通过一处大台阶将人流引向建筑屋顶。

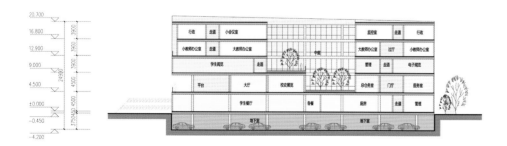

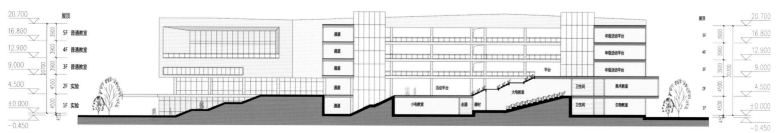

立面图

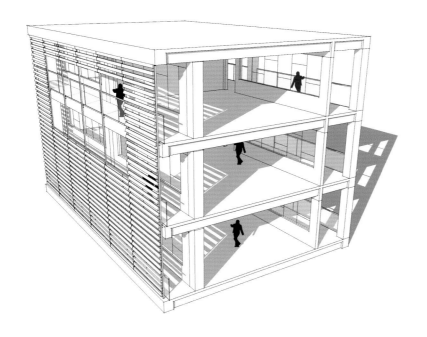

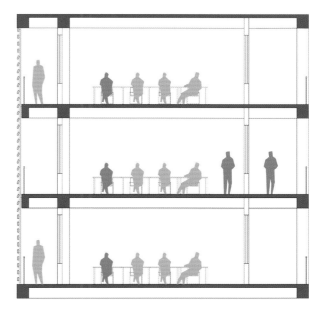

立面图

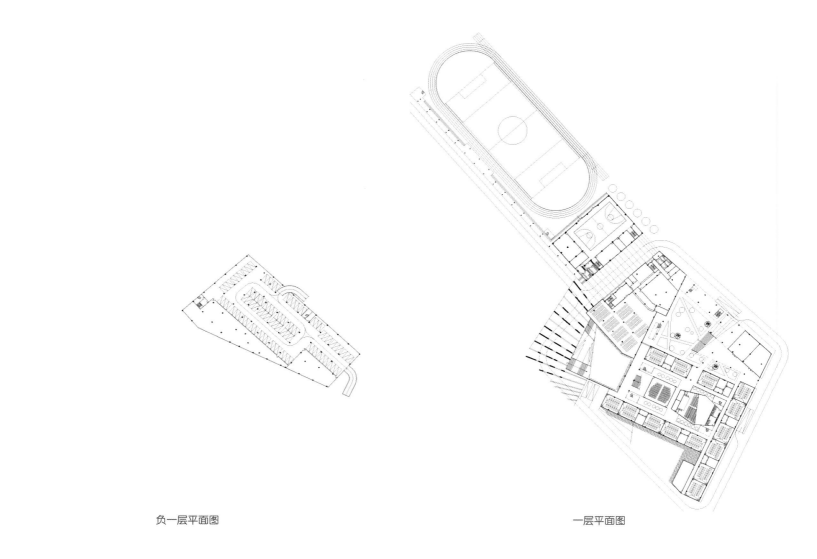

负一层平面图

一层平面图

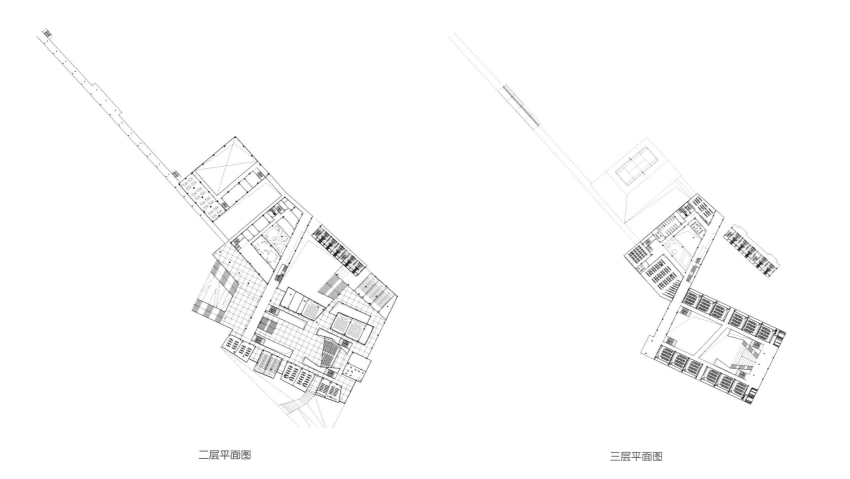

二层平面图

三层平面图

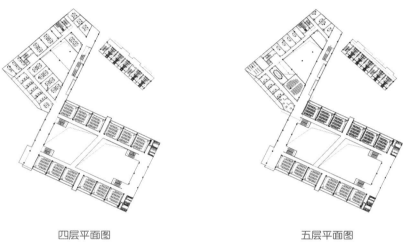

四层平面图　　　　　　　　　　　五层平面图

SHENZHEN NO.6 HIGH SCHOOL
深圳市第六高级中学

设计机构：深圳市新城市规划建筑设计有限公司
设计团队：何建恒、毛 俊
项目地点：中国惠州
项目面积：79 000 m²

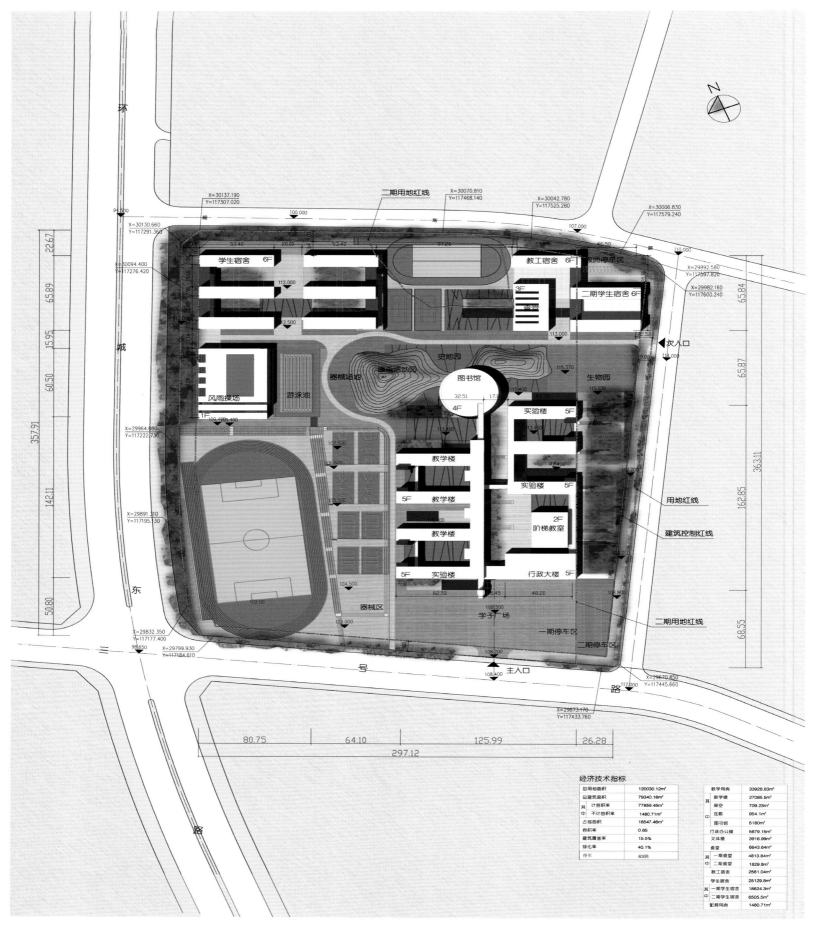

経済技術指標

总用地面积	120030.12m²
总建筑面积	79340.16m²
其中 计容积率	77859.45m²
不计容积率	1480.71m²
占地面积	18547.46m²
容积率	0.65
建筑覆盖率	15.5%
绿化率	40.1%
停车	63辆

教学用房	33928.83m²
其中 教学楼	27085.5m²
架空	709.23m²
连廊	954.1m²
图书馆	5180m²
行政办公楼	5679.15m²
文体楼	3916.99m²
食堂	6643.64m²
其中 一期食堂	4813.84m²
二期食堂	1829.8m²
教工宿舍	2561.04m²
学生宿舍	25129.8m²
其中 一期学生宿舍	18624.3m²
二期学生宿舍	6505.5m²
配套用房	1480.71m²

总平面图

深圳市第六高级中学位于深圳市龙岗坂田片区，总用地面积为 120 030.12 平方米，拟建建筑面积为 79 410 平方米。

基地东侧为发展备用地，南侧、西侧均为一类工业用地，北侧为电力设施用地与防护绿带；地块周边分别为城市主干道环城东路、次干道三号路以及北侧与东侧的两条城市支路。

基地现状均为山地，与周边道路标高相差较大。

基地将规划建成 75 个高中班，项目建成后提供高中学位 3 750 个，包括教学区、宿舍区及运动区等三大功能区，主体建筑有普通教学楼、综合教学楼、行政办公楼、文体楼、学生宿舍以及食堂等配套服务用房。

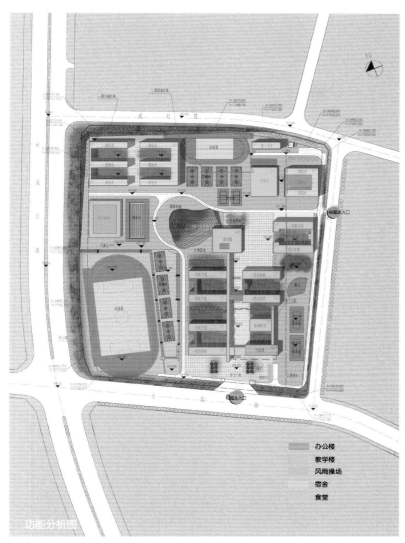

图例：

■ 办公楼
□ 教学楼
风雨操场
宿舍
食堂

功能分析图

━ ━ ━ 人行流线
═══ 车行流线

交通分析图

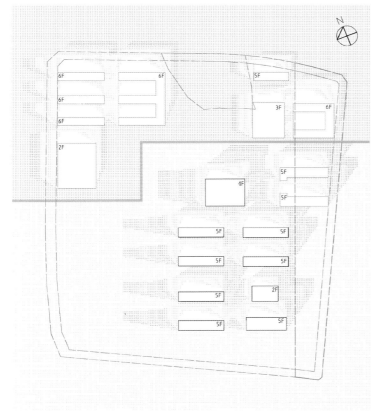

学校日照满足国家标准。
国家标准——深圳日照
1. 连续日照
1. 连续日照
2. 日照时间标准：120分钟
3. 日照分析时间：1月20号 大寒日（教学）
4. 日照时间标准：180分钟
5. 日照分析时间：12月22号冬至日（宿舍）
6. 有效日照时间：8：00至16：00
7. 光线与墙面的最小方位夹角：0.0度

图例：
□ 0小时 □ 1小时
□ 2小时 □ 3小时
□ 4小时 □ 5小时
□ 6小时 □ 7小时
□ 8小时

日照分析图

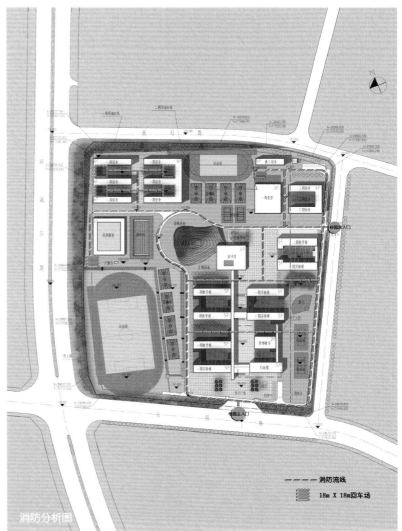

━ ━ ━ 消防流线
18m X 18m回车场

消防分析图

▶

　　本案提出"乐空间"的设计思想。"乐空间"即创造"乐真，乐群，乐学"的校园环境。"乐真"——尊重自然环境，与城市和谐共生；"乐群"——着重整体空间设计，创造特色鲜明的空间形象；"乐学"——强调建筑细节的人性化设计，增强校园的趣味性。

　　整个校园分为教学区、生活区和运动区三大部分，功能分区明确。运动区布置在用地的西南部，一方面作为开敞空间向城市开放，另一方面阻隔了城市干道对教学区及生活区的噪音干扰。教学区布置在用地的东部，通过设置绿化带及室外广场，最大限度减少发展备用地进行高强度开发时对教学区的影响。生活区布置在用地的北部，与城市绿带相邻，环境幽雅，远离噪音较大的城市干道交叉口。整体建筑以南偏东摆放，有利于向城市展示学校的良好形象。规划利用基地的现状资源，保留地块内最高山体并加以修整。"行政教学区"包括行政楼、教学楼、实验楼、图书馆等。行政办公楼位于入口广场，与教学楼连成一体。教学楼布置在校园绿化主轴的西侧，实验楼布置在主轴的东侧。图书馆布置在校园的中心部位，与各个功能区域通达便捷。"体育运动区"包括 400 米运动场、200 米运动场、风雨操场、泳池及球类活动场地等。"生活服务区"布置在学校北端，由学生宿舍、教工宿舍和食堂组成。食堂布置于一、二期学生宿舍与教学区之间的中心位置，方便师生就餐。校园交通遵循人车分流的原则，在用地东侧、南侧设置机动车道，沿路布置两处集中的停车区域，教师通过入口广场直接进入行政楼，学生由学校主轴线进入教学楼、实验楼及图书馆，车流路线与人流路线不交叉。

后勤服务货流从次入口直接进入生活区，避免了对教学区的干扰。

整体布局上，强调围合与开放的多层次空间关系。

建筑规划采用组团化的空间组织形式，教学楼采用半开放布局方式围合成独立的内庭院，形成几个具有不同领域空间的景观中心。学生宿舍楼也围合成各自开放的庭院，各组团间为贯通的轴线空间，空间相对开放，通过视觉通廊的手法紧密连接学校各部分。

交通组织上，通过入口广场、局部双层架空系统进行组织，主入口设置在三号路上，人行流线经入口广场进入校园，老师从东北进入行政办公楼，学生则经北向交通主轴分别到达教学区、生活区，向西进入运动区。通过利用高差设置的连廊系统将各功能区域紧密联系在一起。空中连廊、底部架空、台阶及垂直交通使师生能够不受天气影响，快捷地到达学校各处，真正让空间形态与交通组织形成优质、高效的校园体系。车行流线分别从南侧与东侧进入校园，沿学校教学区外围校道可到达教学区、办公楼和生活区，避免对内部人员及教学活动造成影响。

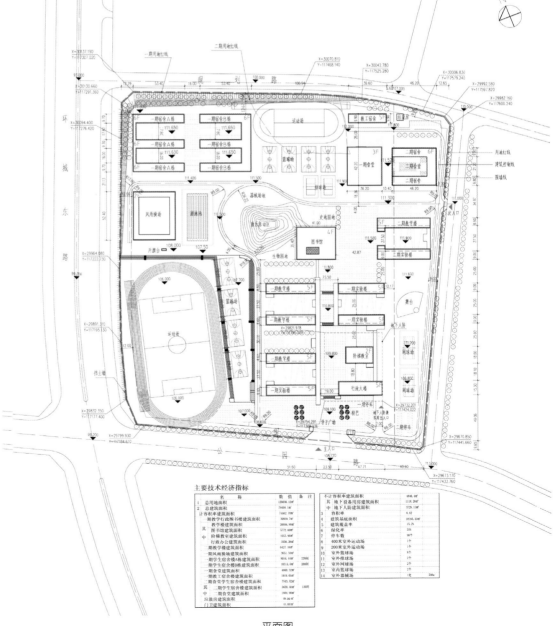

平面图

LONGGANG LANZHU SCHOOL
龙岗兰著学校

设计机构：深圳市新城市规划建筑设计有限公司
设计团队：何建恒、毛 俊
项目地点：中国深圳
占地面积：50 200 m²
项目面积：27 000 m²

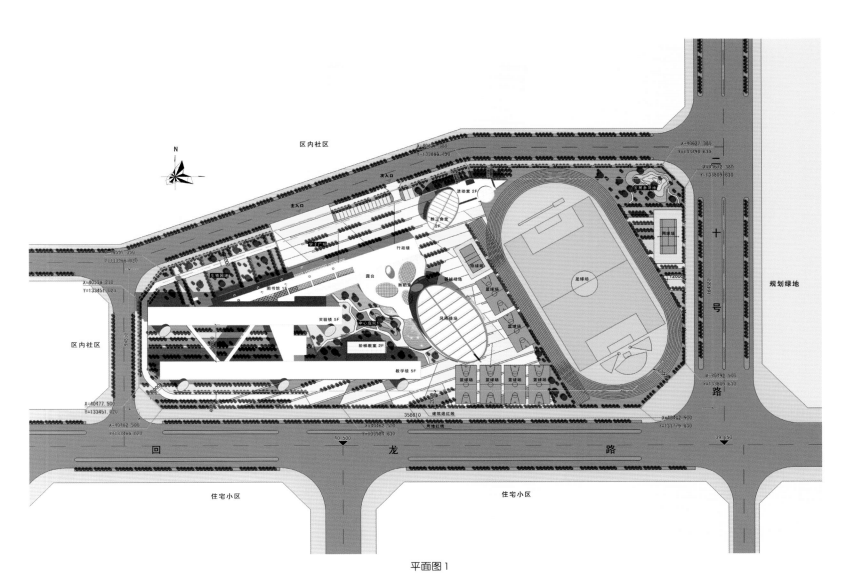

平面图1

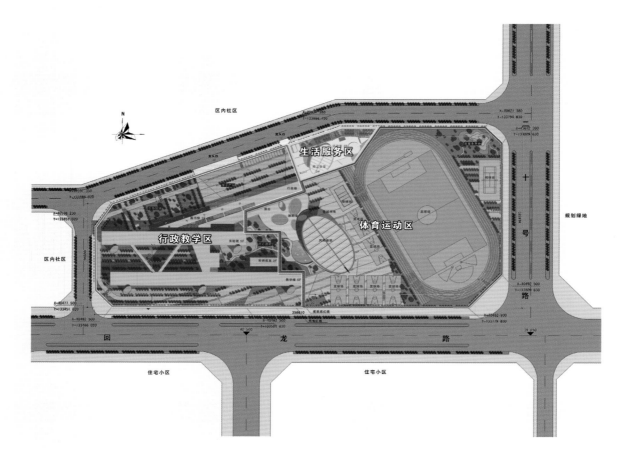

平面图 2

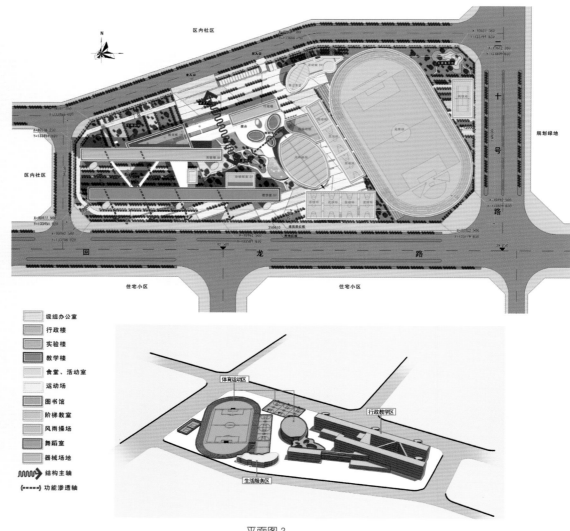

级组办公室
行政楼
实验楼
教学楼
食堂、活动室
运动场
图书馆
阶梯教室
风雨操场
舞蹈室
器械场地
结构主轴
功能渗透轴

平面图 3

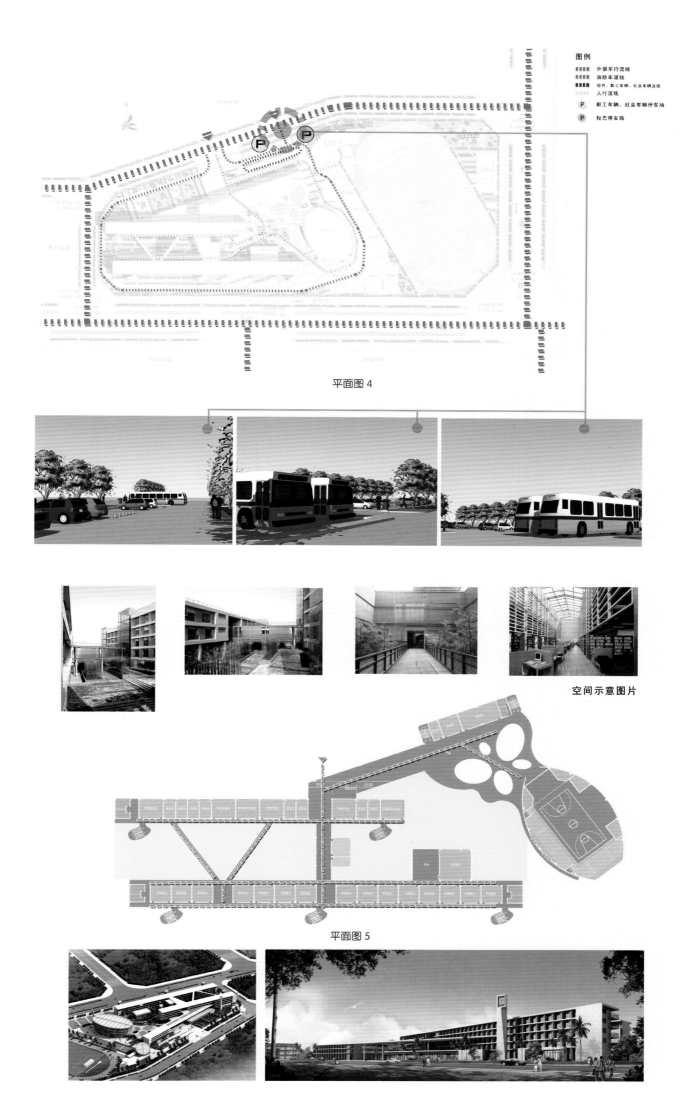

图例
外部车行流线
消防车流线
校巴、职工车辆、社会车辆流线
人行流线
P 职工车辆、社会车辆停车场
P 校巴停车场

平面图 4

空间示意图片

平面图 5

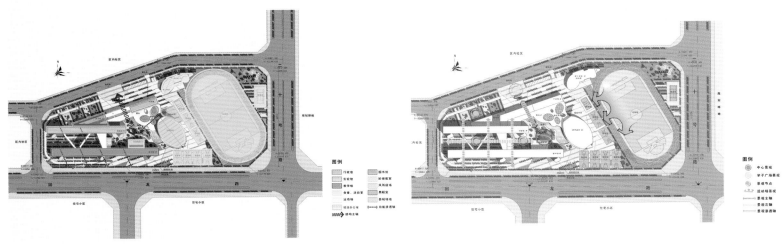

功能分析图

景观分析图

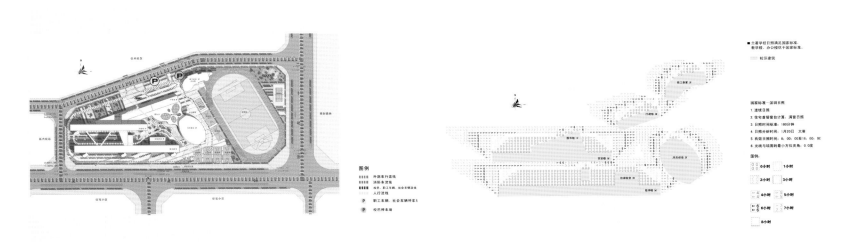

交通分析图

日照分析图

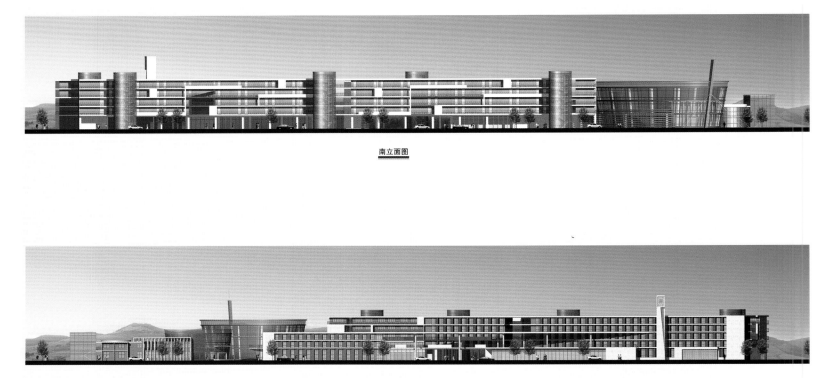

南立面图

北立面图

东立面图

西立面图

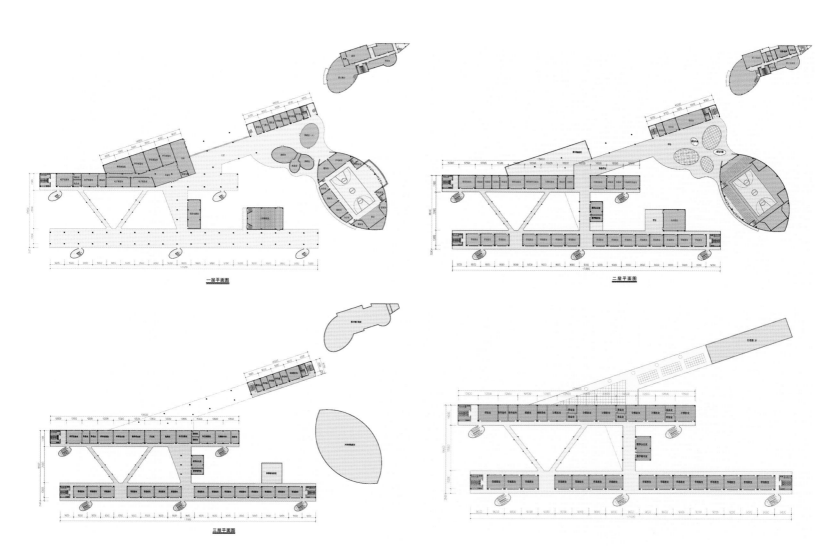

一层平面图

二层平面图

三层平面图

平面图

DONGSHENG PROTESTANT CHURCH
鄂尔多斯东胜基督教堂

设计机构：WEAVA architects
项目地点：中国内蒙古
项目面积：8 500 m²

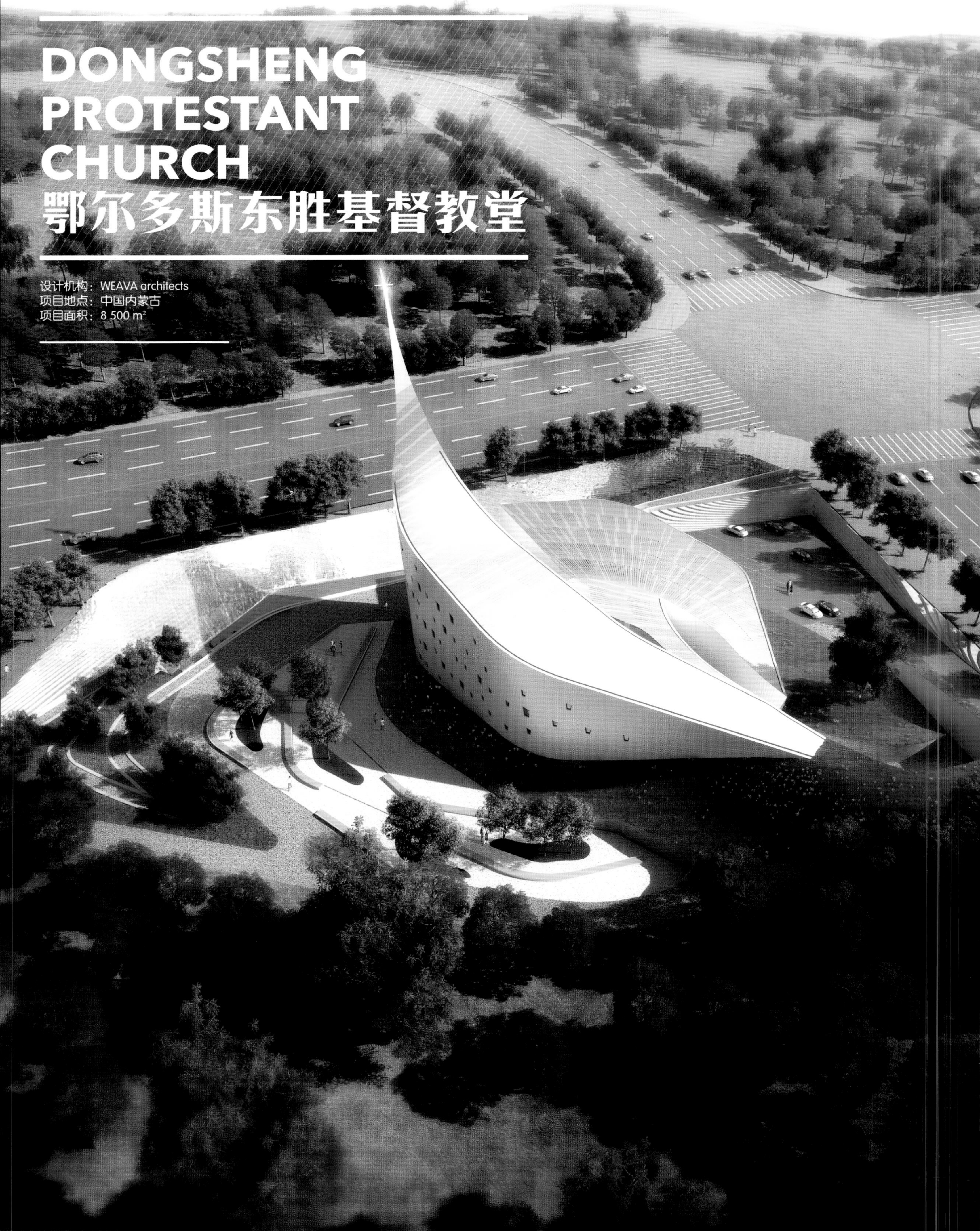

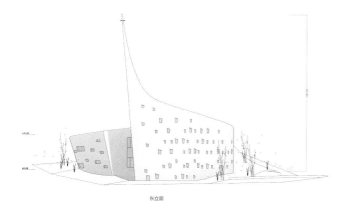

东立面图

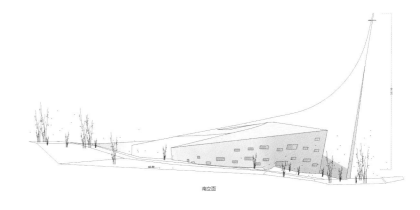

南立面图

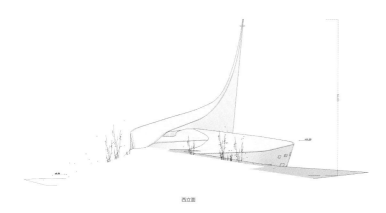

西立面图

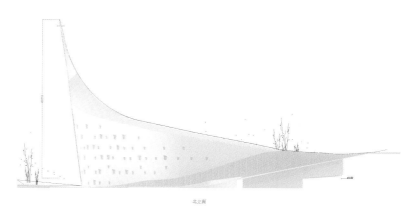

北立面图

▶

该项目位于中国内蒙古鄂尔多斯市东胜区109国道与东纬四路的交界处。经过三年讨论、两年基地位置更改，当地政府与基督教协会达成共识，同意新教堂的建设。该项目的原建筑师应邀在新基地位置对教堂进行了重新设计。他和他的设计团队提供了最新的完整方案。

此项目的主要概念是基于最具教会特征之一的和平鸽。早期的基督徒描绘的洗礼中就伴随着一只口中衔着橄榄枝的白鸽。这个图像成为一个有关和平的象征。草图的形式让人联想到白色的鸽子在起飞前小憩。轮廓中体现出的和平是含蓄的，不仅是平面图让人想起和平鸽，也缘于其间的空间分布和联系：弯曲的墙壁贯穿始终，地形环抱着建筑以及在建筑中穿梭的人流。

《旧约·创世记》记载，上古洪水之后，诺亚从方舟上放出一只鸽子，让它去探明洪水是否退尽。上帝让鸽子衔回橄榄枝，以示洪水退尽，人间尚存希望。诺亚知道洪水已开始退去，平安就要来到。洪水退去后，在世间一切生灵面前，呈现了长满绿色树木的山谷和开着鲜花的幽静小道。从此，人们就用鸽子和橄榄枝来象征和平。

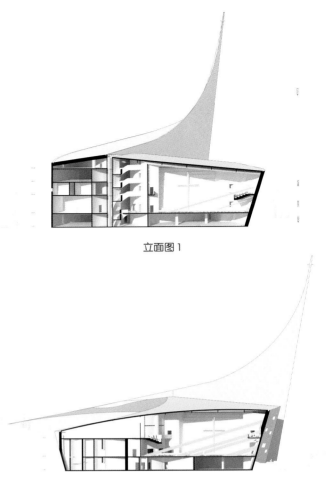

立面图1

立面图2

▶

交通流线：教堂周围的交通流线始终是环形的，这样就使得从路的上端能够看到建筑的全局视图。十字架高高地伸出地面，从教堂附近的路上清晰可见，使得人们能够以此为路标进入城市。一旦来到教堂，人们就能够意识到在该项目中景观的重要作用，这是基于建筑内部空间向外部空间的延展。在此环境中，毫无遮挡的视线空间更能给人们以更加强烈的视觉感受。

消防通道：消防通道环绕主体建筑，与此相反，人们几乎有完全的行动自由。教堂周围创造的景观环境使人们几乎能够从任何地方接近教堂，但车辆只可以进入停车场。

空间功能：教堂的正门藏于两个主要空间之间。对于空间的感受与理解，人们可以由建筑外部景观一直延续到建筑物内部。教友们可以从一个大窗口欣赏主厅内部，而不需要走近来看。教会的特性之一是它能够最大程度地利用自然光。外立面上的窗户吸收大量的光，以改善室内光线条件，在不同的空间提供不同强度的光。主厅由一个大天窗提供光线，象征着连接空间和主建筑轴的和平鸽之心。室内空间是由两个有联系却又相对独立的空间组成。以由主厅向外辐射状为轴依次布置功能空间，形成一系列的序列空间，由此而衍生出的景观环境也以同样的方式，向周围延伸出去。

景观设计：东胜教堂项目所处地块地形变化丰富，在项目地块内形成盆地景观。解决大落差问题是设计的主要目的。

ROOF PLAN 屋顶平面
比例: 1/300

平面图 1

本项目主要分为两大区块进行设计。

第一区块是坡面带，即从市政人行道到教堂地面的过渡带。为了解决行人进入教堂广场的问题，设计采用和教堂同样的曲线语汇来设计，这样不但很好地解决了地块的落差，还营造出一种艺术化的视觉效果。对于裸露的大面积坡面，设计师将其设计成块石堆叠的景观墙体，不仅能作为挡土墙，还能利用叠石的效果设置几处出水口，形成跌水水景。在景观墙体的最低处设计镜面水池，同时也是跌水水景的收水池。

第二区块是教堂广场，即供游人休憩的场所。场所设计了长度不一的曲线木长椅，语汇同样来自教堂的曲线。游人可在长椅上或坐或躺，这体现了设计方的人文关怀和基督教义的普世价值。广场区采用白色砾石铺装，游人会有很好的行走体验，广场上种植有落叶类乔木，夏日遮荫，冬日晒阳。

东胜教堂景观设计围绕教堂展开。它不仅是教堂的室外活动和服务场所，也是教堂周边市民和游客的活动中心。

和平鸽是和平、友谊、团结、圣洁的象征，它让人们牢记战争的不幸，珍惜和平、热爱生活。东胜教堂是传播和谐精神的基点，又是一个标志性建筑，它表明了东胜人民向往和平、友谊团结、共同发展的美好愿望。

3F PLAN 三层平面
比例: 1/300
三层平面面积: 1141.98平米

平面图 2

总面积: 8508.32平米
公共面积: 2064.98平米
1F PLAN 一层平面
比例: 1/300
一层平面面积: 2303.75平米

平面图 3

HELSINKI CENTRAL LIBRARY
赫尔辛基中央图书馆

设计机构：WEAVA architects & SWAN architectes
设计团队：Jean-Hubert Chow, Edward Kwitek, Jamie Yengel, Cristian Herraiz,
SWAN architectes: Serge Rodrigues, Ambroise Bera, Joachim Bellemin
项目地点：芬兰
用地面积：18 000 m²

BEGIN WITH VOLUME REQUIRED BY THE PROGRAM

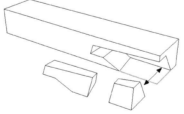

EXCAVATE THE VOLUME TO CREATE PUBLIC PLAZA

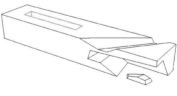

OPEN THE ROOF TO BRING NATURAL LIGHT INTO THE LIBRARY

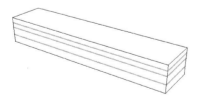

DIVIDE THE VOLUME BY THE PROGRAM SPACES

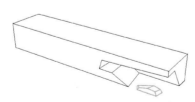

COMPOSE PLAZA WITH ERODED ROCK FORMATION

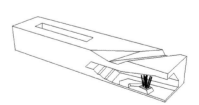

ANIMATE THE PUBLIC PLAZA WITH A TREE SCULPTURE SYMBOLIZING FINNISH FOREST

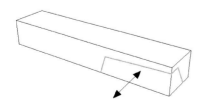

CARVE OUT PUBLIC SPACE FACING THE PARK

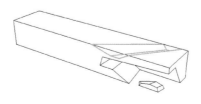

BREAK THE VOLUME TO KEEP VISUAL CONNECTION TO THE TRAIN STATION BELL TOWER

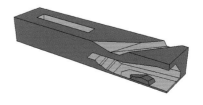

FINALIZE THE VOLUMETRY OF THE PROPOSED SCHEME

分析图1

SUN ANALYSIS

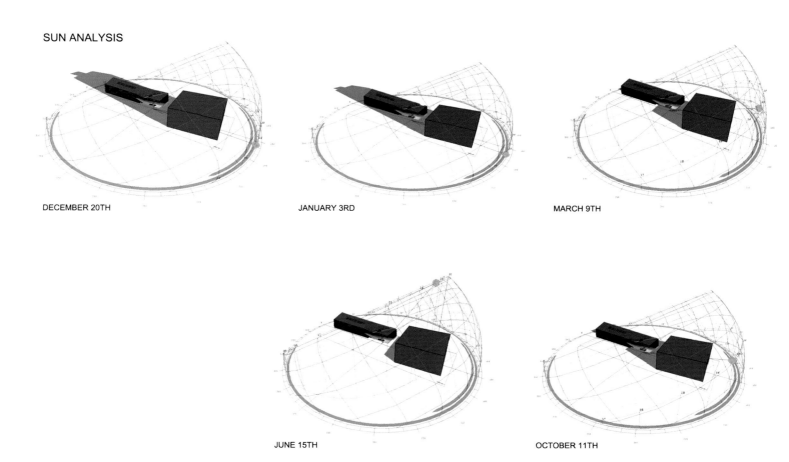

DECEMBER 20TH   JANUARY 3RD   MARCH 9TH

JUNE 15TH   OCTOBER 11TH

分析图 2

▶

项目坐落在赫尔辛基的中央 Toolonlahti 区，将毗邻 Finnish Parliament 建筑、Finlandia 音乐厅、Sanoma 房子和 Kiasma 博物馆。在市容和象征意义上，它代表一个现代化的、充满活力的赫尔辛基公民形象。

城市战略

ONYX——赫尔辛基中央图书馆无缝地融入 Toolonlahti 地区，与周围的建筑物遥相呼应。它本身是一个标志性的文化地标，同时也尊重其作为一个更大的总体规划的一部分。设计直接与公园相连，把图书馆与计划内的人行道和自行车道相连接。这就让连接更方便而且不会阻碍已经存在的交通。这一设计也利用了已经存在的道路和停车设备，所以整体规划保持完好。

对于 Toolonlahti 地区的历史和文化的重要性，ONYX 通过其材质和形状，提高和保持了这一区域内主要建筑物之间的视觉连接。一个简单的切断建筑式的设计保持了赫尔辛基音乐中心和赫尔辛基中央火车站钟楼之间的视野。

一个新的公共广场坐落在入口前面，紧邻公园，使公园的边界与自然景观自然连接，一直延伸到图书馆一边。高楼梯通往入口处，在可供公众聚集的非正式空间——大堂，有一部电梯。这将让公众更方便地探索总体设施布局，有效地建立对建筑内部公共区域的感觉，增加图书馆作为社区生活中心这样一种观念。

建筑概念

ONYX 将会是一个黑色的宝石，它可以接纳和反映周围的环境、城市肌理，同时接纳西侧公园流动的游客。

面向公园，赫尔辛基中央图书馆扮演了城市催化剂的作用，它把所有的人口部分聚集到一起享受建筑给公共空间和公园带来的乐趣。一个城市雕塑坐落在广场，使广场充满生机。

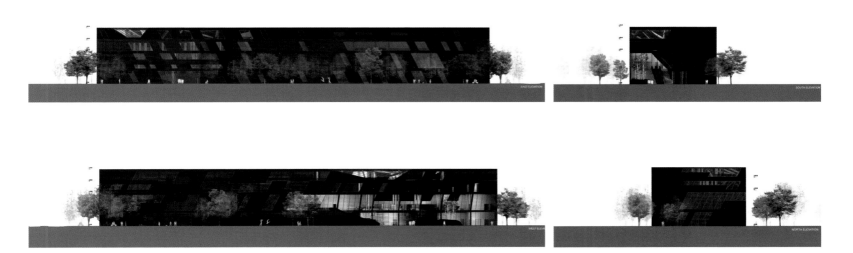

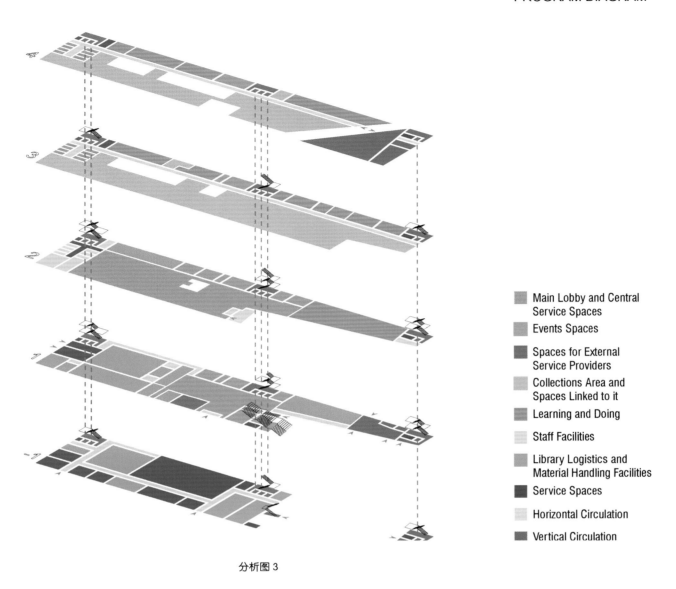

PROGRAM DIAGRAM

- Main Lobby and Central Service Spaces
- Events Spaces
- Spaces for External Service Providers
- Collections Area and Spaces Linked to it
- Learning and Doing
- Staff Facilities
- Library Logistics and Material Handling Facilities
- Service Spaces
- Horizontal Circulation
- Vertical Circulation

分析图 3

PASSIVE ENERGY MANAGEMENT SYSTEMS :

- compact design
- isolated envelope
- careful air sealing
- daylighting
- low maintenance
- energy consumption reduction
- rainwater collection

ACTIVE ENERGY MANAGEMENT SYSTEMS :

- efficient technical equipment with active control of energy by sensors (lighting, ventilation, heating)

- high-performnace windows prevent heat from entering and allow active control of solar gain

- capturing internal heat of occupants and computers with heavy inertia

- removal of stored heat at night with double flow mechanical ventilation

- solar panels

01   5   10m
WINTER PERIOD

01   5   10m
SUMMER PERIOD / MID-SEASON

glass with active high solar protection - airtight

glass with active high solar protection - airtight

flat roof thermal insulation - air tightness
solar panels

raised access flooring for flexibility and passage of electrical wires
high quality acoustic tiles

structural steel beams allow the passage of network plenums and mechanical ductwork
recessed lighting: automated drives coupled with a sensor system which detects the light intensity: the active control of energy as a function of outdoor lighting
acoustic ceilings

create energy by BIPV solar panels on the facades

insulation from the exterior walls with exterior siding: no thermal bridge - very good airtightness

light intensity sensors for active control of lighting

triple glazing thickness with active control of sun protection in order to control the brightness and reduce heat - very good airtightness

basement : central air processing treatment

reinforced insulation sub-flooring

01   5   10m
TECHNICAL SECTION

分析图 4

▶

悬臂结构

为了使广场作为一个与图书馆自然融合的无边的公共空间得到最大限度地发挥，计划书设想了一个悬臂，它可以在图书馆前面创造一种连续的和独特的空间体验。

空间组成

被分成 4 个层和 1 个地下室，ONYX——赫尔辛基中央图书馆将作为一个在同一时间可以面对不同性质的工作时有多个方案的多功能建筑。

基于 Toolonlahti 湾区域下面的土壤和基岩的性质，该设计只能设计一层的地下室。在这一层，图书馆可以连接计划的可在未来更好被利用的多功能空间。这个地下室将作为 M.E.P 一个主要的科技楼层以及大厦服务跟维护所需楼层。

第二层作为主要的大堂。在从广场走过主楼梯和乘坐电梯到达以后，这层就是整个图书馆的入口。这是一个聚集游客、交流信息和借还书的主要核心位置。这个繁忙的空间毗邻儿童世界，坐落在图书馆南面的边上，是一个活跃、令人愉悦且不宜被打扰的安宁空间。

第三层和第四层在大厦的西侧连结起来，让图书馆有一个双层的空间且能望到外面的公园。

在东边，"学而做"项目空间坐落在一个独立的区域。

总之，ONYX ——赫尔辛基中央图书馆将成为一个新的标志性公共设施。它会为赫尔辛基的居民服务，不仅作为一种实用、高效节能和可持续发展的建筑，也会给城市一个新的文化身份。

易识别和显著，新的赫尔辛基中央图书馆将会让人想起知识的宝库，一个知识和文化的守护者；同时它也将发挥其作用，为子孙后代提供学习处所，分享知识。

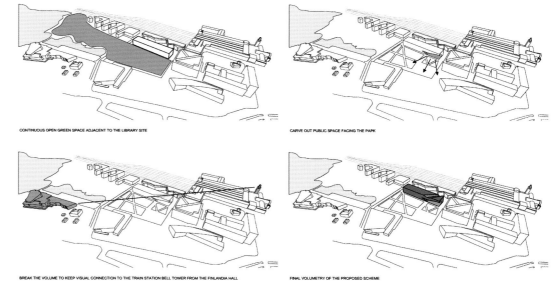

CONTINUOUS OPEN GREEN SPACE ADJACENT TO THE LIBRARY SITE

CARVE OUT PUBLIC SPACE FACING THE PARK

BREAK THE VOLUME TO KEEP VISUAL CONNECTION TO THE TRAIN STATION BELL TOWER FROM THE FINLANDIA HALL

FINAL VOLUMETRY OF THE PROPOSED SCHEME

分析图 5

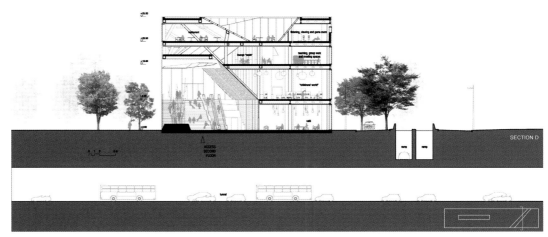

剖面图 1

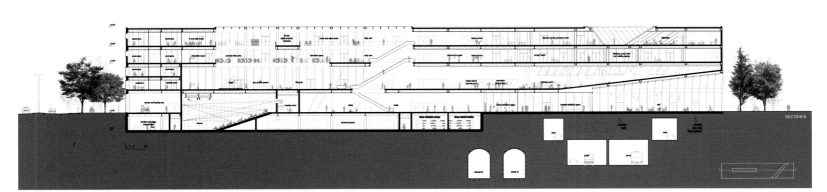

剖面图 2

平面图 1

平面图 2

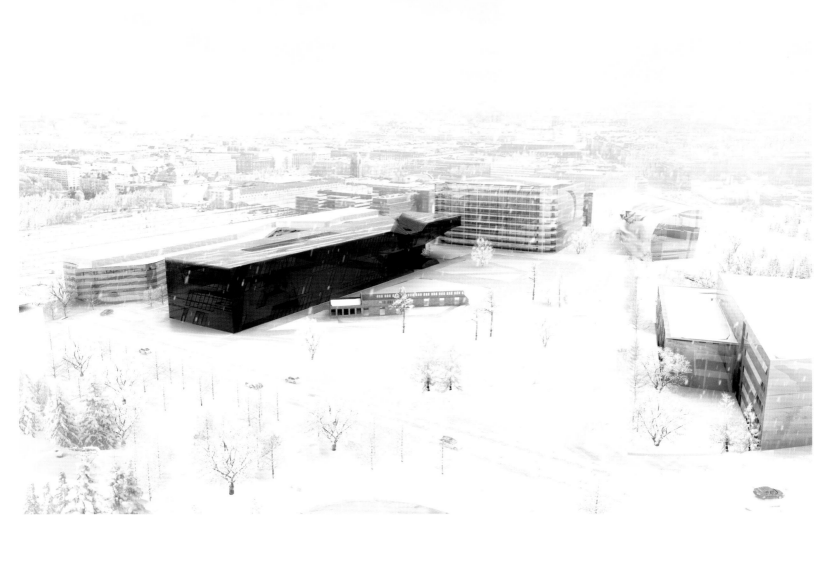

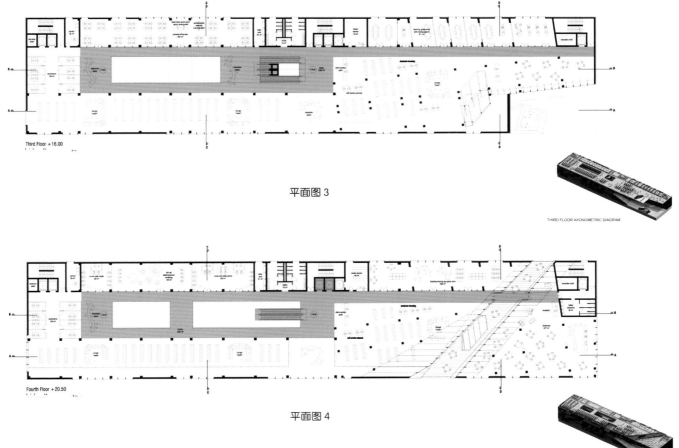

Third Floor +16.00

平面图 3

THIRD FLOOR AXONOMETRIC DIAGRAM

Fourth Floor +20.50

平面图 4

FOURTH FLOOR AXONOMETRIC DIAGRAM

LONGWAN
LIBRARY
龙湾图书馆

设计机构：孟建民建筑研究所建筑创作中心
项目地点：中国温州
用地面积：8 473.08 m²
项目面积：6 968.48 m²
容积率：2.17
绿化率：38%

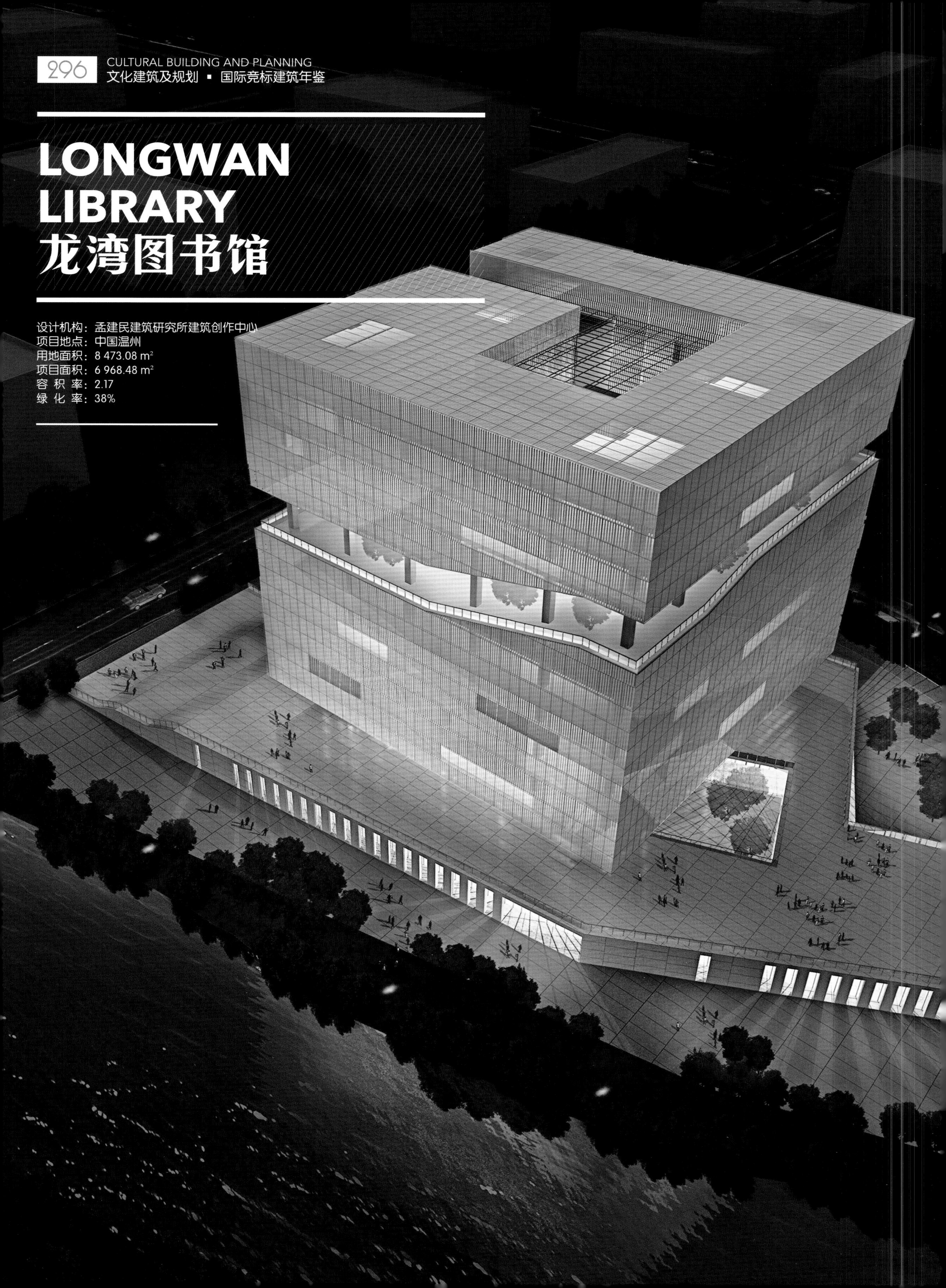

日景透视图

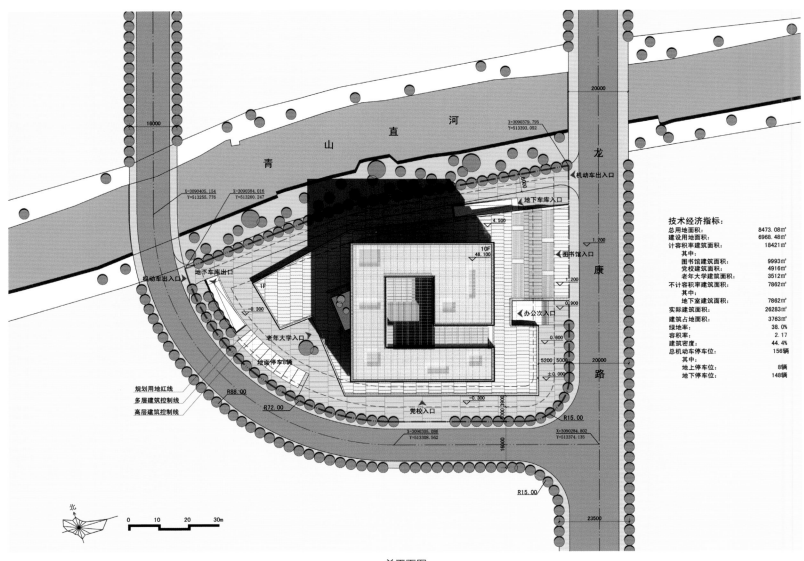

青 山 直 河

龙 康 路

16000
20000
机动车出入口
地下车库入口
X=3090379.795
Y=513393.052
X=3090405.154
Y=513255.776
X=3090384.016
Y=513266.247
4.500
1.200
图书馆入口
10F 46.100
1F
0.900
-0.300
办公次入口
老年大学入口
地面停车8辆
5200 5000
20000
规划用地红线
多层建筑控制线
高层建筑控制线
地下车库出口
机动车出入口
R88.00
R72.00
R15.00
-0.300
党校入口
X=3090305.086
Y=513308.562
X=3090284.802
Y=513374.135
16000
R15.00
23500

北
0 10 20 30m

总平面图

技术经济指标：
总用地面积： 8473.08 m²
建设用地面积： 6968.48 m²
计容积率建筑面积： 18421 m²
其中：
图书馆建筑面积： 9993 m²
党校建筑面积： 4916 m²
老年大学建筑面积： 3512 m²
不计容积率建筑面积： 7862 m²
其中：
地下室建筑面积： 7862 m²
实际建筑面积： 26283 m²
建筑占地面积： 3763 m²
绿地率： 38.0%
容积率： 2.17
建筑密度： 44.4%
总机动车停车位： 156辆
其中：
地上停车位： 8辆
地下停车位： 148辆

开放的场所，带来频繁的市民活动。

传统布局产生挤出效益，市民活动空间被占领。

架空平台与空中花园，产生丰富的空间体验，将场所完全归还给城市。

城市设计策略

本案用地面积狭小，东侧毗邻龙湾中心景观带，北临青山青河，景观资源优良；周边为规划住宅及学校，市民活动频率密集。在此处为市民提供一个宽松的城市公共活动场所，更能彰显其城市功能的价值所在。

我们采取集中、开放的设计模式，将公众活动用房、文化展厅、共享报告厅等公众功能设于首层，作为主体建筑基座的同时，也为城市提供了一个开放性的公共活动平台，将场地空间完全归还给城市。市民自东面大台阶拾级而上，可在此休闲、健身、观景、休憩，还可举行各种社区活动，交流集会。公共活动平台的引入，既满足建筑自身功能及城市空间的需求，又为市民提供了丰富的日常生活元素，使建筑的公共外延得以体现。

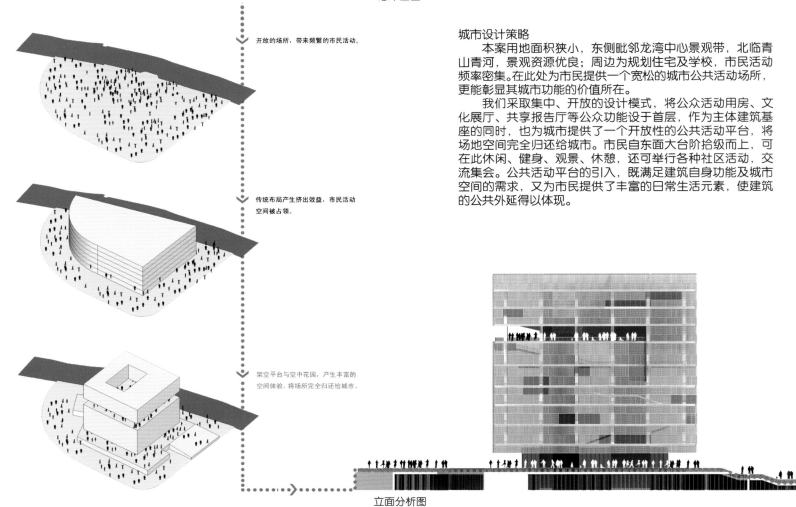

立面分析图

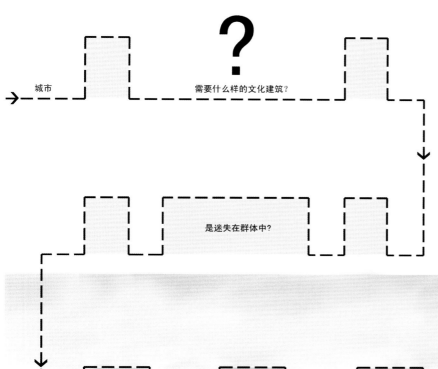

城市 ————— 需要什么样的文化建筑？

是迷失在群体中？

城市标识性

　　本案采取简洁明快的建筑形体策略，与城市背景肌理拉开距离，以体现建筑形象的鲜明个性。建筑造型以立方体为母题，通过对内部功能及空间模式的映射、分割、削切，使建筑形体简洁而不失生动，稳重而富有动感，经典且独具内涵。

　　建筑立面采用幕墙加铝制穿孔板双层复合表皮肌理，根据阅览室、教室、办公、会议等不同功能的采光需求调整穿孔板的疏密程度及其穿孔率，形成丰富的立面肌理变化而又不失内在逻辑。待到暮色降临、华灯初上时，翘首望去，建筑犹如一座"智慧魔方"，悬浮于基座之上，成为独具文化特色的城市标识。

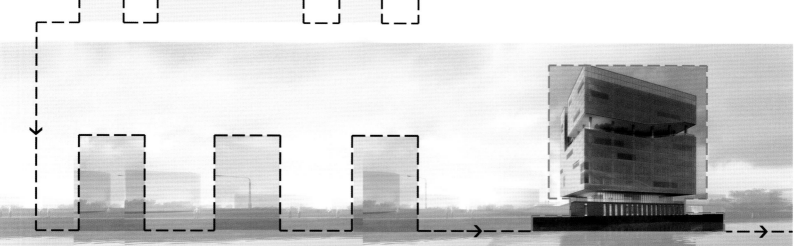

空中花园透视图

共享空间

　　本案在主体中部设置了一个贯穿两层的空中景观平台，它既是上下功能分区的公共活动场所，又是建筑内部共享空间融汇之处。在此凭栏远眺，尽览美景的同时，人们可休闲小憩，可品茶对弈，还可举行各种文化沙龙及艺术展览，彰显建筑的文化外延。

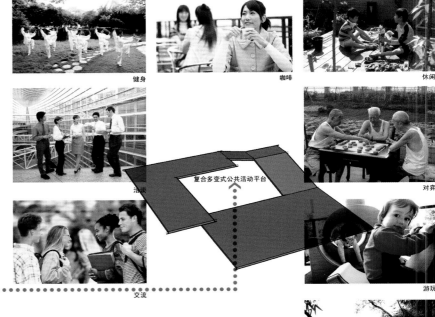

健身　　　　咖啡　　　　休闲

沟通　　复合多变式公共活动平台　　对弈

交流

游玩

放松

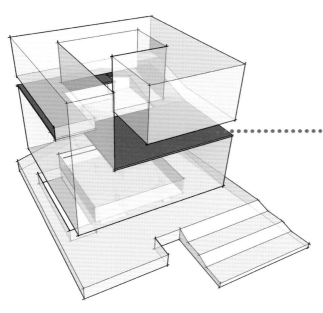

分析图1

休憩　　　　阅读　　　　讨论

功能生成

　　本项目为包含图书馆、党校及老年大学等功能的公共文化建筑综合体。它基于功能独立高效、空间共享统一的设计策略。通过对建筑功能的解析、归类、整合与再生成，本案主体功能布置如下：

　　将体育文化活动室、文化展廊、餐厅、阶梯式报告厅及老年大学大部分活动用房等对外开放型功能设于首层基座，以便服务市民。沿东南西三侧分别设置出入口，党校及老年大学入口均由此进入，经由专用垂直电梯到达相应功能分区，避免对主体建筑人流的干扰。

　　建筑主体低区部分为图书馆，3~6层为图书馆主体功能用房，采用业界领先的全开架藏阅一体模式，7~8层局部为图书馆内部公用房及空中共享景观平台。

　　高区部分为党校、老年大学的培训教室及办公用房。平面规整，功能使用合理，且功能用房均围绕中庭布置，保证良好的通风采光条件。

50%　教室 classroom
8%　办公区 office
12%　学术交流区 exchange
18%　公共活动与辅助服务区 service
12%　休闲活动区 activity

功能解析

教室 classroom
办公区 off
学术交流区 exc
公共活动与辅助服
休闲活动区 act
展览区 exhib

功能整合

藏书区 book-storing room
55-60%　借阅区 reading room
5-3%　咨询服务区 conference
15-13%　公共活动与辅助服务区 service
10-9%　业务区 business
5%　行政办公区 administrati
4%　技术设备区 equipment
6%　后勤保障区 logistics

藏书区 book-storing r
借阅区 reading room
咨询服务区 conf
公共活动与辅助服 service
行政办公区 admini
技术设备区

业务区 business
后勤保障区 log

50%　教室 classroom
12%　展览区 exhibition
10%　阅览区 reading room
18%　生活服务区 assistance
10%　办公区 office

教室
生活服务区 assis
办公区 offic

分析图2

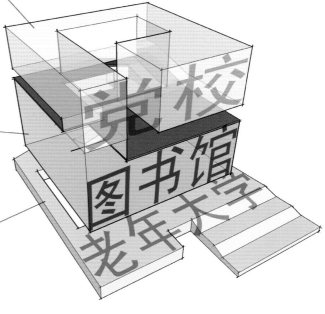

党校
图书馆
老年大学

功能生成

CHINA GARDEN OF MUSEUM
中国园林博物馆

设计机构：孟建民建筑研究所建筑创作中心
项目地点：中国北京
占地面积：65 281 m²
项目面积：291 34 m²
容 积 率：27.3
绿 化 率：51.7%

亦虚亦实

　　"虽由人作，宛自天开"的意境是中国园林的精髓，空间的回环曲折、参差错落、忽而洞开、忽而幽闭，带来的将是大中见小、小中见大、似有而无、似无而有、虚中有实、实中有虚的山水园林意境。游人穿行其间，分不清哪里是山哪里是馆，自然而来，自然而去，归隐其中。

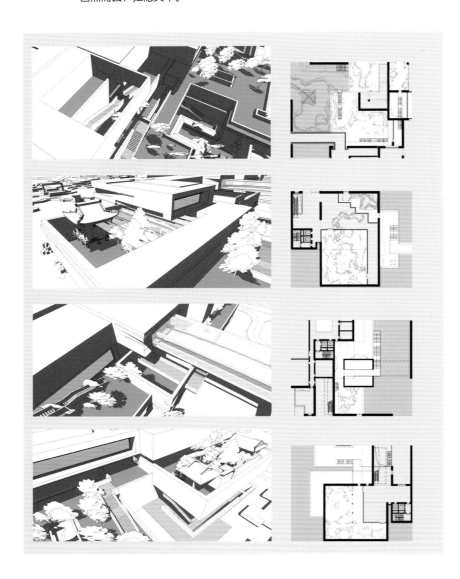

1．传统高差层次分明的展馆空间。

2．对层进行消解，空间不再单纯以墙分隔。

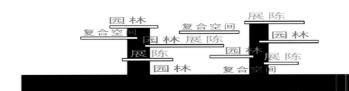

3．打破空间单调连续性，使空间复合，并加入园林。

4．通过点状竖向交通体进行上下连结。

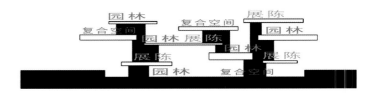

5．实体展陈空间依附交通体布置，空间虚实结合。

304

山不在高，有仙则名；
水不在深，有龙则灵。
中国园林博物馆承天地之灵气，接山水之精华，从自然而来，呈山水园林之意境。

2013 年北京将举办第九届中国国际园林博览会，借此契机，兴建首座国家级园林博物馆，展现中国传统园林理法及其独特的艺术魅力，成为园博会的点睛之作。园博馆用地规模约 65 公顷，北至永定河新右堤，西至鹰山公园东墙，南至射击场路，东至规划京周公路新线，与园博轴西端连接。基址傍山临水，中部平坦；西侧鹰山地属太行山余脉，地形错落有致；北侧永定河则是孕育了北京城文化底蕴和人文资源的母亲河。山水相汇的地理环境，"馆依山，园傍河"的上层整体规划结构，共同赋予基址讲究"和谐""传承"的中国气质。通过对项目基地的解读，我们将针对如下几个方面问题进行分析，并提出设计概念。

中国园林博物馆是山水园林意趣与展陈容器的结合。有山、有水谓之"园"，山水间点缀一石方为"馆"。其建筑形体随平面布置自然而成平舒展，凸凹有致之间又见遒劲有力，犹如漂浮在山水中的叠石，数千年的文化积淀尽在其中，亦可谓收纳中国园林之容器。

馆在山水中的出现，必然形成一定体量，过于僵硬的边界会使其孤立于自然；我们选择了亦开亦合的界面与山水园林对话。在总图布局上建筑位于园区中部，外部边界错落有致与山水之形有机融合：由于山水的流动、树木的生长，使建筑内界面向两侧展开，既限定了园博轴—鹰山永定塔轴线空间，又使其内院空间与外部山水求得一体。

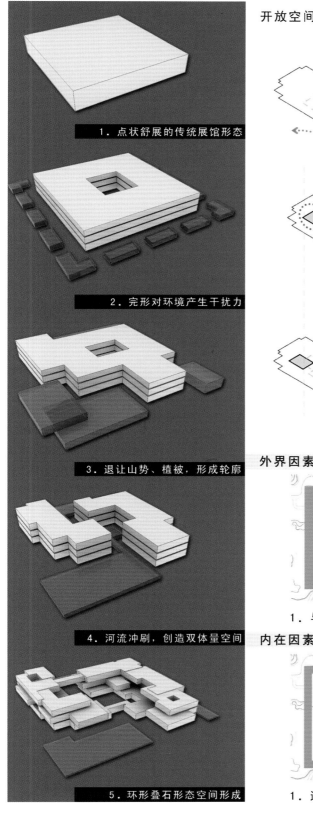

1. 点状舒展的传统展馆形态

2. 完形对环境产生干扰力

3. 退让山势、植被，形成轮廓

4. 河流冲刷，创造双体量空间

5. 环形叠石形态空间形成

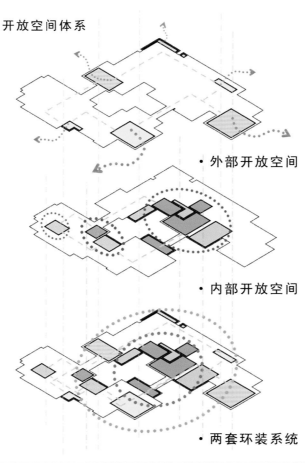

开放空间体系

· 外部开放空间

· 内部开放空间

· 两套环装系统

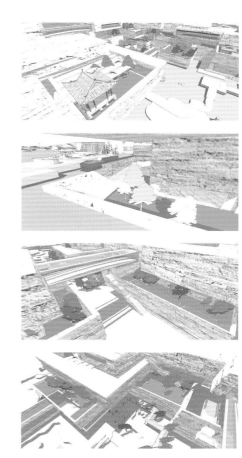

外界因素

1. 与外界独立的几何体

2. 环境对建筑进行挤压

3. 渗透，形成呼应空间

内在因素

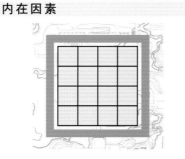

1. 通过正交手法进行分割

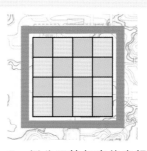

2. 划分园林与实体空间

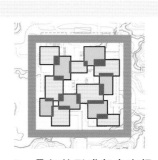

3. 叠加处形成复合空间

▶

　　"进退"是场地多样矛盾消解的两种策略。"进"，园博馆对于鹰山、永定塔、永定河、园博轴、湖水等自然山水的垂青，表现出体块错动、漂浮、延展、出挑的动势；"退"，受京九铁路、高压走廊、京周新线等多样场地要素的影响，园博馆以退为进，求得城市与自然的最佳平衡点。

　　主体建筑位于基地中部，依山伴水，东侧设置公众主入口区，通过水上浮廊路径与园区游园主路连通；贵宾入口区设置于北侧，独立且便捷；办公及学术交流入口区、临时展品入库区设置于西南角，与园区车行道路紧密联系；西侧紧邻车行道路设置后勤、藏品入口区、地下车库出入口，隐蔽且便捷，设置主馆次入口，便于室内展区与室外展园流线衔接。各场地通过园林景观与建筑形成整体。

　　方案借鉴中国古典园林造园技艺，使游客在参观过程中感受山水流动、园林漂浮的空间意趣。自首层架空挑台下入口空间进入，向左可体验独立设置的临时展厅万千变化的主题展示；向右沿园林路径，时而蜿蜒曲折，时而高低错落，室内室外流动渗透，各层展厅空间错落有致，室内立体路径与室外游园路径各自成环，可联可分，形成全天候游园体系，还原山水园林体验；复建园林空间于路径节点位置精心布置，游人在此可近观经典园林，远眺鹰山、园博园，山水园林犹如画卷。步入办公学术研究区，可下至藏品库区、内部停车区、职工餐厅；上至各层展厅及观众体验区，区域独立且便于管理。

　　南部、中部、北部均设置货运电梯，可将藏品送至各层展厅及学术研究区。

HOTEL BUILDING AND PLANNING

酒店建筑及规划

CHONGQING JIANGBEI INTERNATIONAL AIRPORT WEST AREA GUEST HOTEL

重庆江北国际机场西区旅客过夜用房

设计机构：深圳筑博股份有限公司
设计团队：朱正天、王 欢、张永波、冯天强
项目地点：四川重庆
总建筑面积：89 800 m²

机场作为一个城市的交通核心，承载着大量信息、物资的交换。机场附近的酒店作为离外界最近的休憩场所，越来越受到高端商务人士、政府以及大型企业的青睐。我们对以酒店为主的密集商务活动对城市产生的影响十分关注。人们需要一个宜人的临时居所以缓解旅途劳顿，同时，人们又希望这里能有个汇集所需资源的交会点——这造成了外向型功能和私密情感需求之间的矛盾，所以我们创造了一个下沉的公共空间来解决问题。这不同于城市商务酒店简单竖向上的空间划分，那样会造成公共空间的缺失。我们把所有的功能围绕庭院进行设置，使空间如同一道涟漪，往周围荡漾开去；最外围由城市界面所包围并与城市相互渗透，以完成交换并仍然可以保持私密性和宜人的环境，从而使不同的城市表情在此展开，使其最终成为城市与外界交融的见证。

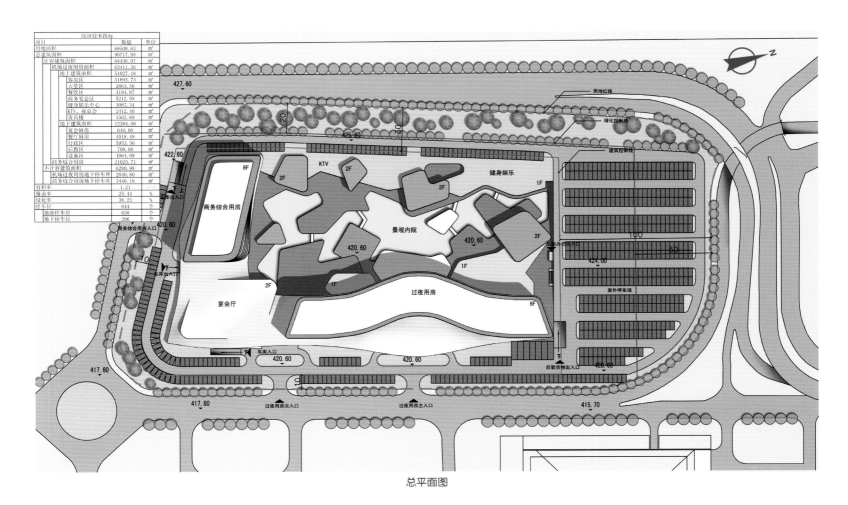

经济技术指标 项目	数值	单位
用地面积	69508.63	m²
总建筑面积	90717.95	m²
计容建筑面积	84436.97	m²
机场过夜用房面积	63411.26	m²
地上建筑面积	51027.18	m²
客房区	31893.73	m²
大堂区	2663.56	m²
餐饮区	4194.87	m²
商务宴会区	5212.59	m²
健身娱乐中心	3087.34	m²
KTV、夜总会	2412.40	m²
贵宾楼	1562.69	m²
地下建筑面积	12384.08	m²
宴会厨房	640.00	m²
餐厅厨房	1018.49	m²
行政区	5953.50	m²
后勤区	708.00	m²
设备区	4064.09	m²
商务综合用房	21025.71	m²
不计容建筑面积	6280.98	m²
机场过夜用房地下停车库	2810.80	m²
商务综合用房地下停车库	3440.18	m²
容积率	1.21	
建筑密度	25.44	%
绿化率	38.23	%
停车位	844	个
地面停车位	638	个
地下停车位	206	个

总平面图

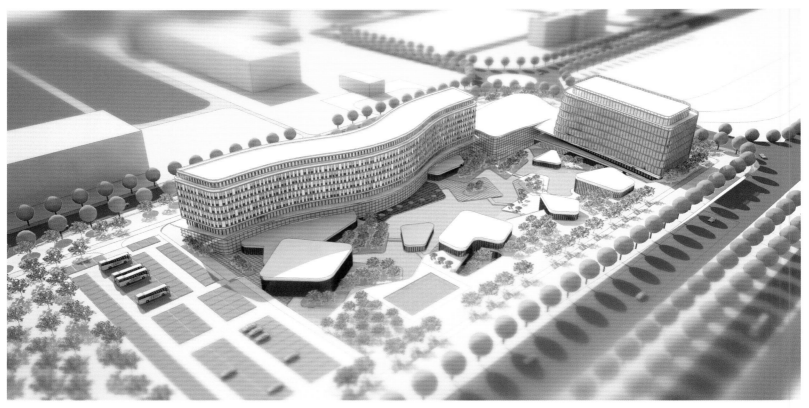

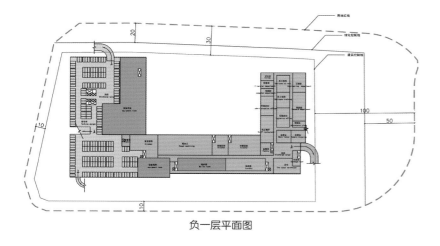

负一层平面图

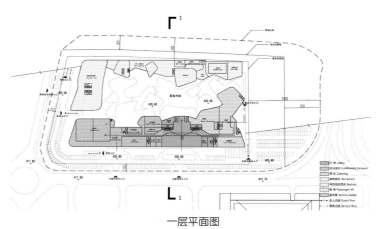

一层平面图

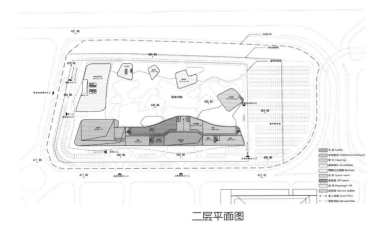

二层平面图

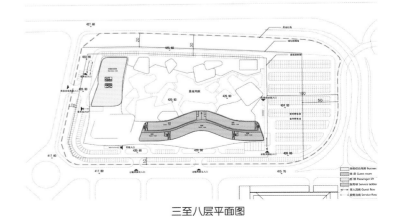

三至八层平面图

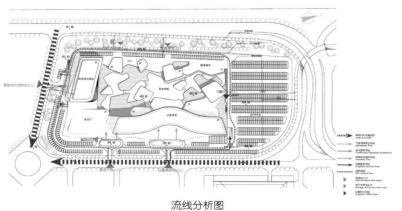

流线分析图

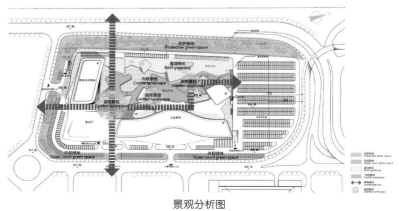

景观分析图

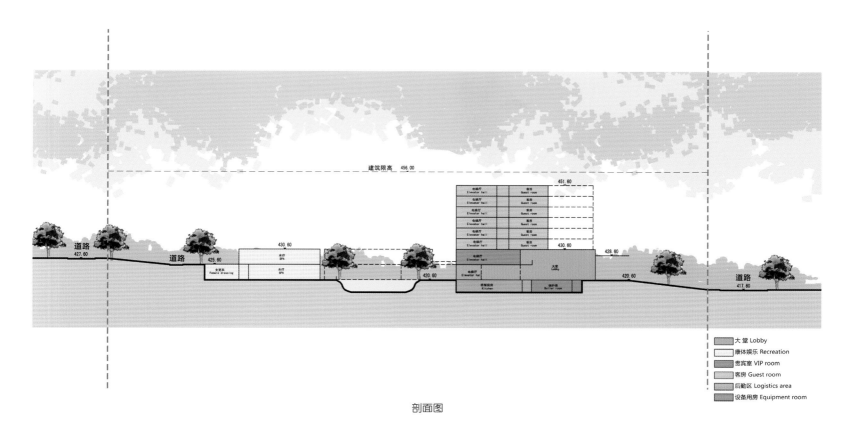

建筑限高 456.00

451.60

430.60

430.60

428.60

道路 427.60

道路 425.60

水厅 SPA
水厅 SPA
女更衣 Female dressing

420.60

电梯厅 Elevator hall · 客房 Guest room
电梯厅 Elevator hall · 客房 Guest room
电梯厅 Elevator hall · 客房 Guest room
电梯厅 Elevator hall · 客房 Guest room
电梯厅 Elevator hall · 客房 Guest room
电梯厅 Elevator hall
电梯厅 Elevator hall · 大堂 Lobby
西餐厨房 Kitchen · 锅炉房 Boiler room

420.60

道路 417.60

	大 堂 Lobby
	康体娱乐 Recreation
	贵宾室 VIP room
	客房 Guest room
	后勤区 Logistics area
	设备用房 Equipment room

剖面图

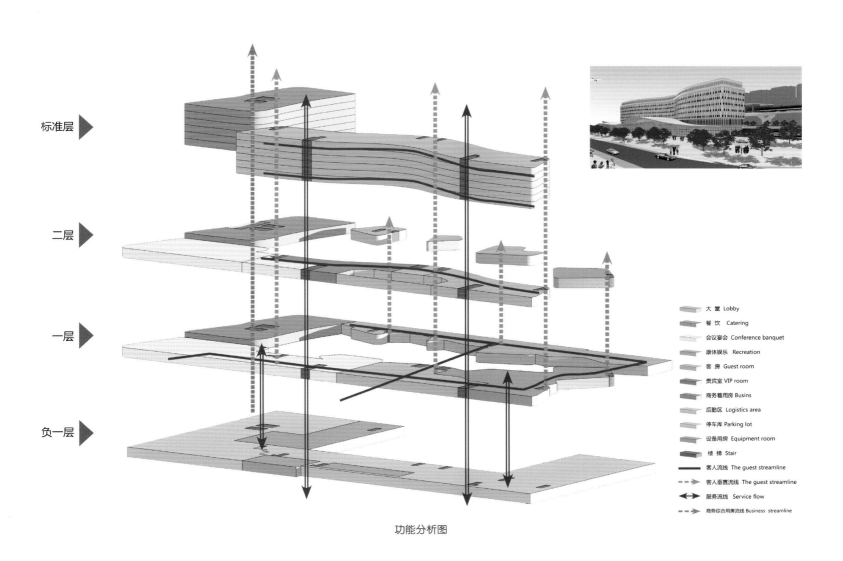

标准层 ▶

二层 ▶

一层 ▶

负一层 ▶

	大 堂 Lobby
	餐 饮 Catering
	会议宴会 Conference banquet
	康体娱乐 Recreation
	客 房 Guest room
	贵宾室 VIP room
	商务套用房 Busins
	后勤区 Logistics area
	停车库 Parking lot
	设备用房 Equipment room
	楼 梯 Stair
———	客人流线 The guest streamline
--▷	客人垂直流线 The guest streamline
◀▶	服务流线 Service flow
--▷	商务综合用房流线 Business streamline

功能分析图

SANYA LUNENG MARRIOTT HOTEL
三亚鲁能万豪酒店

设计机构：AECOM
项目地点：中国三亚
项目面积：62 980.5 m²
容 积 率：1.4

本项目是一个五星级酒店改造项目。它地处我国热带旅游名城三亚市著名的大东海风景区，美丽的鹿回头脚下山海结合处。

项目总建筑面积：62 980.5 平方米。其中：酒店一期项目面积：26 658.5 平方米；酒店二期建筑面积：29 812 平方米。

在项目的功能构成上，酒店一期部分有风格各异的花园房、海景房、豪华海景房、蜜月房、行政套房、豪华海景套房共220套，还拥有沙滩项目、保龄球、台球、乒乓球、麻将、桑拿、游泳池、健身房、美容院、商场等配套设施；酒店二期新增客房278套。

外观造型改造本着统一立面风格的原则，主要通过横向舒展流线造型来展示项目与环境的和谐统一以及舒适的酒店空间。

CHANGLONG HENGQIN BAY HOTEL
长隆珠海横琴湾酒店

设计机构：华森建筑与工程设计顾问有限公司
设计团队：胡起萌、吴 凡、任 辉、谢晓燕、袁 亮、张建成、NINA
项目地点：中国珠海
净用地面积：18 506 m²
总建筑面积：68 244 m²
容 积 率：2.5
建筑高度：120 m

珠海长隆四星级酒店技术经济指标			
项目	规划建筑指标	单位	备注
用地面积	73200	平方米	A05-2（5.17ha），A05-3（2.15ha）
总建筑面积	100000	平方米	分两期建设，一期7.21万平方米
首层占地面积	10600	平方米	
地下室建筑面积	36300	平方米	
计容建筑面积	63700	平方米	
容积率	0.637		
建筑密度	14.50%		
酒店客房	1005	间	分两期建设，一期508间，二期497间
	3F		
停车位			
非机动车	120	辆	
机动车	803	辆	地下车库663辆，地面停车140辆
大巴位	10	辆	
中巴	10	辆	

总平面图

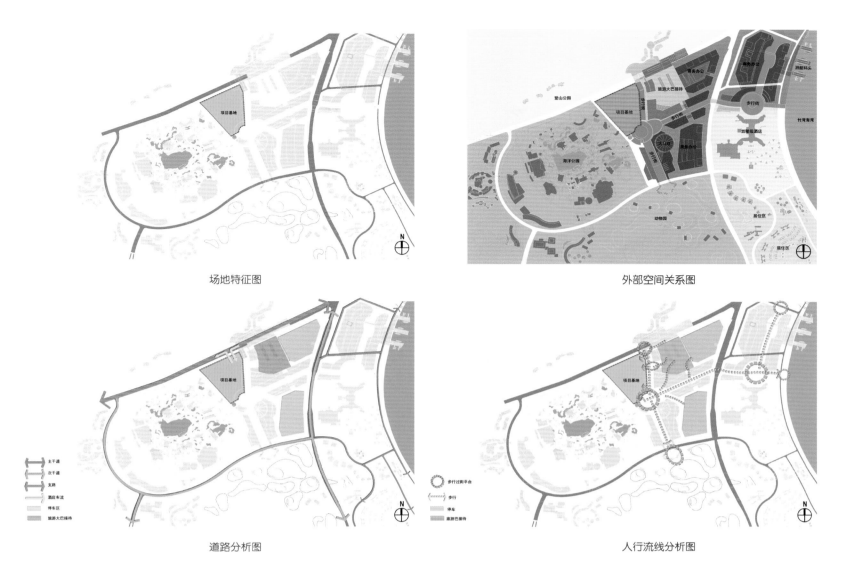

场地特征图

外部空间关系图

道路分析图

人行流线分析图

图例（道路分析图）：
主干道
次干道
支路
酒店车道
停车区
旅游大巴接待

图例（人行流线分析图）：
步行过街平台
步行
停车
旅游巴士接待

该项目位于珠海市南部横琴新区（横琴岛）南端，处于长隆横琴地块海洋王国和商业综合体之间，西南北三面环大横琴山，与澳门隔海相望。地块西侧是大型海洋公园，东侧为商业综合体，北侧为登山公园；项目周边景观资源丰富。项目用地交通便捷，距离已投入使用的横琴口岸约5分钟车程，未来广珠城际轨道将设立长隆站，位于本用地的长隆横琴湾四星级酒店建筑方案设计东侧。

横琴湾四星级酒店项目规划用地面积为73 200平方米，总建筑面积100 000平方米，为防火等级一级的一类高层建筑。项目定位1 000间客房的旅游度假兼商务性质的四星级酒店将成为横琴湾酒店的补充。项目分两期建设，因考虑酒店一期投入使用的功能配套能否齐全，并减少二期建设对于一期使用的影响。方案中一期建设500间客房、地下车库及大部分酒店配套功能区，建设面积为72 100平方米；二期建设余下500间客房及局部配套功能区，建设面积为27 900平方米。

规划分析及总平面设计

区域规划条件分析：项目用地北侧的规划道路及城际轨道向西可通往珠海机场，向东北可达横琴口岸及珠海市区。酒店用地位于海洋王国和商业综合体之间、片区规划主轴线的西北侧，用地各方向均拥有良好的景观视线：西面是海洋王国，东侧可远眺海景，南北两侧为山景；城际轨道长隆站设于用地东北角，东侧为人行通道，使酒店拥有良好的展示界面和可达性。

总平面布置：本项目建筑主体布局呈南北延伸，建筑高度为64.45米，高16层。其中塔楼分为南北两翼，北翼为酒店一期，建筑高度为56.35米，高14层；南翼为酒店二期，建筑高度为64.45米，高17层。酒店主入口位于建筑东侧，宴会及会议入口位于建筑北侧。塔楼形状以带形向南北两侧蜿蜒，并在北端成Y字形分支，以争取将海洋王国及海景资源最大化。建筑东侧为公共区域，设置地面停车区和酒店主入口；酒店西侧为酒店泳池区，南侧为特色餐厅园林区。

交通及竖向设计：项目用地北侧为规划道路，为基地车流主要交通干道。进入基地的车流在用地东北角位置从规划道路进入其辅道；用地北侧设两个车辆出入口与辅道连接。用地内设4个地下车库出入口，分别位于用地东边、东北边和西北边；其中位于东边大堂落客区处出入口分开设置。用地现状较为平整。

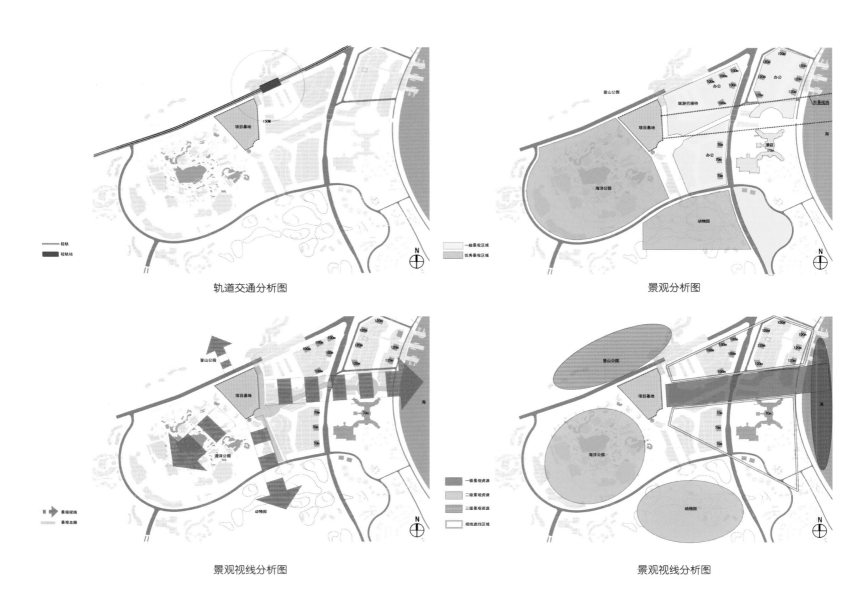

轨道交通分析图

景观分析图

景观视线分析图

景观视线分析图

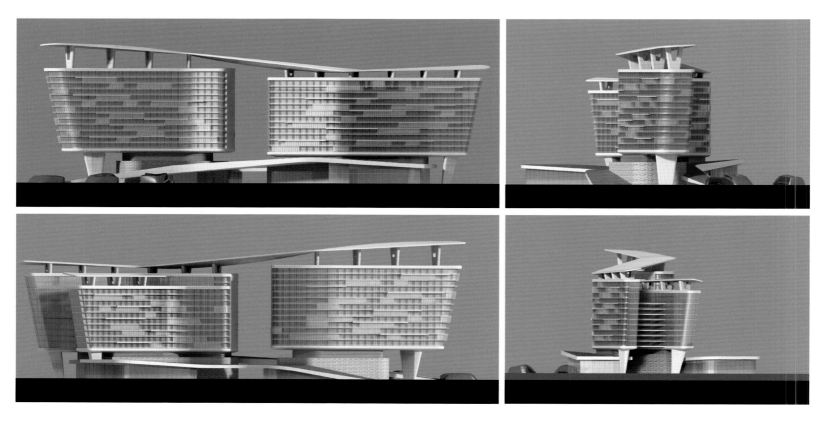

一层平面图

负一层平面图

二层平面图

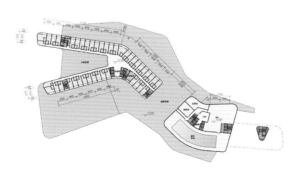

三层平面图

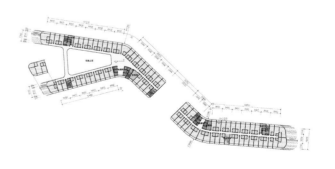

四至十二层平面图

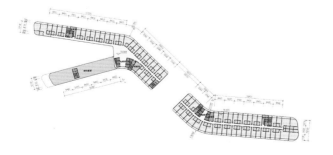

十三层平面图

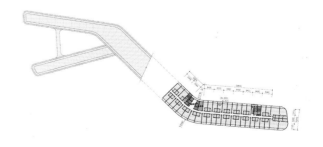

十四至十五层平面图

FOSHAN ZONGHENG HOTEL
佛山纵横大酒店
投标方案设计

设计机构：华森建筑与工程设计顾问有限公司
设计团队：胡起萌、吴 凡、任 辉、谢晓燕、袁 亮、张建成、NINA
项目地点：中国佛山
净用地面积：18 506 m²
总建筑面积：68 244 m²
容 积 率：2.5
建筑高度：120 m

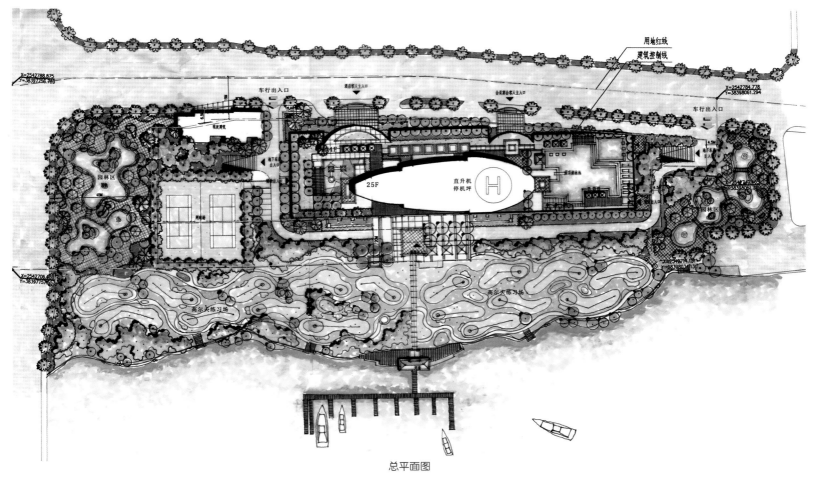

总平面图

佛山纵横大酒店总建筑面积68 000平方米，拥有500间客房，建筑高度120米，将为城市提供最完备的标准五星级酒店服务和靓丽的建筑景观。

建设目的及远期规划：酒店集商务接待和会议为一体。为配合即将召开的国际瓷器博览会，在博览会期间，酒店主要负责博览会的商务和会议需求；博览会结束后，能够将部分功能改为办公用途。

区域概况及周边资源：项目用地位于南庄解放路东侧、吉利河北侧，南面坐拥开阔水景资源，西南方向正对西樵山顶南海观音像。整座建筑在周边低矮的城市建筑群中具有绝对的景观优势。

竞争对手及定位策略：佛山现有五星级酒店五家，都是商务型酒店。要在这些酒店中脱颖而出，必须具备以下几个方面的优势：服务项目、景观环境、新颖造型及空间舒适性。

综合以上因素，本案定位如下：打造一个集度假与商务会议相结合的五星级滨水酒店，创造其可以适应不同功能需求而灵活改造的建筑空间和标志性外形。

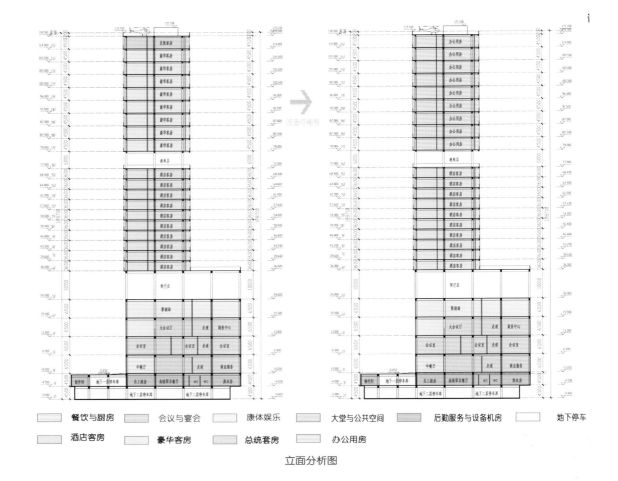

餐饮与厨房　　会议与宴会　　康体娱乐　　大堂与公共空间　　后勤服务与设备机房　　地下停车

酒店客房　　豪华客房　　总统套房　　办公用房

立面分析图

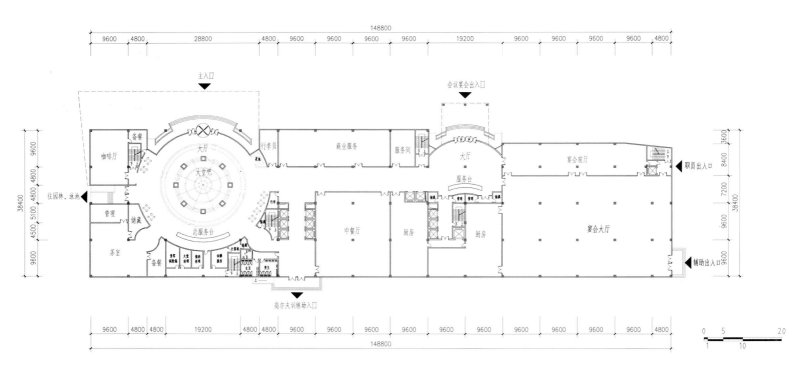

一层平面图

▶

本方案采用双大堂布局,梭形塔楼平面,配合立体景观层次,提供完备的五星级酒店商务服务。远远看去,整个酒店大楼犹如一艘准备扬帆出航的帆船。

方案并列设置酒店大堂和会议大堂,两个大堂通过商业内街联系,分别通过一套核心筒组织交通,以适应狭长用地,避免流线交叉。其中酒店大堂为超豪华的两层高圆形大厅,中心部分为开敞的大堂吧,沿着大堂吧两侧的环形廊道,将抵达正对大门的服务台;通过这里的指引,客人可以前去运动场、庭院、高尔夫练习场,或者通过竖向交通到达 –2 层 ~25 层的各个楼层。

会议大堂由专用交通筒组织从 –2 层 ~4 层的交通。其中 1 楼设置了两层高的宴会大厅,以适应会议、婚礼等各种宴会要求,或在需要时改作其他用途。各种会议功能集中布置在 2 层 ~3 层,包括多功能大厅、大小会议室、商务中心等。从 3 层开始分区设置一些安静的休闲功能,4 层和架空层作为会议和塔楼客房的中间地带,配置了大量的娱乐设施,供客人选择使用。工作人员专门有一组独立电梯,服务于 –2 层 ~25 层的各个区间,避免与客人流线交叉。这套交通在紧急时候也承担塔楼的辅助疏散任务。后勤办公等酒店内部功能则都集中在 –1 层,–2 层全部作为停车库使用。

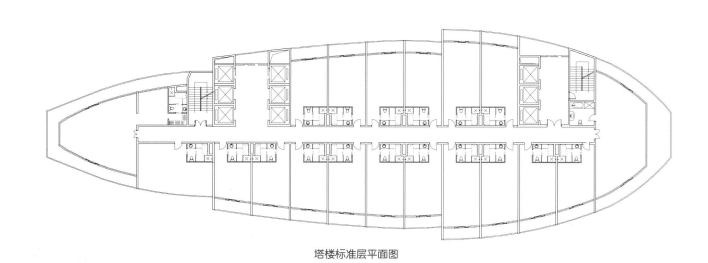

塔楼标准层平面图

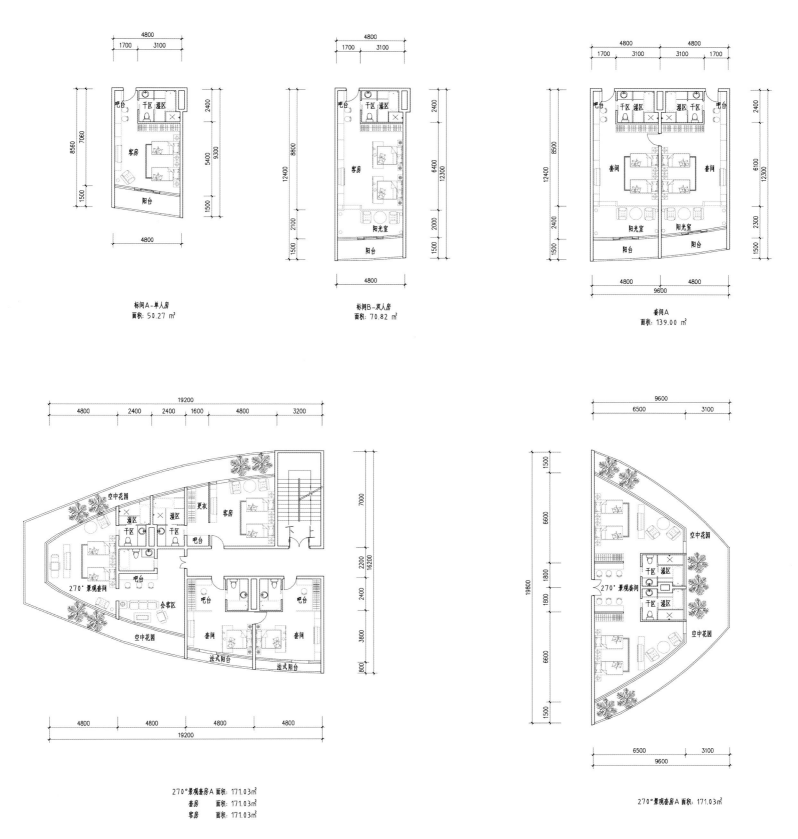

标间A-单人房
面积：50.27 ㎡

标间B-双人房
面积：70.82 ㎡

套间A
面积：139.00 ㎡

270°景观套房A 面积：171.03㎡
套房　　　 面积：171.03㎡
客房　　　 面积：171.03㎡

270°景观套房A 面积：171.03㎡

平面图

▶

除了用建筑形式开阔景观视野，景观设计本身也采用了立体层次的手法：

1. 水上运动区，包括小码头、亲水栈道及游艇出租等；
2. 高尔夫训练区，利用水边坡地改造成迷你高尔夫练习场和休闲绿地；
3. 地面园林区，集游泳池、网球场、运动场、喷泉水池、小品雕塑、绿化园林于一体；
4. 架空花园区，结合康体娱乐功能设置，亲近水景，主要供客房区的客人使用；
5. 屋顶花园区，丰富的园林景观，俯瞰全城，尽览美景。

酒店坐落在吉利河边，裙楼像坚固的船身，塔楼似张满的白帆，从水面看去，这艘大船随时准备迎风破浪。

为了方便改造，酒店采用标准柱网结构，避难层以上的9层客房设计为4.5米层高的豪华套房层，日后拆掉隔墙，灵活分割，则是舒适的办公大空间。

YANCHENG QIANLONGHU HOTEL

盐城潜龙湖大酒店

设计机构：孟建民建筑研究所建筑创作中心
项目地点：中国江苏
净用地面积：15 000 m²
总建筑面积：40 000 m²

▶

盐城市潜龙湖大酒店位于盐城市城南新区串场河转弯处，北临步湖路，占地约10 000平方米，总建筑面积约 40 000 平方米，基地交通便利，环境优美。

基于这一优越的区位条件，设计师结合优美的河道环境，运用传统的园林景观设计手法来诠释建筑与自然的和谐之美。

潜龙湖大酒店技术经济指标图		单位	百分比
建筑用地面积		100000	m²	
建筑总面积		41020	m²	100.0%
普通接待区	客房部分	19640	m²	47.9%
	大堂公共部分	1850	m²	4.5%
	餐饮部分	3900	m²	9.5%
	宴会会议部分	3390	m²	8.3%
	休闲健身部分	1750	m²	4.3%
	行政办公部分	400	m²	1.0%
	后勤区部分	3630	m²	8.8%
	机电设备部分	2000	m²	4.9%
	地下停车	1600	m²	3.9%
别墅区	至尊别墅（1栋）	1100	m²	2.7%
	普通别墅（16栋）	1760	m²	4.3%
停车位	总车位数	230	辆	
	地下停车位	50	辆	
	地上停车位	180	辆	
容积率		0.41		
绿化率		40.0%		
建筑层数		5	层	
建筑高度		22.6	米	

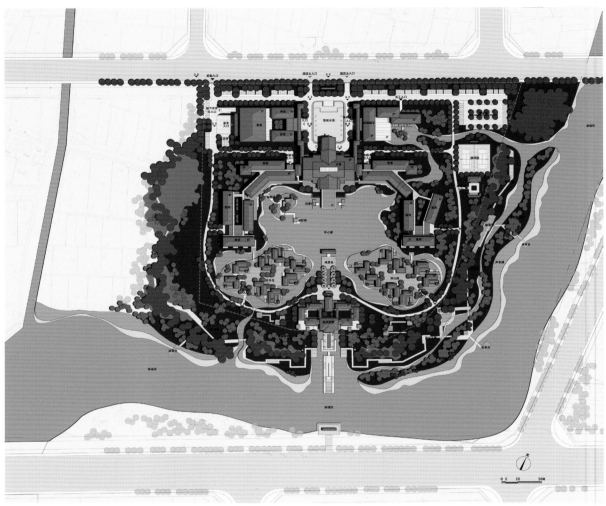

总平面图

▶

中轴对称，恢宏大气

　　该项目用地轮廓完整方正，总体规划布局吸取中国传统"造城"手法：以一条轴线贯穿始终，建筑左右均衡布置；轴线上空间序列有秩，核心空间突出明确。

　　建筑面向城市的形态舒展大气，入口空间明确。主体建筑东西向展开形成合抱之势，围合出开阔的公共景观空间。南侧别墅分散，与水体环境融为一体。

　　整体建筑群面向东南敞开，将原生态的河道景观"借入"到酒店内部，紫气东来，达到"精之所聚，气之所蓄"的风水效应。

曲直相宜，刚柔并济

　　规划通过"一轴""一带"两条线索来整合园林空间，借用水景，构造院落式空间布局。

　　沿主入口广场、大堂、中心水景、观景亭、生态广场、至尊别墅、亲水平台等空间节点，形成一条纵向景观轴线。强烈的轴线感使建筑形成了应有的气势与景深，表现出"庭院深深深几许"的传统空间意象。

　　水体，作为一条灵动柔美的景观纽带，借"湿地水都"之意，蜿蜒曲折，流转于院落之中，成为园林空间的灵魂。其形态幻化多变：时而为泳池温泉，时而为湿地景观，时而为潺潺溪水，时而又开阔平静，给人一种亲和而丰富的体验。

　　刚柔并济的"一轴""一带"，共同塑造出一个"灵气所钟，水绿润泽"的生态度假环境。

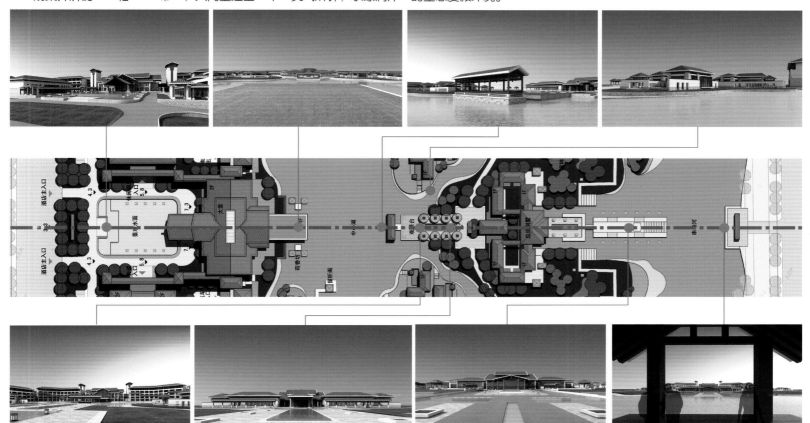

分析图1

总体布局：

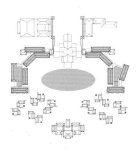

采用中轴对称的布局方式，内部围合中心庭院。客房采用单廊式布置，东南向围合，大面宽，短进深，有良好的通风与采光。

■ 客房区
■ 庭院

太阳能屋面：

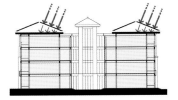

建筑节能设计：
坡屋顶的设计在建筑顶层形成空气夹层，有效地起到隔热保温的作用，并可在坡屋顶表面设置太阳能光伏发电板，充分体现了建筑的生态节能性。

建筑内部空间设计：

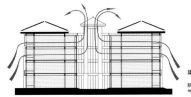

建筑自然通风设计：
客房区单走廊设计，进深小，空气流通性强。内庭院的设计，可在建筑形体间形成烟囱效应，更加加强空气的流动性，有效降低了能耗。

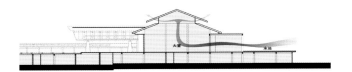

大堂区自然通风设计：
大堂设置在二层，便于通风，大堂外设置景观水池，降低了吹入大堂内的空气温度，调高处理的大堂，采用十字脊形式，利用烟囱效应，加强大堂区空气流动性，节能效果明显。

其他节能技术：

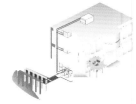

人工湿地　　　　　　　　　　雨水回收

中水回收　　　　　　　　　　地源热泵

分析图 2

潜龙湖大酒店

▶

开阔有度，疏密有致

酒店主体客房区建筑呈线形伸展，这一布局模式使主体建筑既紧凑高效，又能处处观景。中部以水为线索，辅以亭、台、廊、轩，营造开敞的、大尺度的公共景观空间。南部顺应水体，在东西两岛上散落布置别墅区，在围合出尺度宜人的公共院落的同时，又各自拥有静谧的内院。沿河设置生态湿地、景观步道，营造更为开敞的观景空间。酒店的整体公共空间以院、落、井为核心，开阔有度，疏密有致，形成多层次的具有东方意境的院落体系。

设计借鉴了传统中式建筑的墙面与屋顶元素；采用钢、玻璃等现代材料来满足酒店功能对大空间和通透性的要求，努力营造出传统建筑的"轻""透"和自然亲密结合的神韵，创造出一种当代中式建筑风格。

总体建筑造型：采用经典中式建筑的三段式划分：基座、墙身、四坡屋顶，组群分布，主次分明，富有节奏感；材料选择以石材、涂料、木材、玻璃、钢材为主，色彩搭配以暖色、白色、木色、灰色、蓝色为主调，配上蔚蓝色的天空，形成强烈的对比，给人留下深刻的印象。

入口大堂造型：大堂层叠的屋顶勾勒出丰富的建筑轮廓。屋顶与墙面相对脱离，形成强烈的虚实对比。其中衔接处为传统的木构架，彰显出中式建筑的神韵，简洁的玻璃划分暗示了现代建筑的通透感。大堂结合入口处的幽幽碧水、静静荷花、青青翠竹，共同营造出一种大气而不失细腻、庄重又不失自然的酒店氛围。

别墅建筑造型：别墅为单层体量，尺度宜人，室内外开敞通透的设计使建筑与环境相互渗透。在别墅材质的运用上，设计师采用与主体客房区相同的石材，厚实的质感与玻璃的通透形成强烈的对比，配以传统中式的细部设计，使整体建筑呈现出强烈的中式建筑特征。院区适当布置亭子等小品建筑，为客人提供更为切身的室外空间体验。

AMMAN
ROTANA HOTEL
AMMAN ROTANA 酒店

设计机构：法国 AS 建筑工作室
项目地点：法国
项目面积：45 265 m²
容 积 率：1.4

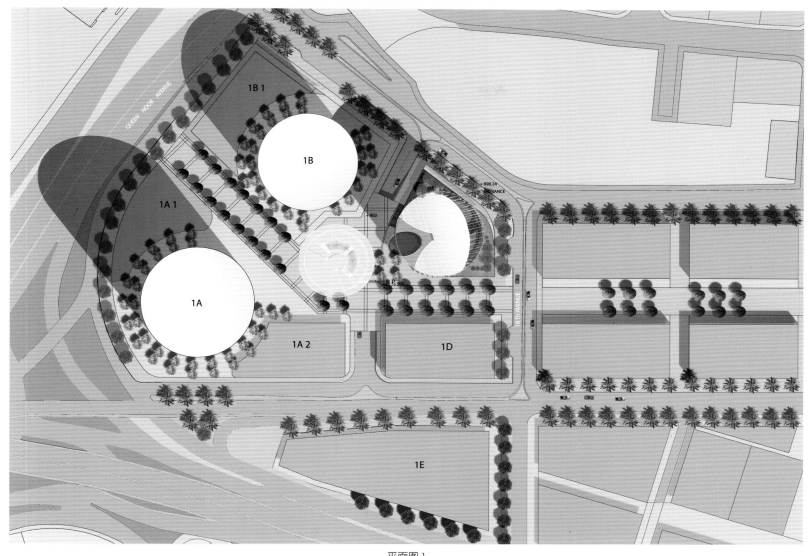

平面图 1

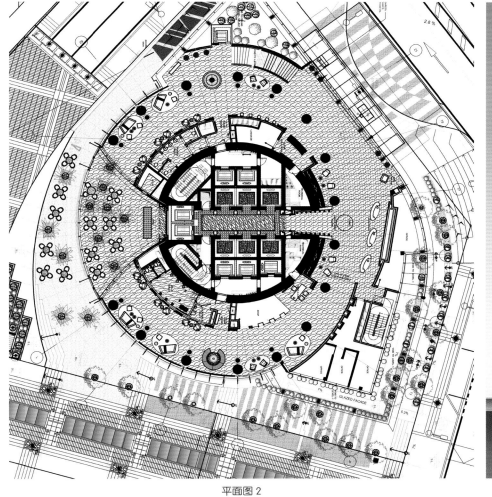

平面图 2

立面图

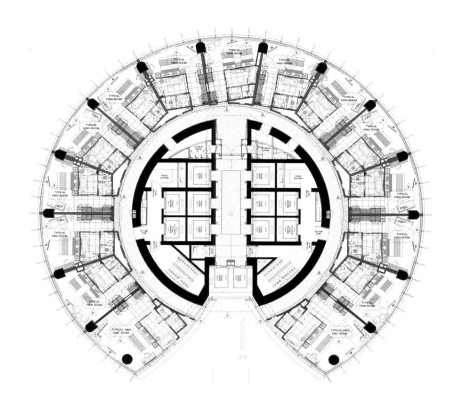

平面图

CODE UNIQUE
唯一代码

设计机构：Söhne & Partner Architekten
项目地点：阿拉伯联合酋长国
用地面积：9 151 m²
项目面积：62 980.5 m²

▶

唯一代码

保罗·奥斯特曾经说过："移民者向西行进穿越了整个美洲大陆也没有办法发现新的大陆。当他们到达太平洋的时候，他们的梦想破灭了。但是他们找到了一个新的能够实现他们梦想的方法，从而让他们的幻想得以继续，这就是拍电影。"

现在迪拜计划拍科幻电影。迪拜影视城将会成为全球梦幻产业的下一个麦加。这也是迪拜历史的必然产物。现在迪拜找到了一条新的路，就是拍摄科幻电影。科幻电影的旅途永远不会止步，止步的只有创造力。科幻的旅途开始于宇宙飞船。我们设计的酒店也是一艘飞船，但它不是能飞的宇宙飞船，而是款待客人的飞船，它只有在电影里才能飞翔。所以它更多的是商人、演员和那些想体验梦幻旅途的人们住宿休憩的宇宙空间站。

立面图 1

立面图 2

立面图 3

立面图 4

▶ 就像比喻一样，宇宙空间站代表一个将幻想变成真实的地方。该酒店也与其相类似，它让人们通向未来。

迪拜影视城的唯一代码通过自身便利的生活福利设施给所有的旅行者提供高档的服务，让人们享受到愉快而新颖、充满激情的住宿体验。

它的正立面特别吸引眼球，结构是一个奇特的二维矩阵码，酒店因此而得名。

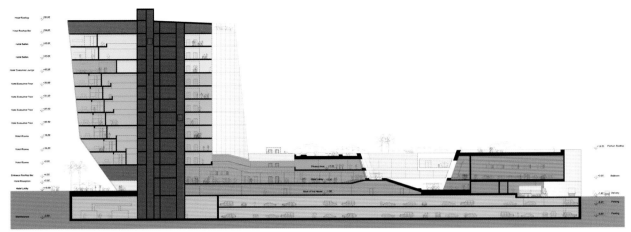

剖面图

平面图 1

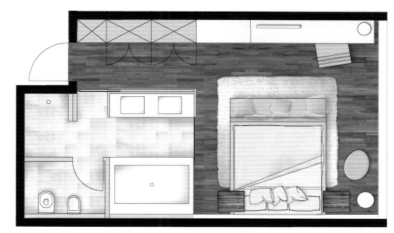

平面图 2

平面图 3

平面图 4

OCEAN FRONT – SANTOS
桑托斯

设计机构：Aflalo & Gasperini Arquitetos
项目地点：巴西
用地面积：6 362 m²

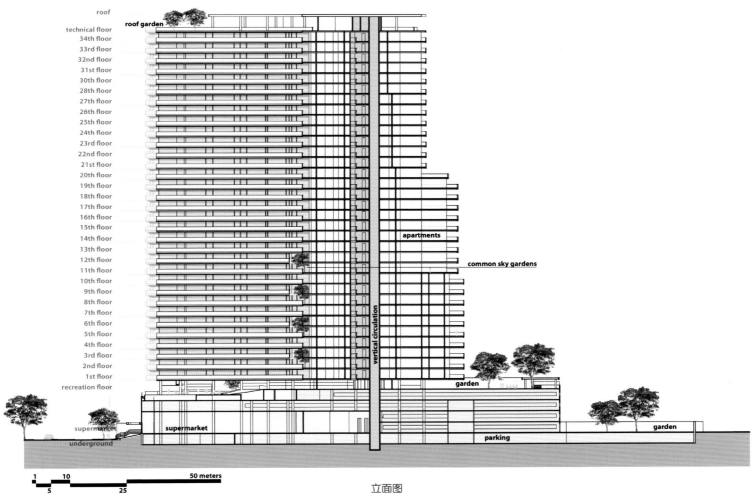

roof
roof garden
technical floor
34th floor
33rd floor
32nd floor
31st floor
30th floor
28th floor
27th floor
26th floor
25th floor
24th floor
23rd floor
22nd floor
21st floor
20th floor
19th floor
18th floor
17th floor
16th floor
15th floor
14th floor
13th floor
12th floor
11th floor
10th floor
9th floor
8th floor
7th floor
6th floor
5th floor
4th floor
3rd floor
2nd floor
1st floor
recreation floor

apartments

common sky gardens

vertical circulation

garden

supermarket

supermarket

underground

parking

garden

1　10　　　　50 meters
　5　　25

立面图

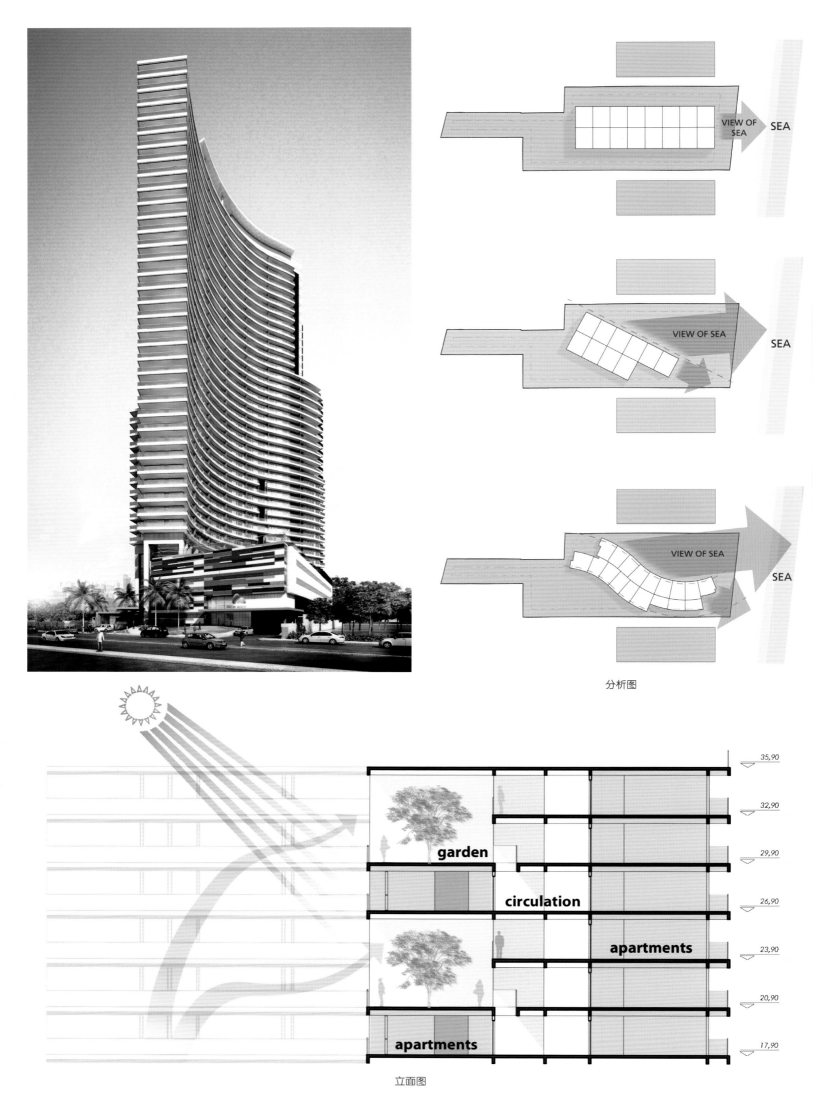

VIEW OF
SEA

SEA

VIEW OF SEA

SEA

VIEW OF SEA

SEA

分析图

35,90

32,90

garden

29,90

circulation

26,90

apartments

23,90

20,90

apartments

17,90

立面图

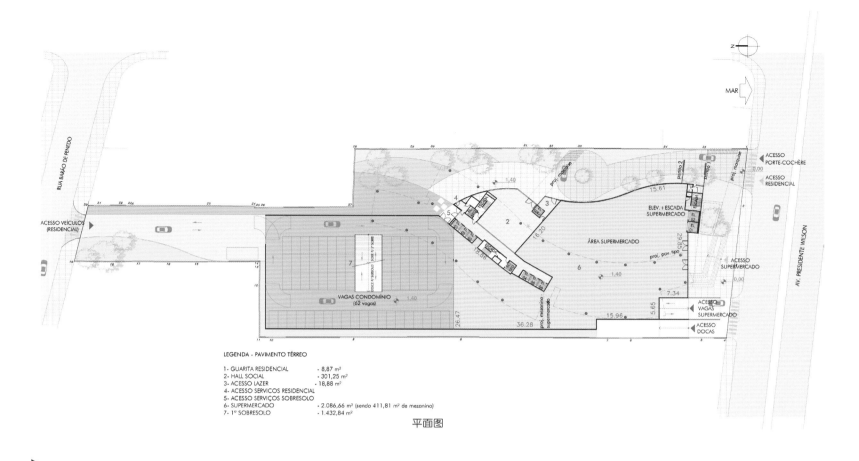

LEGENDA - PAVIMENTO TÉRREO

1- GUARITA RESIDENCIAL — 8,87 m²
2- HALL SOCIAL — 301,25 m²
3- ACESSO LAZER — 18,88 m²
4- ACESSO SERVIÇOS RESIDENCIAL
5- ACESSO SERVIÇOS SOBRESOLO
6- SUPERMERCADO — 2.086,66 m² (sendo 411,81 m² de mezanino)
7- 1º SOBRESOLO — 1.432,84 m²

平面图

▶

此项目面朝大海，坐落在巴西重要城市圣保罗州桑托斯威尔逊总统大道。

根据客户的意见，项目的挑战性在于如何让住宅大楼有最多数量的朝海套房，这一问题与项目地形前部狭窄、地势深凹有很大的关联。

在综合分析了地理位置之后，我们开始策划方案，结合城市法规的要求寻求最高效率。如此，设计师萌发了将建筑以倾斜和曲线形态来与地势联系起来的想法。通过这种方式，每一层可设置 8 个面朝大海的套间，共有 34 层。在这个 50 米宽的地块上屹立着 272 间套房。

由于面朝大海，所有的套间都是完全开放式的，每面墙都开有窗户；公寓还设有户外露台，如同大海上的明亮灯塔。公寓大小不一，65 到 180 平方米不等。在有些楼层，为了确保通往公寓的走廊有足够的照明和通风，设计师利用右侧公园打造了空旷的空间。

综合考虑项目地点的土壤状况，增设的地下层是缺乏经济效益的。基于此，设计师必须在地下室设置 4 层来满足停车的需要。休闲娱乐设施和超市分布在 3、4 层。这个 34 层的建筑高达 125 米，是桑托斯的真正意义上的城市地标。

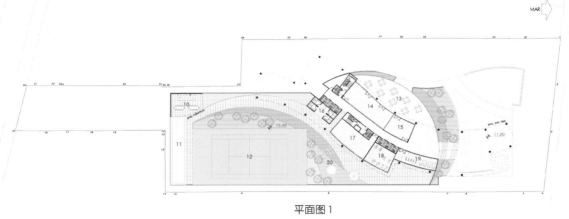

LEGENDA - 2° PAVIMENTO LAZER

10- CHURRASQUEIRA / PIZZA — 120,13m²
11- RAIA — 126,00m²
12- QUADRA DE TÊNIS / POLIESPORTIVA — 650,00m²
13- DECK OBSERVAÇÃO — 248,56m²
14- SALÃO DE FESTAS ADULTO — 107,70m²
15- ESPAÇO GOURMET — 51,40m²
16- SANITÁRIOS — 45,00m²
17- BRINQUEDOTECA — 87,98m²
18- ACADEMIA — 55,57m²
19- FITNESS — 53,50m²
20- PLAYGROUND — 150,00m²

OUTRAS ÁREAS - — 965,05m²

TOTAL DA ÁREA DE LAZER - 2° PAVIMENTO - 2.584,39m²

平面图 1

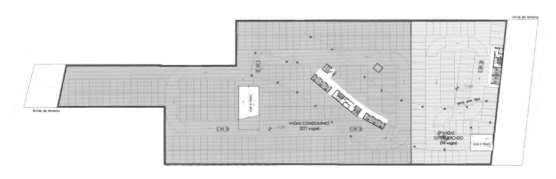

1° SUBSOLO RESIDENCIAL - 4.241,56m²
1° SUBSOLO SUPERMERCADO - 1.449,46m²

ÁREA TOTAL = 5.691,02m²

平面图 2

354

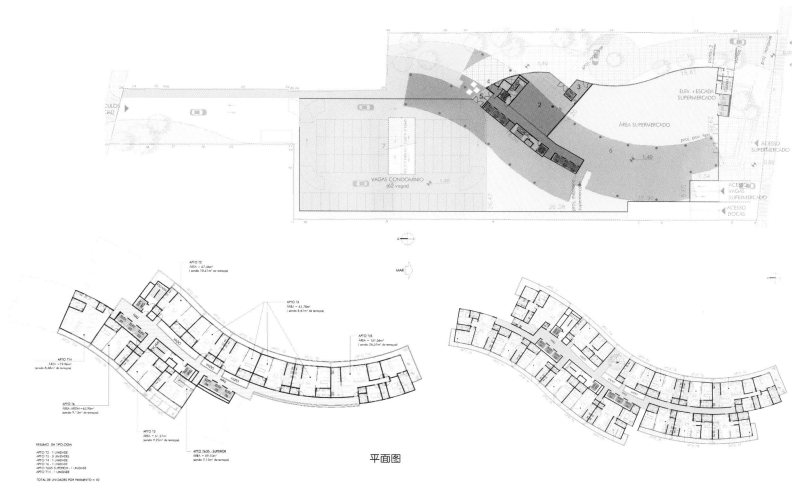

平面图

RESUMO DA TIPOLOGIA
APTO T2 - 1 UNIDADE
APTO T3 - 5 UNIDADES
APTO T4 - 1 UNIDADE
APTO T6 - 1 UNIDADE
APTO T605 SUPERIOR - 1 UNIDADE
APTO T14 - 1 UNIDADE
TOTAL DE UNIDADES POR PAVIMENTO = 10

责 任 编 辑　　吕洪梅
封 面 设 计　　深圳市博远空间文化发展有限公司
责任技术编辑　　张建军
出 版 发 行　　中国城市出版社
地　　　　址　　北京市西城区广安门南街甲 30 号（邮编：100053）
网　　　　址　　www.citypress.cn
发 行 部 电 话　　(010) 63454857 63289949
发 行 部 传 真　　(010) 63421417 63400635
总 编 室 电 话　　(010) 68171928
总 编 室 信 箱　　citypress@sina.com
经　　　　销　　新华书店
印　　　　刷　　利丰雅高印刷（深圳）有限公司
字　　　　数　　218 千字
印　　　　张　　45
开　　　　本　　235×320（毫米）1/16
版　　　　次　　2013 年 7 月 第 1 版
印　　　　次　　2013 年 7 月 第 1 次印刷
定　　　　价　　758.00 元（全二册）